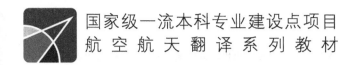

国家级一流本科专业建设点项目
航空航天翻译系列教材

# 航空航天汉英翻译教程

## Chinese-English Translation Course for Aeronautics and Astronautics

主编 文 军

北京航空航天大学出版社

# 内 容 简 介

本书是航空航天汉译英教材。书中突出理论与实践相结合的编写理念,在系统阐述汉英语言同异的基础上,着力介绍航空航天汉英翻译的特点及其翻译策略与方法,并结合实例具体阐述术语、数字、公式、图表、词组、句子的英译和篇章的翻译,并在每节之后设计了相关练习,便于使用者掌握相关方法及技巧。此外,还精选了 15 篇航空航天文本作为航空航天英译实践的材料,以帮助使用者提高汉译英的综合能力。

本教材适用于翻译专业本科生及翻译硕士,并可供从事汉译英工作的有关人员参考使用。

**图书在版编目(CIP)数据**

航空航天汉英翻译教程 / 文军主编. -- 北京 : 北京航空航天大学出版社,2024.1

ISBN 978 - 7 - 5124 - 4018 - 0

Ⅰ. ①航… Ⅱ. ①文… Ⅲ. ①航空工程－名词术语－英语－翻译－高等学校－教材 ②航天工程－名词术语－英语－翻译－高等学校－教材 Ⅳ. ①V

中国国家版本馆 CIP 数据核字(2023)第 013284 号

**航空航天汉英翻译教程**
主编 文 军
策划编辑 赵延永 蔡 喆
责任编辑 蔡 喆

\*

北京航空航天大学出版社出版发行

北京市海淀区学院路 37 号(邮编 100191) http://www.buaapress.com.cn
发行部电话:(010)82317024 传真:(010)82328026
读者信箱:goodtextbook@126.com 邮购电话:(010)82316936

北京凌奇印刷有限责任公司印装 各地书店经销

\*

开本:710×1 000 1/16 印张:18.75 字数:400 千字
2024 年 1 月第 1 版 2024 年 1 月第 1 次印刷
ISBN 978 - 7 - 5124 - 4018 - 0 定价:59.00 元

# 编 委 会

科学技术的发展离不开交流与合作,航空航天的发展也不例外。在中国航空航天发展史上,这种交流与合作很大程度上与翻译相关,概括起来,大致经历了两个阶段:早期的翻译引进,后期的翻译引进与输出并举。最早与航空航天有关的翻译引进活动始于1903年到1907年期间中国掀起的"凡尔纳热",其中的航空航天科幻小说翻译包括鲁迅的《月界旅行》、商务印书馆出版的《环游月球》以及谢祺的《飞行记》等。1910年高鲁翻译出版了《空中航行术》,这是中国航空航天科技书籍和资料汉译的开端。而在译出方面,随着我国航空航天事业的飞速发展,近些年的科技新闻、政府白皮书等都有大量航空航天方面的信息对外发布,及时而系统地向全世界展现了中国在此领域的发展现状和巨大成就。

总体而言,航空航天的领域宽广,翻译多种多样。从翻译的主题看,航空航天话语以科技语言为主,其一般特点有七个方面:无人称、语气正式、陈述客观准确、语言规范、文体质朴、逻辑性强和专业术语性强[①],与之相关的科技论文等翻译是航空航天翻译的主体。此外,航空航天话语中还包括与商务活动相关的商贸翻译(如合同、谈判等)、与航空航天新闻活动相关的新闻翻译(如新闻发布会、各种媒体的相关新闻报道等)、与航空航天文学相关的文学翻译(如航空类小说、航天类科幻小说等)、与航空航天影视活动相关的影视翻译(如纪录片、科幻电影)等;从翻译活动的方式看,航空航天翻译包括了笔译、视译、交替传译、同声传译、机器翻译+译后编辑等几乎所有翻译方式。

航空航天翻译主题和体裁的多样性及翻译方式的全面性,对翻译人才的培养提出了新的、更高的要求。为此,我们特设计和编写了这套"航空航天翻译系列教材",其特色主要体现在以下几个方面:

1. "入主流"与"显特色"并举。"入主流"主要指各种教材的设计都体现了翻译这一核心要素,其内容选择都以"怎么翻译"为焦点;"显特色"则体现在教材内容的选

---

① 冯志杰.汉英科技翻译指要[M].北京:中国对外翻译出版公司,1998:6-7.

择上，无论是例句还是练习，都择选了与航空航天密切相关的语料，力求解决航空航天翻译中的实际问题。

2. 理论与实践并重。在教材设计上，突显理论融于实践的理念，对理论不做大篇幅的阐释，而将翻译策略、翻译方法等融于对例句和语篇的解释之中，而这些例句和语篇都选自真实的航空航天语料，以着力提升学生的翻译实践能力。

3. 阐释与练习并立。对各种翻译现象的解释与阐释在教材中必不可少，是教材的主干；与此同时，各教材采用按"节"的方式设置练习，其用意在于着力加强练习与教材正文的关联性，以方便学生的学习和操练。

本系列教材可以作为翻译专业、英语专业和大学英语相关课程的课堂教学材料，也可供对航空航天翻译感兴趣的读者使用。

迄今，本系列教材已规划了英汉翻译、汉英翻译、口译、影视翻译等教材；今后，我们还可增加与航空航天翻译相关的品种，如航空航天文学翻译、航空航天新闻翻译、商贸翻译、航空航天同声传译等教材。

为使本系列教材的编写更具广泛性和权威性，我们组建了高水平的编委会。编委会委员有北京航空航天大学文军、李蒙，北京理工大学李京廉，重庆大学彭静，大连理工大学秦明利，哈尔滨工业大学李雪，哈尔滨工程大学朱殿勇，华中科技大学许明武，南京航空航天大学范祥涛，南京理工大学赵雪琴，西北工业大学孔杰，西安航空学院张化丽和中国民航大学张艳玲等专家学者。

本系列教材的编写是一种尝试，希望得到业内专家学者、学生和读者的反馈和意见，以使教材更臻完善。

文军　李蒙

2023 年 3 月于北京

本教材适用于翻译专业本科生及翻译硕士。作为国内尚不多见的以航空航天汉译英为主题的教材,其编写特色可概括为以下几点:

一是语料的真实性。航空航天语料丰富多彩,种类多样:既有正式程度很高的学术文本、法规条规、契约合同,也有语言较为灵活的新闻文本、文学文本等。本教材的语料大都选自真实的航空航天文本,意在让学生接触真实语料,熟悉相关文体及其英译,进而提高翻译能力。

二是技巧的适用性。本教材在第 2 章的 2.4 节较为系统地介绍了常用的翻译技巧:直译和意译(包括直译、意译)、语义转换(包括语义具化、语义融合、语义删减、语义替代)、语序调整(包括定语后置、状语调序、偏正复句中的语序调整、)、结构调整(包括选择主语、选择谓语、区分主从)、句式的分合(包括分译、合译)、逻辑重组(包括逻辑显化、逻辑调整)和语态转换。这些翻译技巧形成了一个覆盖全面的系统,本教材在后续的章节涉及术语、词组、句子、语篇的写作中,围绕这些技巧进行阐述,解释力较强,便于学生掌握及运用这些技巧解决翻译问题。

三是练习的拓展性。本教材的练习按节设计,目的是确保练习与所学内容的相关性,同时还考虑了练习设置对于学习内容的拓展。其做法是,我们在每节练习中设计了"基本练习"和"拓展练习"两个板块,"基本练习"侧重对该节内容的理解与操练,"拓展练习"则关注知识与技能的延展。

上述特点保证了本教材的专业性、实用性和灵活性。汉英翻译一直是翻译实践中难度较大的类型,航空航天汉英翻译因为牵涉诸多相关的专业术语、专业知识而难度倍增。可以预料,随着我国航空航天事业的飞速发展,航空航天汉英翻译必将迎来大发展的机遇期。本教材的编写,旨在为学习者提供入门指导,为他们提高翻译能力提供帮助,同时也为我国航空航天走向世界助一臂之力。

作 者
2023 年 3 月

# 目　　录

# 第1章 汉英语言对比

翻译是一种跨语言（cross-linguistic）、跨文化（cross-cultural）、跨社会（cross-social）的交际活动。作为不同民族之间思想交流的桥梁，翻译首先要做到"忠实"，即使译文谨遵原文要旨，准确详尽地传达原文信息，不偏离原文思想、情感、观点和意图。作为一种主要用于传递和交流信息的特殊文体，航空航天科技文本尤为重视准确性和客观性。这就需要译者在英译时尽可能忠实、准确、客观地在译文中再现原文信息。

然而，汉语和英语分属不同的语系，在文化背景、形态结构和表现手段上均存在巨大差异，在翻译过程中，能够直接进行对等转换的现象并不多见。译者需要首先准确认识到两种语言之间的差异，再按照译入语的思维方式和语言习惯对原文的表述进行适当的调整。只有这样，才能做到既忠实于原文，又不会出现死译或翻译腔等表述方面的问题。本章将从语言类型、语义、句法三方面对汉英两种语言间存在的差异进行对比分析，为译者在翻译实践中进行调整提供参考。

## 1.1 语言类型对比

语言类型（或称语言形态）关注的是语言的结构特点。一般认为，英语是屈折语（inflectional language），重形合（hypotaxis），偏静态（stative），名词和介词使用较多，动词的使用频率及场合远远不及汉语，且动词受主谓关系、时态、语态等诸多因素的制约，具有复杂的形态变化；而汉语动词没有形式上的屈折变化，可以灵活方便地在句中多次连续出现，从而应用范围较广，出现频率较高，使汉语呈现出动态特征（dynamic），而动词的连续使用也使得汉语呈现出意合（parataxis）倾向[①]。

### 一、分析语与综合语

依据语言形态学分类，汉语属于分析型（analytic）语言，而英语更偏向于综合型（synthetic）语言。所谓分析型语言，指语言中的语法关系均由虚词、词序等外加的方式表达；而综合型语言指能够通过词本身的形态变化来体现语法意义的语言。在汉语中，所有的词都以单独词根的形式出现，无法进行形态变化，因此名词的数以及动词的时态、语态、语气等概念或语法意义都要通过额外的词汇得以表达。而英语中的

---

① 温建平. 高级商务笔译[M]. 北京：外语教学与研究出版社，2014：17.

词可以通过增加前缀或后词缀来改变词形、词类和词义,即仅对单一词汇进行变化就能标示其语法范畴,表达语法意义。如:

**例 1.1.1** navigate (v.),navigation (n.),astronavigation (n.)。

navigate,动词,意为"导航,引路";在添加了后缀-tion 后词义未变,词类却变为名词;添加前缀 astro-未改变词类,但使词义细化为航空领域的专业术语"天文导航"。

**例 1.1.2** frost (n./v.),defrost (v.),defroster (n.)。

词根 frost 可作名词和动词,意为"霜冻(名词)""结霜(动词)";增加了表反义的前缀 de-后,词类缩小为动词,词义变为反义"除霜";在此基础上再增加尾缀-er,使表示动作的动词变为表示事物的名词"除霜装置",词义词类均被改变。

**例 1.1.3** rail (n.),derail (v.),derailment (n.)。

rail,名词,意为"铁路、轨道";前缀 de-使词类变为动词,词义变为"脱轨";名词化尾缀-ment 的增加使得"脱轨"这一动作变成事件,改变了词类。

上述差异使得汉英两种语言在标示名词数量及动词时态时采取的方式大相径庭,进行汉英翻译需要格外注意。例如,汉英翻译中时态的选择。在英语文本中,时态能通过助动词和谓语动词的屈折变化明确体现出来,一目了然。但汉语中动作或事件发生的时间往往需要读者通过意群内附加的时间词语、副词、助词、语境等自行判断,甚至有时时态还会暗含在语义里,没有任何显性标记,这更增加了判断的难度。而科技文体常被用于记录科学事件、叙述科学事实,行文中常见标示时间的表达,且其高度的客观性与严谨性也使得对时态选择准确性的要求更为严格,这就需要译者在进行科技文本英译时,首先通过联系上下文、剖析语境等方式,正确判断出汉语原文中可能并未明确指出的事件、动作发生的时间,再在语际转换中以动词的相应时态变化清晰明确地表现出来。如:

**例 1.1.4** 一种新型飞机正越来越引起人们的注意,这种飞机体积不大,价格低廉,无人驾驶。

**译文**:A new kind of aircraft-small, cheap, pilotless-is attracting increasing attention.

**例 1.1.5** 1962 年发射"通信卫星 1 号"(Tel-star Ⅰ Satellite),是开创商业卫星通信时代的一个重大步骤。

The launching of the Tel-star Ⅰ Satellite in 1962 marked a major step toward opening the era of commercial satellite communications.

**例 1.1.6** 制造无人驾驶飞机的基本要求有以下几点:体积小巧,结构简单,成本低,便于操作。美国等发达国家已生产出类似符合要求的飞机并将其投入使用。

**译文**:The general demands for manufacturing a non-pilot airplane are as follows: small volume, simple structure, low cost and easy to operate. Developed countries like the United States have produced airplanes of this kind and put them into use①.

例1.1.4原文中的"正"字清晰地表明了现在进行时态,因此在英译时选用 be doing 结构,实现信息对等;例1.1.5中虽没有例1.1.4中那样明显的时态指示词,但从1962年这一时间点不难看出这一句是在叙述过去发生的事情,因此在译文中在动词 mark 后添加了-ed 结构,变形为过去式,表明时态。例1.1.6 中的"已"字表明动作已经完成。以上三例中,事件发生的时态均可从前后文中找到线索,且句中时态单一,较为简单,大多数译者都能够应对自如。除此之外,还存在更为复杂的情况,如一句中存在多种时态:

**例1.1.7**　伽利略最光辉的业绩在于他在1609年作为第一人把新发明的望远镜对准天空,以证实行星是围绕太阳旋转,而不是围绕地球旋转。

**译文:**Galileo's greatest glory was that in 1609 he was the first person to turn the newly invented telescope on the heavens to prove that the planets revolve around the sun rather than around the earth.

**例1.1.8**　埃德温·哈勃(Edwin Hubble)改变了我们对宇宙和宇宙如何形成的看法。几乎没有任何其他科学家能如此突然地改变我们对自然的理解。他在20世纪20年代完成了他最重要的发现。今天,其他科学家正继续进行他所开创的工作。

**译文:**Edwin Hubble has changed our ideas about the universe and how it developed. The work of few other scientists could change our understanding so suddenly. He made his most important discoveries in 1920s. Today, other scientists continue the work he began back then.

以上两个例句中均出现了多种时态。例1.1.7前半部分讲述的是伽利略在17世纪的壮举,因此采用过去式;但后半部分则叙述的是自然规律,因此从句中的谓语动词采用原形一般现在时。例1.1.8就更复杂了,由于"哈勃改变我们的看法"这一事件在现在依旧有影响(现在的人们还相信哈勃提出的理论),因此第一句的主句采用了现在完成时 has done 结构,而"宇宙形成"叙述的是过去发生的客观事件,因此 develop 变形成为了过去式;由于第二句中出现了"能"这一表达,译文中补充了 could 这一助动词;后文中"20世纪20年代"和"如今"这两个明显的时态指示词决定了对应译文要分别选用一般过去时和一般现在时。

**例1.1.9**　先由飞船发射一个小型卫星到太空去,然后卫星把来自地面小型计算机发出的无线电信号再传送到地球的其他地区去。

**译文:**A small satellite will be sent into space from the shuttle. The satellite will receive radio signals from small computers on the ground, then later deliver the messages somewhere else on the earth②.

---

① 郑淑明,李晓晓. 科技汉语"的"字结构的英译[J]. 中国科技翻译,2012,25(1):41.

② 武力,赵拴科. 科技英语汉语汉英翻译教程[M]. 西安:西北工业大学出版社,2000:196.

单看例 1.1.9 这一句,很难判断时态。但浏览上下文就会发现,这一句选自下一阶段的卫星发射计划,因此是对未来事件的叙述,故采用 will 将来时。这一例子表明,句子的时态意义有时会暗含在前后文的语义中,没有明显的时态标记,这就需要译者格外留心,从整体入手,把握全局。

通过以上例句中原文和译文的对比不难看出,汉语是典型的分析语,其特征是不用形态变化而用词序或虚词来表达语法关系,因而其"时态"范畴更具独特性,是通过不同的分析形式来体现的;而英语属于综合语,通过对谓语动词附加相应的词缀或助动词彰显时态关系。在进行航空航天科技文本英译时,应首先正确把握原文时态,而后通过相应的动词变化体现出来,实现对等。

## 二、意合与形合

著名翻译家尤金·奈达(Eugene A. Nida)指出,从语言学角度来看,汉英两种语言之间最重要的差别莫过于意合(parataxis)和形合(hypotaxis)之分了[1]。所谓意合,即词语分句之间不用某种语言形式手段连接,句中的语法意义和逻辑关系采用语义手段,即独立的词语或分句进行表达;所谓形合,即词语或分句之间由某种语言形式手段(如关联词)进行连接[2]。语言是思维的表现形式,而中西方思维方式颇为不同。中国人自古以来讲求意会与体悟,对逻辑则不甚倚重,因此语言呈现随心所欲的倾向,意义模糊;而西方受其注重形式逻辑的思维方式影响,语言上也要求条分缕析,依赖于各种连接词汇承上启下,使叙述层次分明,逻辑清晰。

关于意合与形合,语言学家有许多精彩的比喻,例如英国语言学家罗吉·福勒(Roger Fowler)将汉语描述成流水型语言——"犹如海浪向前推进,浪峰浪谷似分似合,彼此相像,又各不相同;隐含着某些规律,但却过于复杂,难以分析或表述;这些规律规范着波浪与波浪、波浪与大海,即词组与词组、词组与语段之间的各种关系"[3]。刘宓庆将英语称为树形语言——句法以主谓结构为中轴线,宾语或补语成分在主线上延伸,定语及状语成分则以枝桠的形式构成分支线,并通过关联词与主轴线相接。这种树状结构依靠主谓结构形成了对全句"牵一发而动全身"的提挈性结构主轴,各个分支之间通过从句、代词、介词等成分彼此关联、相得益彰,构成了结构严密、层次清晰的一个整体[4]。

因此,汉译英本质上就是要把"流水"一样松散的内容转换成"大树"一样致密紧凑的存在。这种转换,表面上看是把汉语中松散的短句(短句,即结构简单、词语较少,但却能表达完整意义的简短语句,是大于词而又构不成句的语法单位)通过适当

---

① NIDA E A. Translating Meaning[M]. San Dimas, California:English Language Institute, 1982:78.
② 邵志洪. 汉英对比翻译导论[M]. 上海:华东理工大学出版社, 2005:11.
③ 连淑能. 英汉对比研究[M]. 北京:高等教育出版社, 1993:54-55.
④ 刘宓庆. 汉英对比与翻译[M]. 南昌:江西教育出版社, 1992:32.

的连接词（如 and，because，if 等）、关系词（如 that，which，what 等）、介词（如 of，about，with 等）和分词结构（如-ed，-ing 等）连成长句，但这其中的关键在于要准确把握汉语中各个短句间的逻辑关系，分清哪些是主体概念，将其置于主句，再将其余用作客体描摹、事件背景、行为对象等次要成分处理为从句或词组，并选择适当位置附着在主句之上。一般来说，将短句松散、勾连不强的汉语文本转换为层次清晰、逻辑严密的英语文本，有以下几种常用的处理方式：

① **将汉语短句变为英语分词或不定式结构**，如：

**例 1.1.10**　当行星是半融体时，钨在高压下与重元素铁化合，并向地核渗透，使行星快速旋转，这样一天可能只有两个半小时。

**译文**：When the planet is semi-molten, tungsten under high pressure combines chemically with the heavy element iron and sinks toward the earth's core, <u>causing</u> the planet to rotate so fast that a day may have lasted only two and half hours.

**例 1.1.11**　甲烷与氧结合，从而产生二氧化碳和水。

**译文**：Methane unites with oxygen <u>to yield</u> carbon dioxide and water.

例 1.1.10 原文中的短句"使行星……"在英译时通过分词结构 causing 变成了结果状语附着于主句之后，这样将动词变为分词结构的处理方式不仅使译文主次明晰，结构规整，更凸显出了不同部分之间的逻辑关系。例 1.1.11 原文由两个短句组成，在英译过程中将后一短句"从而……"变为不定式结构"to yield"表达，使译文简洁明了，提高了可读性。

② **将汉语短句变为英语介词短语结构**，如：

**例 1.1.12**　苏格兰工程师詹姆斯·瓦特在 18 世纪 60 年代开发了实用蒸汽发动机，为人类提供了便宜且有效的动力源，引发了运输和工业的革命。

**译文**：The practical steam engine <u>developed by</u> the Scottish engineer James Watt in the 1760s revolutionized transportation and industry <u>by</u> <u>providing</u> a cheap, efficient source of power.

这一句的主干信息是"蒸汽发动机引发了运输和工业的革命"，因此在英译的时候转换主语，将"实用蒸汽发动机"置于句首，而将这一装置是谁发明的这一次要信息用介词短语"developed by"变为后置定语置于主语之后；为突出"引发工业革命"这一要点，译者在翻译时将"为人类……"这一短句变为"by doing"介词短语结构并置后，使译文主次明晰。

③ **将汉语短句变为英语从句**，如：

**例 1.1.13**　发动机装好后，组装发动机的装配线就同主装配线会合，而在主装配线上，底盘和机身早已经组装在一起了。

**译文**：When the engine is completed, the assembly line <u>on which</u> it has been put together joins the main one, <u>where</u> the chassis and the body have been fitted together[①].

这一句的译文中使用了三个从句：when 引导的时间状语从句完整地重现了原文中第一个短句的意义；on which 引导的从句将原文中前置定语"组装发动机的"后置表达，更符合英语语言习惯；where 这一个词便表达了"而在主装配线上"这一短句的意义，使得译文中不必再冗余赘述，保证了简洁性。

从以上例子中不难看出，对一句或多句原文进行意合向形合的转换时，连接句子次要部分和句子主干部分所采用的方式往往不止一种，而是多种方式并存，如：

**例 1.1.14** 考虑到氢消耗时具有干净和高效等优点，石油产品的价格如若再翻一番，氢的价格将可以与汽油价格竞争。史密斯先生认为这些将会在未来 15 或 20 年中发生。

**译文：**With such advantages as cleanliness and efficiency taken into account, hydrogen will become competitive with gasoline as soon as the price of oil products doubles, which Mr. Smith expects to happen within the next 15 or 20 years.

在此例中，汉语原文通过两个独立句和五个动词（考虑到、翻一番、竞争、认为、发生）表达了五层意思，在英译过程中，这五层意思都被纳入了以 hydrogen will become competitive with gasoline 为中心的主谓框架（句子主干）：第一个动词"考虑到"被转换为 with 引导的伴随结构，次要信息"石油价格"通过 as soon as 这一复合结构表达，最后第二个句子被"降级"成为 which 引导的从句，从而把原文中流水型叙事结构调整为英语逻辑层次分明的树形结构。

**例 1.1.15** 他说，根据该理论，宇宙不是一个密度无穷大的"零力矩"（一种所谓的奇点），其演化情况似乎是它曾经在很早的阶段便开始收缩。

**译文：**Instead of having a "zero moment" of infinite density——a so-called singularity——the universe instead behave as if it were contracting from an earlier phase, according to the theory, he said[②].

在本例中，原文的重点信息位于句子后半部分，因此英译过程中首先需要提炼出主体信息，形成主谓框架 the universe instead behave…，其余的次要成分通过三个复合结构 instead of, as if, according to 附着在主干前后，使译文形成一个有机整体。

综上所述，汉英翻译的过程可以说是一个从"形散神聚"的原文中抽丝剥茧找出主次条理，再用"以形驭意"的译入语使各部分应得其所的过程。译者应当有意识地整合原文中零散的短句，通过非谓语化（将谓语动词变为不定式、动名词和分词等非谓语形式，使其不担任谓语成分而承担其他成分的语法功能）、使用从句等方式将句子的各个部分有机连结起来，形成符合英语表达习惯的语句。

---

① 傅勇林，唐跃勤. 科技翻译[M]. 北京：外语教学与研究出版社，2012：92.
② 傅勇林，唐跃勤. 科技翻译[M]. 北京：外语教学与研究出版社，2012：80.

### 三、具体与抽象

具体（concrete）与抽象（abstract）是汉英两种语言之间的又一大显著差异。比较而言，汉语用词更为具体，喜欢化虚为实，用具体的形象表达抽象的内容，古今文学作品中层出不穷的修辞手法便是这一特征的鲜明体现，如：

古：问君能有几多愁，恰似一江春水向东流。（将无形抽象的愁思比作绵延不绝的春水。）

今：我对你的敬仰犹如滔滔江水连绵不绝，又如黄河泛滥一发不可收拾。（将抽象不可衡量的敬仰之情比作滔滔江水、黄河泛滥，以夸张的方式化虚为实。）

而英语行文中则倾向于使用大量抽象名词，使表述更为"虚""泛""隐"，较为抽象，需要读者仔细琢磨才能领会确切含义。汉语和英语之间有这样的差异，除了中西思维方式不同这一根本原因之外，还有以下三个原因：

① **英语中有大量的词缀能将动词或形容词转化为抽象名词，起到虚化词义的作用**，如：

前缀：pan-泛；inter-相互；micro-微；contra-反；ultra-超等。

后缀：-ness 表示性质、状态、程度；

　　　-tion 表示动作、状态、结果；

　　　-ment 表示行为的结果、手段、工具、过程、状态、程度；

　　　-ism 表示主义、学说、信仰、行为、行动、状态、特征、特性等。

英语中有大量的名词是由动词或形容词派生而来的抽象名词。而在汉语中，从动词或形容词派生而来的抽象名词很少，为数不多的一些抽象词尾（如"性""化""度""主义"等）也大多来自外语。由于缺乏像英语那样高效的虚化手段，汉语中抽象词汇很少，因而只能用具体的方式表达抽象意义。

② **英语介词丰富，介词本身就是虚词，用以表达比较虚泛的意义。**介词可以构成各式各样的词语或短语，其意义有时虚泛得难以捉摸，如 be in at, be in for, be on at 等词组，同一表达在不同语境中可能会有截然不同的含义。除此之外，介词还可用于连接抽象名词，N ＋ of ＋ N 就是非常典型的抽象名词结构，如 the end of poverty, the destruction of the system, the commencement of the experiment 等。而汉语中介词数量比较少，且较为单一，如果使用抽象名词结构，句法上限制多一些，不如使用动词集结的表达方式更为简洁容易。

③ **一般说来，英语词义内涵比较广泛，词的用法比较灵活，一词多义、一词多用的现象非常普遍。**如 head 在不同语境中可指磁头、水头、源头、机头、弹头、船头、压力头。transmission 在无线电工程学中意为发射、播送，在机械学中意为传动、变速，在物理学中意为透射，在医学中意为遗传。而汉语词汇往往涵义比较固定单一，且行

文中还常添加范畴词(如现象、状态、问题等)使表述更为具体明晰①。

在汉英翻译实践中,将措辞具体、含义明确、叙述直接的汉语科技文本转换为符合英语语言习惯的抽象表达,需要采用如下手段:

① **将汉语动词处理成英语抽象名词**。汉语与英语不同,不受主谓结构约束,因此常会出现一句中多个动词连用的情况,在英译过程中对相应动词进行名词化处理,不仅能虚化语义,更能避免一个主句中出现多个谓语动词的语法错误,如:

**例 1.1.16** 接收 1090ES ADS-B 报告对于 ADS-B 应用非常重要,从中可知接收范围内的飞机。

**译文:** It is important for ADS-B applications that receive 1090ES ADS-B Reports to have knowledge of aircraft within receiving range.

**例 1.1.17** 虽然接收到位置消息通常会成功确定目标位置,但有必要防范用于启动或更新具有错误位置的跟踪的位置消息。

**译文:** Although receptions of Position Messages will normally lead to a successful target position determination, it is necessary to safeguard against Position Messages that would be used to initiate or update a track with an erroneous position②.

② **将汉语动词处理成英语介词**。前文已经提过,英语中介词丰富,含义多样,使用起来十分方便,在进行科技文本英译时将汉语中的动词转换为介词,不仅符合科技文体简洁的要求,还能使译文更加地道,如:

**例 1.1.18** 此时,这个工作模型或原型的操作系统规模应该已经达到或接近预期,并且大多数功能都可以用于演示和测试。

**译文:** At this point, the operating system scale of the working model or prototype should already be at or near the desired scale, with most functions available for demonstration and testing.

③ **省译原文中的范畴词**。利用范畴词来标示行为、现象、属性等概念所属的具体范畴,是汉语中常用的特指手段。但汉译英时,字对字翻译这些范畴词,会造成译文冗余、表达不够简洁等问题,如:

**例 1.1.19** 宇宙钟情于无序状态。

**译文:** The universe bets on disorder.

**例 1.1.20** 该模型假设,太阳形成过程中,组成的所有行星元素得到蒸发,随着原行星盘冷却下来,一些气体凝聚起来,为固态天体提供化学成分。但这模型不适用

---

① 连淑能. 英汉对比研究[M]. 北京:高等教育出版社, 1993:21-22.

② Radio Technical Commission for Aeronautics. Minimum Operational Performance Standards (MOPS) for 1090 MHz Extended Squitter Automatic Dependent Surveillance – Broadcast (ADS-B) and Traffic Information Services – Broadcast (TIS-B)[R]. Washington DC:RTCA, 2009:19.

于碳元素。

**译文**：It assumes that during the formation of the sun, all of the planet's elements got vaporized, and as the disk cooled, some of these gases condensed and supplied chemical ingredients to solid bodies. But that doesn't work for carbon[1].

④ **泛化汉语特有的形象化表达。** 汉语中,形象性词语(如比喻、成语、谚语、歇后语等)十分丰富,即便在严谨客观的科技文本中也不乏此类表达。英译时,对于这些难以找到完全对等表述的内容,往往进行模糊泛化,如:

**例 1.1.21**　中国始终坚持走独立自主、自力更生的发展道路,主要依靠自身力量,根据国情和国力,自主发展航天事业,满足国家现代化建设的基本需求。

**译文**：Keeping to the path of independence and self-reliance, China relies primarily on its own capabilities to develop its space industry to meet the needs of modernization, based upon its actual conditions and strength[2].

**例 1.1.22**　建筑构件预制并不是现在才有的概念,但在过去,由于设计缺乏想象,千篇一律,加上材料有限,自然就使得这种建筑方式不受人们青睐。

**译文**：Prefabrication is by no means a new idea, but in the past, unimaginative uniformity in design, together with limited materials, led to a natural distaste for this form of construction[3].

## 四、动态与静态

从语言学的角度来看,某一词类的形态及形式变化是否过于繁复多样决定了其是否在这种语言中占优势。前文已经说过,英语是屈折语,动词的形态变化常见且复杂,这就使得动词在英语中的运用受形态变化掣肘,需要考虑的因素较多,使用起来麻烦;而名词在英语中只需进行单复数变化,使用更为容易,因此占优势,更常用。汉语作为非屈折语,词类没有形态变化问题,且和凝滞呆板的名词相比,动词的动态感强、动势强,因此在汉语中使用极为广泛,可以多个动词连用,甚至可以广泛替代名词、形容词,充当句子的各种成分。英语倾向于多用名词,因而叙述偏静态(stative);汉语倾向于多用动词,因而叙述偏动态(dynamic)[4]。

英语静态特征的一大体现便是名词化(nominalization)结构的大量使用,这也是科技英语的特点之一。科技文体要求行文简洁、表达客观、内容确切、信息量大、强调

---

① Huanqiukexue[EB/OL]. (2021-04-26). https://huanqiukexue.com.

② 中华人民共和国国务院新闻办公室. 2011 年中国的航天[R/OL]. (2011-12-29). http://www.scio.gov.cn/zxbd/nd/2011/Document/1073255/1073255_1.html.

③ 英语名词化与科技翻译[Z/OL]. [2022-05-29]. https://wenku.baidu.com/view/c649d20280c4bb4cf7ec4afe04a1b0717ed5b349.html.

④ 邵志洪. 汉英对比翻译导论[M]. 上海:华东理工大学出版社,2005：23-30.

存在的事实,而非某一行为;而名词化结构可以使语言简洁、行文自然、造句灵活、叙述准确、表达客观,十分符合科技文体的要求。随着科学技术的发展,对科技文本正式性的要求也越来越高,使其名词化倾向越来越突出。因此,在把包含一个以上动词的汉语原文翻译成英语时,在找出主要动作意义形成译文的主谓结构后,要尽量把其他动作意义采用名词化结构表达,以求译文符合英语的语言习惯以及科技英语的行文特点,如:

**例 1.1.23** 火箭已经用来探索宇宙。

**译文**:Rockets have found application for the exploration of the universe.

**例 1.1.24** 破坏宇称守恒会导致所有系统中都产生一个电偶极矩。

**译文**:The violation of parity conservation would lead to an electric dipole moment for all systems[①].

**例 1.1.25** 当然,眼下的问题需要广泛且深入地了解载人航天计划——从认识银河系宇宙射线对人体的影响,到知悉 NASA 米丘德装配厂的吊钩高度只允许生产直径为 33 英尺[②]的设备。

**译文**:Certainly, the issues at hand demand a broad and detailed understanding of the human spaceflight program——ranging from an awareness of the impact of galactic cosmic rays on the human body to the fact that the hook-height at NASA's Michoud Assembly Facility will only allow the manufacture of an equipment with a diameter of 33 feet.

以上三例中均出现了将原文中的动词转换为名词化结构的操作。除此之外,还可用表示施事者的名词(agentive noun)代替动词,既能完整表达原文中动词的意义,又给译文增添了些许艺术色彩,如:

**例 1.1.26** 计算机比人检查得更细心、更勤快。

**译文**:The computer is a far more careful and industrious inspector than human beings[③].

**例 1.1.27** 他们会发现,这些系统不仅安装成本和使用成本高,而且毫无必要地消耗着非再生能源,排放出温室气体。

**译文**:They will find these systems expensive to install, costly to run, and are unnecessary consumers of non-renewable energy and emitters of greenhouse gases[④].

通过以上例子不难看出,在科技文本英译中,动词名词化是十分常见的处理方

---

① 傅勇林,唐跃勤. 科技翻译[M]. 北京:外语教学与研究出版社,2012:88.
② 1 英尺=0.305 米。为忠实于原文,本书保留了部分非国标单位。
③ 邵志洪. 汉英对比翻译导论[M]. 上海:华东理工大学出版社,2005:25,28.
④ 英语名词化与科技翻译[Z/OL]. [2022-05-29]. https://wenku.baidu.com/view/c649d20280c4bb4cf7ec4afe04a1b0717ed5b349.html.

式。汉语的语言习惯以及语法架构使得行文中多动词,如果仅采用直译方法字对字翻译,必定有违英语的主谓语法要求。因此,在翻译实践中,译者应有意识地进行词类转换,用名词结构表达动词含义,使译文更加地道专业。

# 练　习

## 一、基本练习

分析下列汉语句子,并翻译成英语。

(1)弦论学家们已在黑洞(在黑洞中,物质已被压缩成类似于大爆炸的灾难性的密度体)研究中获得了一些显著成果,但是对于大爆炸本身的研究,他们并未取得多大进展。

(2)在 2001 年 4 月发布 TLAT 报告之后,将这些测量结果与飞行测试测量结果相比,从而判断该接收机实现的多样本技术在解码 1090 ES 消息方面不如本文档 MOPS 中包含的多采样技术有效。

(3)自初期商业航空运输以来,传统管翼设计成为飞机标准配置,研究人员将尝试查明除了这种传统设计以外,其他各种先进飞行装置有哪些潜在优势。

(4)在海面搜寻的第一周,国际海事卫星组织卫星通信(SATCOM)对马航 370 的数据分析表明,该飞机最后一次在苏门答腊北端被雷达捕获后又飞行了 6 小时。

(5)自 2011 年以来,我们不断增加新的研究设施,这些设施具备控制和监测地面实验的能力,因此大大增加了调查研究的数量。

(6)在常温下工作时,气缸在各工作点处燃烧产生的平均有效压力分别记录在存储器相应的地址中,以此来确定低温工作期间该工作点所需要转矩的平均有效压力。

(7)分别在 1977 年 8 月和 9 月发射的两个"旅行者"号探测器,原定只探测木星和土星及其卫星系,结果却大大超过了原定计划。土卫六(土星的第六颗卫星)阻碍了"旅行者"1 号飞探其他天体的轨道。"旅行者"2 号则在得到木星和土星的引力支援后,于 1986 年 1 月成为第一个飞向天王星的人造物体。1989 年 8 月,海王星成为"旅行者"号在太阳系内巡回大旅行访问的最后一个天体。

## 二、拓展练习

思考题

从语言类型角度比较,汉语和英语两种语言最大的区别体现在哪些方面?

# 1.2　语义对比

根据现代语言学的定义,语义指的是语言形式和语用形式所表现出来的全部意义,更通俗地说就是语言所蕴含的意义。费尔迪南·德·索绪尔(Ferdinand de Saussure)认为,任何一种语言都是音义结合的符号系统。"音",即语音;而"义",指的则是语义。鉴于人类使用语言沟通交流的目的就在于传达各种意义,对语义的研究着实不可或缺。

语义分析与研究在翻译中也占据着举足轻重的地位。一直以来被国内译者奉为圭臬的"信、达、雅"三原则中,"信"就是要求译文能完整准确地传达原文意义。刘宓庆也强调,"翻译涉及的是从形式到内容、从语音到语义多方位的语际转换"[①]。在科技文本翻译中,文体的客观性、严谨性、科学性等特点使得对译文表意准确的要求更为严格。为保证译文质量,译者需要在对原文进行语义分析形成正确透彻理解的基础上,选择最为合适的译入语表达,尽可能对等地重现原文语义。

中英两种语言分属不同语系,构词、表意的方法大相径庭,想要弥合差异,使传达出的信息尽可能一致,首先要了解这两种语言在语义层面存在哪些异同。按照不同的标准,意义有不同的分类方法。从语言结构层次的角度,可分为词素义、词义、句子义、话语义和篇章义;从交际参与者的角度,可分为表达意义(intended meaning)和理解意义(interpreted meaning);从是否受语境和时间因素影响的角度,可分为命题意义(compositional meaning)、句子意义(sentential meaning)和话语意义(utterance meaning)[②]。

杰弗里·利奇(Geoffrey Leech)在《语义学》(Semantics)一书中将语义划分为七种类型:概念意义(conceptual meaning)、内涵意义(connotative meaning)、社会意义(social meaning)、情感意义(affective meaning)、反应意义(reflective meaning)、搭配意义(collocative meaning)、主题意义(thematic meaning)[③];他将其中的第二至六种归类合称为联想意义(associative meaning)。利奇的七分法对翻译实践活动中的意义理解和阐释以及翻译细节问题的处理具有积极作用。本节将依据这一分类,从概念意义、联想意义、主题意义三方面对汉英两种语言在语义层面的异同进行对比分析。

## 一、概念意义

概念是人对事物本质属性的反映,是人在获得了感觉和知觉的基础上产生的对

---

① 刘宓庆. 当代翻译理论[M]. 北京:中国对外翻译出版社,1991:71-75.
② 高文成.语言学精要与学习指南[M].北京:清华大学出版社,2007:93.
③ GEOFFREY N L. Semantics[M]. 上海:上海外语教育出版社,1987:25-48.

事物的概括性认识，能够全面深刻地反映客观事物的内在本质。由此引申出的概念意义也是对客观事物本质特征的反映，一般在词典中固定下来。简单来说，词典中词条标示出的基本释义就是词汇的概念意义。

虽然客观事物的本质属性不会改变，但人类思维具有主观能动性，认识世界的角度和方法千差万别。此外，受教育水平、意识形态、文化传统等外在环境因素的影响，不同民族对同一事物可能会形成截然不同的隐喻概念。比如龙在中国意味着九五之尊、祥瑞之兆，在西方却被视为邪恶的化身、反派的象征；再比如红色，在中国代表着喜庆、尊贵、好运，总和好事联系在一起，但在西方，红色却往往象征着"火""血"等，暗指残暴、激进、危险和紧张。再例如天，自古中国人就对天充满敬畏，皇帝自称天子，中国传统哲学思想追求"天人合一"，中国载人航天工程发射器被命名为"天宫"一号，负责执行中国第一次自主火星探测任务的探测器叫做"天问"一号。

语言是思维的符号化体现，思维上的差异必然会映射到语言上。不同民族截然不同的生活方式、思维方式使得任何两种语言都无法在词汇的概念意义上实现一一对应，即便意义非常相近的词语，其在内涵、外延的覆盖范围上可能也不尽相同。总的来说，汉语和英语在词汇概念意义方面主要存在如下几种对应关系。

### 1. 语义重合(Coincidence)

文化共核使得人类语言之间潜存一些相同或相近的特征。即使处于不同文化背景下的民族，有时由于自然环境相似、社会历程相近，其社会行为、思想观念与语言表达会存在一些相同之处。语义重合即这种现象的具体体现。语义重合指一个汉语词汇和一个英语词汇语义的内涵、外延完全一致，在任何语境中都可以对译，并且在对方语言中再找不到其他词符合这一要求，是一种一一对应的关系。能够语义重合的汉英词汇一般来说都是一词一义的单义词，大多都是专门术语。大多数科技语，特别是纯科技词汇(专业技术词汇)，因其所描述的现象、性质等客观、固定，在世界任何地方都不会改变，所以能在另一种语言中找到语义重合的对应词，如：

马力——horsepower

氧气——oxygen

肝炎——hepatitis

纳米技术——nanotechnology

需要注意的是，并不是科技文本中出现的所有专业技术词汇都能在译入语中找到一一对应的存在。由于采取了不同翻译方式的缘故，一个术语可能在汉语中拥有多个对应表达，如：

penicillin——青霉素(意译)/盘尼西林(音译)

vitamin——维生素(意译)/维他命(音译)

engine——发动机(意译)/引擎(音译)

  microphone——话筒(意译) / 麦克风(音译)

  combine——联合收割机(意译) / 康拜因 (音译)

  laser——激光(意译) / 莱塞(音译)

  英语中也存在同一事物可由不同术语指代的情况,这在医学术语中尤为多见,因为西方医学术语有拉丁文和希腊文两种来源,如:

  皮炎——cutitis(拉丁文)/dermatitis(希腊文)

  肺炎——pulmonitis(拉丁文)/pneumonia(希腊文)

  肾炎——renopathy(拉丁文)/nephropathy(希腊文)①

  总的来说,由于专业术语译名规范化的要求,大多数汉英科技术语都符合语义重合,但也不乏例外,这就需要译者进行英译时,勤查字典,多了解相关背景信息,务必做到严谨精确。

**2. 语义包孕(Inclusion)**

  语义学研究表明,语言与自然环境及民族文化密切相关,在这其中占重要地位的事物往往有较多的词语来指称,其不同种类间的分类也更为细化。由于中西方人民生活在截然不同的自然环境中,接受的教育和文化的熏陶也天差地别,这就使得汉英两种语言在词汇层面产生了不同的语义场(若干具有共同的类属义素的词语构成的聚合体,即互相联系的词义的集合场)②。有时一个英语词汇可以包孕多个汉语意义。例如中国长期的封建历史和儒教传统使中国人格外重视亲缘关系,并且各路亲戚间亲疏有别,因此在语言指称上分得十分细致;而西方则受人人平等概念影响,认为长辈与晚辈之间不存在尊卑之分,甚至可以互相称名道姓,对亲缘关系的区分远不如中国人那么讲究。这一文化上的差异使得在亲缘称呼类词汇方面,汉语中的相关词汇的语义更为明确固定,涵盖范围较小,而英文中这类词汇则包含意义更广,一词多义,如:brother—哥哥/弟弟;aunt—姨母/伯母/叔母/舅母/姑母;cousin—堂兄/堂弟/堂姐/堂妹/表哥/表弟/表姐/表妹。相应地,汉语词汇也可以包孕多个英语意义。例如欧美国家畜牧业发达,牛、羊、家禽等在西方人的生活中占重要地位,因此英语中对这些动物的区分十分细致,而中国自古以来是农业国家,蔬菜瓜果在生活中占的比重较大,因此对于家禽家畜则往往用"牛""羊""鸡"这种比较笼统泛泛的称呼进行指代,不像英语有相应的词汇进行指代,如:牛—cattle/cow/ox/bull;羊—sheep/goat/lamb/ram/ewe;鸡—chicken/cock/ hen/rooster/chick。再如以下例句:

  **例1.2.1** 原检查机头<u>整流罩</u>、中央翼<u>整流罩</u>、发动机<u>整流罩</u>和机身-机翼对接<u>整流罩</u>的安装固定情况③。

① 郑诗玑. 浅谈汉英词语之间的语义关系[J]. 海峡科学,2008(4):44-45,48.

② 于建平. 文化差异对英汉翻译中词义和语义理解的影响[J]. 中国翻译, 2000(3):27-29.

③ 毛军锋. 汉英科技翻译中的遣词造句[J]. 第18届世界翻译大会,2009(2):539.

原译：Inspect the fairings of nose, center wing, engine and wing-body for their installation.

实际上，"整流罩"对应的英语有"fairing, cowling, dome, fillet"等；fairing 一般为固定的；cowling 为活动式，可以拆卸的；dome 一般为圆形，如开线整流罩等；fillet 常用于接合处。文中提到了四个整流罩，在译成英语时，应该根据其位置和用途的不同，采用不同的英译名。故将译文改为：

改译：Inspect the nose dome, central wing fairing, engine cowling and wing-fuselage fillet for their installation and fixation.

由以上例子可知，很多我们认为意思一致的汉英词汇其实在内涵覆盖范围上存在差异，在进行英译时，需要译者准确把握原文含义，在译入语中根据具体情况适当扩大或缩小词义，找到语义最为相近的对应词汇进行表达，如以下例子：

**例 1.2.2**

### 机械计时器

单纯利用水的流动来计时有许多不便，人们逐渐发明了利用水做动力，以驱动机械结构来计时。公元前117年，东汉的张衡制造了大型天文计时仪器——水运浑天仪，初步具备了机械性计时器的作用。随后历代都相继制作了附设有计时装置的仪器，其中宋代苏颂制造的水运仪象台，把机械计时装置的发展推到了一个新的高峰，水运仪象台的计时机械部分可以按时刻使木偶出来击鼓报刻，摇铃报时，示牌报告子、丑、寅、卯十二个时辰等。

这类计时器尚不能算是独立的计时器，还是天文仪器与计时仪器的混合体，至14世纪60年代，我国的机械计时器已脱离了天文仪器而独立，不但具有传动系统-齿轮系，而且还有擒纵器，如果再进一步，就可能出现完全现代意义上的钟表。但遗憾的是，功亏一篑，中国没能做到这一点，最终机械钟表还是从西方引进的。

译文：

### Time-Measuring Machines

Measuring time by the flow of water has disadvantages. By and by, people invented time-measuring devices with water as the driving force for its mechanical system. In 117 BC, Zhang Heng of the Eastern Han Dynasty manufactured the water-driven celestial globe, a large, astronomical, time-measuring apparatus that had the primitive function of a mechanical time measurer. Through the later dynasties, many apparatus with attached time-measuring devices were produced. In the Song Dynasty (AD 960-1279), Su Song's water-driven celestial observatory marked a new height of mechanical time-measuring instruments. The escapement mechanism in the observatory was among the most advanced apparatus in the world at that time. It had wooden puppets to beat a drum to announce a quarter, to ring a hand-bell to mark an hour, hang out a plate to tell time every other hour and to beat a large bell to mark the watches in the night.

　　These mixtures of astronomical <u>instruments</u> and time-measuring <u>devices</u> cannot be seen as independent time measurers. By the 1360s, China's mechanical time-measuring devices had been separated from astronomical instruments. They not only had drive systems with gears, but escapement as well. If the Chinese people had made one more step, they would have produced clocks in the contemporary sense. Unfortunately they did not, and ultimately had to introduce mechanical clocks from the West.

　　以上例子中,对于汉语原文中的"器(仪器)",译文中采用了不同词汇进行表达,而这些词汇在概念意义上存在着微小的差异。文中的 machine、apparatus、device、instrument 在《朗文多功能分类词典》中的基本释义如下:

　　**machine**:a man-made instrument or apparatus which uses power (such as electricity) to perform work 仪器;机械

　　**apparatus**:a set of instruments, machines, etc. that work together for a particular purpose 器材;仪器

　　**device**:an instrument, esp. one that is cleverly thought out or made for a special purpose 仪器;工具

　　**instrument**:an object used to help in work 仪器;器械;器具[①]

　　由此可见,这四个英文词汇的中文释义十分相似,但其英英释义却表现出了不同的侧重点——instrument 是广泛意义上的仪器,machine 是人工制造、需提供动力才能运行的仪器的统称,apparatus 是能提供某种用途的一套仪器,device 是特指为某一特殊目的巧妙设计或制作的仪器。从文中可知,原文题目"机械计时器"指的是不同时代不同发明家手工制造出来的计时器,其基本都需要水力、机械装置等进行驱动,因此在英译时选用"machine"一词;在文中对我国古代计时器进行分别介绍时,译者使用了"apparatus"和"device"这两个词,这是因为中国古代的计时器不像现代钟表一样只是独立的个体,而往往是由很多部分组合而成的一套器具,选用这两个英语单词清晰地表现出了"成套"的含义,十分细致精确;"instrument"被用来指代原文中的"天文仪器",因为天文仪器并不是原文的重点,不过是作为补充信息一笔带过的附加部分,且其指的是所有天文仪器这一大概念,因此选用了概括词"instrument"进行翻译。

　　通过以上例子可知,在进行科技文本英译时,对于原文中意义较为广泛的词汇,一定要勤查字典,在与其大致对应的英语词汇中仔细分辨,挑选出语义最为接近的单词形成译文,切不可犯经验主义错误,草草选择最常用词汇了事,如此会极大影响译文质量。

---

①　陈宏薇. 高级汉英翻译[M]. 北京:外语教学与研究出版社,2009:204-211.

### 3. 语义交叉（Intersection）

语义交叉是汉英词语之间最常见，也是最复杂的语义关系。"交叉"指的是一对汉英词语的语义有一部分是重合的，其余部分则不相同。由于汉英两种语言中的词汇大多都是多义词，一对词汇拥有一两条相同的义项是十分常见的情况。

例如，汉语中"主人"一词可对应如下英语单词：master（和仆人相对的主人），host（和客人相对的主人），owner（拥有某种物品的主人）。而以上三个单词除了"主人"外，分别还有其他含义，如：master of art（大师）、host of the show（主持人）。因此，我们可以说汉语中的"主人"一词和英语中的 mater、host、owner 语义交叉。

再如，汉语中的"速度"常常译为"speed"，一些速度有关的短语、术语也往往是在 speed 前后添加适当的词语，如速度滑冰—speed skating、限速—speed limit、快门速度—shutter speed 等，但也存在用其他词汇表达的"速度"，如：转速—rev、流速—flow rate、巡航速度—cruise、角速度—angular velocity 等；汉语的"尺"在英语中对应的是 ruler，但是汉语里的各种尺，并不能在 ruler 前面简单加上相应的定语就成为一个正确的英文术语。下面是各种尺及其英译名称：直尺—ruler、丁字尺—T-square、比例尺—scale、计算尺—slide ruler、三角尺—triangle、卡尺—caliper、千分尺—micrometer、卷尺—tape、包装尺—paddle。

从以上例子可见，在科技文本英译中，对于语义交叉的词汇千万不能想当然，按照常规的用法进行翻译，而是要像上文语义包孕部分中所说的，勤查字典，细化词义，谨慎选择。

### 4. 语义相离（Exclusion）

语义相离是指一种语言中有些词汇在译入语中找不到现成的词汇与之对应。这种现象在文学文本中比较常见，例如《红楼梦》中关于服饰、物件和食品等的描述就是一个鲜明的例子。书中类似"金丝八宝攒珠髻""茄色哆罗呢狐狸皮袄""五彩丝攒花结长穗宫绦"的表述，在英语中没有与之对应的概念，因此给译者带来了极大困难。

相比较而言，科技文体因其所描述现象的客观性、术语的规范性，语义相离问题较少出现，一般集中在成语翻译上，如：

**例 1.2.3**　总之，认为科学枯燥无味，难攀登是错误的，相反，其中许多学科，非但趣味无穷，而且易于攻克。

**译文：**It is altogether a mistake to regard science as dry and difficult——much of it as easy as it is interesting.

**例 1.2.4**　由于分子之间碰撞频繁，分子运动完全是杂乱无章的。

**译文：**Owing to the frequency of the collisions between molecules, their motions are entirely <u>at random</u>①.

**例 1.2.5** 毅力号在降落过程中全凭自身<u>随机应变</u>,美国国家航空航天局通常将这一移动过程描述为"恐怖七分钟"。

**译文**:Perseverance was <u>on its own</u> during its descent, a maneuver often described by NASA as "seven minutes of terror"②.

例 1.2.3 原文中使用了三个成语,在英语中均无对等的表达,因此在英译时便取其意义简化为三个形容词表达;例 1.2.4 和例 1.2.5 中的处理方式则更为精妙,将中文中的成语翻译成英语固定搭配(杂乱无章—at random,随机应变—on its own),可以看出已经尽可能地实现词汇结构上的对等了。

由此可见,在科技文本英译中,如遇成语这种在译入语中找不到完全对等的表达、语义相离的词汇时,首先要保证意义的准确传达,其次再考虑如何在形式上尽量实现对等。

## 二、联想意义

前文提到,无论何种语言,其词汇都有概念意义。除此之外,受不同文化语境(即某一言语社团特定的社会规范和习俗,包括社会生活、民俗习惯、民族心理等)影响,表达同一客观概念的词可能会拥有附加在词汇本身概念之上的额外的联想意义。利奇(G. Leech)认为,联想意义是一个概括性术语,包括内涵意义、社会意义、感情意义、反应意义和搭配意义,是通过类比、象征等心理手段构建的语义世界。简单来说,当处于某一特定文化语境中的人们依据自己对客观世界的感性认识和情感体验,将吉凶、善恶、美丑、褒贬等蕴意强加给词汇,使其带有感情色彩和文化内涵时,联想意义便产生了③。

在进行汉英翻译时,在保证所选词汇的概念意义和原文基本重合的基础上,还要对其联想意义加以考察,确定所选词汇在译入语文化中是否带有褒贬倾向或额外的暗指意义。如"政治家"在汉语中为中性词,不含褒贬之义,但如果直译为 politician,那么英语读者在脑中自然而然就会形成一种贬义形象,因为在英语文化中,"politician"一般指为谋取个人私利而搞政治、耍手腕的人,有很强烈的贬义色彩,想要保持中立的语义,译为"statesman"是最好的选择。科技文本以行文的客观著称,因此在进行科技文本英译时一定要仔细谨慎,细化到每个小词,切勿让细节影响译文的质量。例如:

**例 1.2.6** 全面建成航天强国,持续提升科学认知太空能力、自由进出太空能

---

① 李天祥. 科技翻译中成语的运用[J]. 中国科技翻译, 1995(2): 32.
② 许永建. 深空探测术语及语篇翻译避误策略[J]. 中国科技翻译, 2022, 35(2): 6.
③ 英汉词汇的文化语境和联想意义[Z/OL]. [2022-05-29]. https://www.docin.com/p-226750039.html.

力、高效利用太空能力、有效治理太空能力……

**原译**：China aims to strengthen its space presence in an all-round manner：to enhance its capacity to better understand, freely access, efficiently <u>utilize</u>, and effectively manage space …

**改译**：China aims to strengthen its space presence in an all-round manner：to enhance its capacity to better understand, freely access, efficiently <u>use</u>, and effectively manage space …

**例 1.2.7** 第二，加大<u>宣传</u>力度，提高出入境人员的防病意识和能力。

**原译**：Second, strengthen <u>propaganda</u> to improve travelers' awareness and capacity of disease prevention.

**改译**：Second, strengthen <u>publicity</u> to improve travelers' awareness and capacity of disease prevention.

**例 1.2.8** 在人们开展黑洞研究的早期，甚至"黑洞"一词还未诞生之时，物理学家并不知道这些<u>奇怪的</u>物体是否真的存在于现实世界中。

**原译**：In the early days of research on black holes, before they even had that name, physicists did not yet know if these <u>weird</u> objects existed in the real world.

**改译**：In the early days of research on black holes, before they even had that name, physicists did not yet know if these <u>bizarre</u> objects existed in the real world.

例 1.2.6 中的 use 和 utilize 都有"用""使用"的意思，甚至 utilize 更符合原文中"利用"的意思，但是 utilize 暗含有利可图之感，通常指能够从中榨取利益的"利用"，而例 1 原文摘自中国政府发布的《2021 年中国的航天》白皮书，是对中国利用宇宙立场的表述，若体现出争名逐利之感恐有不妥，因此改译为中性词 use。例 1.2.7 原译中使用的 propaganda 指 ideas or statements that may be false or exaggerated and that are used in order to gain support for a political leader, party, etc. 鼓吹，主要指（政治组织）在意识形态方面进行的宣传，暗含采用欺骗、掩盖等扭曲事实的手段在广泛范围内促使群体对某意识形态深信不疑。显而易见，使用在这一语境中不合适，改为中性偏褒义的 publicity 更恰当。例 1.2.8 用 bizarre 取代 weird 翻译"奇怪的"，因为 weird 带贬义色彩且过于口语化，不适合用在客观正式的科普文章中，而 bizarre 暗含"在奇怪的事件背后隐藏有别的原因"之意，更适合语境。

从以上例子可见，词汇除了概念意义之外，还有各民族特有的联想意义，如果在翻译实践中没有考虑到这一层意义就会犯错误，需要多加注意。

## 三、主题意义

主题意义指说话者或写文章的人借助组织信息的方式（语序、强调手段、信息焦点的安排)来传递的一种意义。信息方式组织得不同,重点也就不同,其所表达的意义也不相同[1]。前文中的概念意义和关联意义研究的对象是词义(词汇的意义),而从利奇对主题意义的定义可知,主题意义研究的是句义。贾彦德在《汉语语义学》中将汉语语义单位分为七种:义位(大致相当于词典中的义项)、义素(义位的组成成分)、语素义(汉语的字义)、义丛(相当于词组)、句义、言语作品(文本)义、附加义(指某些义位、句义和言语作品的附加成分)。其中,只有句义是言语层面的,其余皆属于语言层面。

语言和言语的差别在于语言是由语音、语法和语义组成的系统,保存在人类的大脑里;言语则是对这个系统运用和运用的结果,它生成于个人口中。总的来说,语言中的成分和单位都是现成的、复现的,数量相对有限;而言语中的成分和单位则是交际中临时创造的,数量无限。句义研究的就是一句话中各成分在使用中的意义[2],成分相同但顺序不同的句子可以表现出不同的意义,如:

1. Comac, a Chinese state-owned aerospace manufacturer in Shanghai, designed and manufactured the Comac C919 independently.

2. The Comac C919 is designed and manufactured independently by Comac, a Chinese state-owned aerospace manufacturer in Shanghai.

以上两个句子表述的都是"中国商用飞机有限责任公司(Comac)独立制造出了C919飞机"这一事实,但由于两句中各部分排布顺序不同,其突出的重点主题信息大不相同。句1中突出的是Comac公司,而句2强调的则是C919飞机。由此可见,各成分叙述的先后顺序对句义影响极大,改变句子的句法结构或顺序,就能表达不同的"主题意义"。

在进行科技文本英译时,译者可以适当调整语序,或是采取强调方式突出主题,使翻译的句子句义更为鲜明,提高译文可读性,如:

**例1.2.9** 在设计该系统中为一个以上信道所共用的各个部分时,必须考虑到其设计能够处理信息传输过程中产生的大量无用功率。

**译文:**The various parts of the system common to more than one channel must be designed to be capable of dealing with a large amount of power that is not useful in the transmission of information.

此句子的主题是"各个部分"的设计要求,因此在英译时将"the various parts of the system"提到最前突出位置,将其他限定和修饰成分置后,对主题起补充作用。

**例1.2.10** 不论控制系统是由电子硬件构成的还是由人的神经组织构成的——或者说,不论是由什么或由谁来处理信息——对信息处理过程进行分析都是可以的。

---

① 利奇.语义学[M].上海:上海外语教育出版社,1987:108-112.
② 陈宏薇.高级汉英翻译[M].北京:外语教学与研究出版社,2009:28.

**译文**：An analysis of information processing can take place independently whether the system is constructed of electronic hardware or human nervous tissue——or no matter whatever or whoever is processing the information[1].

例 1.2.10 的信息重点在于"可以对信息处理过程进行分析"，翻译时调整语序，将原文中最末尾部分提到最前，起到开门见山提出主题的效果。

**例 1.2.11** 数十亿年后，大小麦哲伦云将先和彼此融合，再共同归于银河系，其引力之舞也将随之结束。

**译文**：Billions of years from now, the gravitational dance between the Magellanic Clouds will end with them merging with each other and then the Milky Way.

此译例摘自一介绍天体间引力的段落，由于其主题意义在于"引力"，翻译这句话时，需将"gravitational dance"置于主语位置加以突出。

**例 1.2.12** 在深空望远镜的图像中，剑鱼座 30 的纤状结构整体上看起来像蜘蛛腿，其也因此得名蜘蛛星云。

**译文**：It acquired its modern Tarantula Nebula name based on deep telescopic images, in which the nebular filaments collectively like spider legs[2].

上例中汉语原文遵循因果逻辑顺序，叙述主体并不突出，英译时，需通过调换句序，突出"蜘蛛星云"这一叙述主体。

**例 1.2.13** 宇宙膨胀说听似奇特，但它是基本粒子物理学中一些公认的理论在科学上的可行推论。近十年来许多天体物理学家接受了这一学说。

**译文**：Odd thought it sounds, cosmic inflation is a scientifically plausible consequence of some respected ideas in elementary particle physics, and many astrophysicists have been convinced for the better part of a decade that it is true.

此译例的英语译文在开篇使用了倒装结构，强调"奇特"之感。

通过以上例子可以看出，在进行汉英翻译时，译者应有意识地判断句子主题，根据句义的主次区别将各个意群合理连接在一起，更好地表达原文的主题意义。

翻译的最本质要求就是完整忠实地传达原文意义。通过本节的分析探讨可知，中英两种语言在表意方式上存在着不同层面的差异，想要以地道的方式重现原文的表层、深层含义，译者要有意识地进行调整，通过采用适当的翻译技巧弥合两种语言在语义上的不同。

① 傅勇林，唐跃勤. 科技翻译[M]. 北京:外语教学与研究出版社，2012：65.
② 李楠.《体验哈勃望远镜:探索银河系》(第九、十、十一讲)翻译实践报告[D/OL]. 郑州:郑州大学，2021 [2021-02-16]：23-24. https://kns. cnki. net/kcms/detail/detail. aspx&dbcode = CMFD&dbname = CMFD202101&filename = 1020045282. nh&uniplatform = NZKPT&v = leUl4cBAW3G4m-m_cd010GgkbTNaxIVR6gRpJ6RD_FKoTl1JGXAUZmKZyAaQxjq5.

## 练 习

**一、基本练习**

将下列汉语词组和句子翻译成英语。

(1) 进场 机头 座舱(航空航天术语)

(2) 水泥磨机 轧钢机 原动机(机械工程术语)

(3) 与地球的年龄相比,碘 129 的半衰期很短,只有一千七百万年。

(4) 由于哈伯发明了利用空气中的氮气的方法,这种局面就完全改观了。

(5) 空间垃圾威胁着人类的航天活动,它给人类开发和利用外层空间带来了阴影。

(6) 目前,宇宙中已知质量最大的恒星名为 R136a1,其质量是太阳的 265 倍,直径是太阳的 30 多倍。

(7) 我国现在已能生产各类标准系列齿轮减速器,由于有国家标准作保证,质量可靠,因成批生产,价格较低。

(8) 2016 年以来,中国航天进入创新发展"快车道",空间基础设施建设稳步推进,北斗全球卫星导航系统建成开通,高分辨率对地观测系统基本建成,卫星通信广播服务能力稳步增强,探月工程"三步走"圆满收官,中国空间站建设全面开启,"天问一号"实现从地月系到行星际探测的跨越,取得了举世瞩目的辉煌成就。

**二、拓展练习**

思考题

汉语和英语在词汇概念意义上的对应关系主要包括哪些方面?请举例说明。

# 1.3 句法对比

句法属于语法的一部分,其研究对象是句子,即语言中不同成分组成句子的规则或句子结构成分之间的关系。句子是翻译的自然单位,无论是词、词组还是小句,只有置于句子中形成完整的翻译单位才有意义,因此做好单个句子的语际转换是形成忠实对等的译文的基础。

表面上看,中文句子和英文句子都由主、谓、宾、定、状、补等成分构成,由标点符号断意,似乎可以实现各成分间的一一对应。但实际上,两种语言在构句规则上差异颇大,如汉语句子中的主语具有"词类兼容性",除名词性词语外的其他词类也可以充当主语,而英语句子中的主语必须具有名词性;在汉语中,主语发出的连续的动作有几个就有几个谓语,可以多个谓语动词连用,而在英语中,一个句子里只能有一个谓语成分;再例如,汉语由于"连动式"使用动词的习惯而呈动态倾向,英语则因常用介词和名词表达动词含义而显得更为静态。汉英之间这种句子结构方面的差异还有很多,了解这些差异对做好汉英翻译十分重要。

汉英两种语言在句法上的差异,究其根本,还是源于两个民族在思维方式、文化心理上的不同。例如中华民族自古便讲究"天人合一",习惯从总体入手认识事物,其思维方式是综合性的,重直觉,强调时间顺序,注重空间变化;而西方强调的是"人物分立",其思维方式是分析型的,重理性,强调形式论证,常化整为零分析事物。这两种截然不同的思维方式反映在构句方式上,就使得汉语句子没有形态变化,断句不严,句子结构焦点不明确,强调时间顺序和事理安排,更注重内容;而英语句子则有形态变化,句界分明,句子以谓语动词为核心勾连各种关系,形成多层次的句子结构,更注重形态[①]。只有对汉英句法层面的差异有所了解,才能在翻译时转换自如,产出高质量译文,既完整传达句意又符合译入语构句习惯。本节将从以下几个方面,就汉英两种语言在句法上的差异进行分析介绍。

## 一、汉语重意合,英语重形合

意合与形合是汉英两种语言在句法层面上最为显著的差异。意合与形合的区分在英汉语言类型对比和句法两个层面中都是一个绕不过去的话题。对于意合形合的定义、在两种语言中的具体表现以及如何在双语间进行有效转换等问题已在 2.1 节中进行了详细的分析探讨,不再赘述。译者在进行科技文本的汉英翻译时可以通过转换词类、添加连接词、调整句界结构等方式将"重意轻形"的汉语原文转换成逻辑明晰、形式完整、句法合规的英文译文,有意识地向科技英语多长难句、结构复杂的文体特点靠拢。

## 二、汉语"主-述"结构,英语"主-谓"结构

著名语言家王力先生曾经说过:"就句子的结构而论,西洋语言是法治的,中国语言是人治的。[②]"根据李讷(Charles N. Li)和汤普森(Thompson)对语言的分类,汉语是主题显著(topic-prominent)的语言,其句子构建在意念主轴上,更强调意义。在汉语句子中,句首成分不一定是主语,而往往是个话题,后面的部分则是对这一话题的陈述或说明;英语是主语显著(subject-prominent)的语言,其句子构建在主谓主轴上,更重形式,主语和谓语之间存在一种形式上的一致关系,受到语法较为严格的限制[③]。这就是为什么汉语常被称为"主-述"(主题-述题)型语言,而英语常被称为"主-谓"型语言。

---

① 崔旻. 论汉英句法结构与思维方式[D]. 武汉:武汉大学,2002:17.

② 王力. 中国语法理论[M]. 济南:山东教育出版社,1984:214.

③ 陈宏薇. 高级汉英翻译[M]. 北京:外语教学与研究出版社,2009:25.

在进行"主-述"和"主-谓"结构间的转换之前,首先要明确主题和主语的关系。总的来说,二者有区别也有联系——主题属于话语或篇章层面,其在话题链里总是占据第一个句子的句首位置,而主语是句法层面的,从位置上来看,主语可以看作动词左边的第一个有生命名词短语;主语与句子的主要动词总是有某种选择关系,动词决定主语而不决定主题。

**1. 汉语主题与主语的关系**

一般来说,在汉语句子中,主题和主语存在以下两种关系。此外,汉语还有无主句这种特殊句型。

**(1) 主题等同于主语**

汉语句子中的主题具有名词性时,一般可看作和英语语法"主-谓"结构对等的主语,如:

**例1.3.1** <u>非管制空域</u>不由空管监管,所以在非管制空域内运行不需要获得许可。

**译文:**<u>Uncontrolled airspace</u> has no supervision by air traffic control, so no clearance is required to operate in uncontrolled airspace.

**例1.3.2** <u>航空器和航空设备的机械师和技术人员</u>对航空器进行维修和例行维护。<u>他们</u>也按照联邦航空局的要求检验航空器。

**译文:**<u>Aircraft and avionics equipment mechanics and technicians</u> repair and perform scheduled maintenance on aircraft. <u>They</u> also may perform aircraft inspections as required by the Federal Aviation Administration (FAA).

**例1.3.3** <u>国际航班</u>是指起飞和降落发生在不同国家的民用航空商业航班。<u>国际商业航班</u>受国际运输协会和国际民航组织的管理。

**译文:**<u>An international flight</u> is a form of commercial flight within civil aviation where the departure and the arrival take place in different countries. <u>International commercial flights</u> are regulated by the International Air Transport Association and the International Civil Aviation Organization①.

以上三例中,汉语原文中的主题都是名词,且"主题-述题"的叙述语序与英语中"主-谓-宾"结构十分相似。译者在翻译此类主题由主语充当的句子时,可像上述例子中一样遵循原文顺序,直接用汉语句子中的主题做译文主语,并为其选择适当谓语动词,形成完整句子。

**(2) 主题不等同于主语**

前文已经讲过,汉语语句的主题具有"词类兼容性",几乎所有的词类都可以成为

---

① 曾臻. 空管常识100问[M]. 北京:中国民航出版社,2019:12,22,43.

句子中的主题。这种不具有名词性的主题不符合语法中对主语的定义，因此不能和英语中的主语进行对应，如：

**例 1.3.4** 在飞行中使用音标字母是因为无线电电文经常不清晰且有干扰。

**译文**：The adoption of phonetic alphabet during flight is due to the fact that transmissions are often unclear and filled with static.

**例 1.3.5** 保持指令简洁可以方便修正复诵，比试图在一次许可指令中填塞过多信息更节省时间。

**译文**：Keeping instructions short will facilitate the correction of readback and is more time-saving than cramming too much information into one clearance.

以上两例原文中的主题都是由动宾短语讲述的"一件事"或"一个动作"，具有动态性；而与之相对应的英文译文句首都是由名词（adoption）或名词化结构（keeping）形成的主语，具有静态性。由此可见，汉语的主题既可以是静态的事物也可以是动态的动作，而英文中的主语必须是具有名词性的静态结构。

**（3）无主句**

汉语中还有一类特殊句型——无主句。这种句子只有谓语部分而没有主语部分，也被称为绝对句，是非主谓句的结构类型之一。无主句多用于描述状态、动作等，并不强调突出事物或人物，因此无需主语的参与。正如王力在《中国现代语法》中指出的："有时候，主语非但不是显然可知的，而且恰恰相反，它是不可知的。咱们只纯粹地叙述某一事件，或陈说一种真理，谓语尽够用了，纵使要说出主语也无从说起，或虽可以勉强补出主语，也很不自然①"。汉语无主句在科技文体中的应用尤为广泛，如：

**例 1.3.6** 在非执勤时，除公司认可的公益活动外，均不允许穿着制服。

**译文**：If flight attendant is not on duty, uniform is not allowed to wear except for commonweal activities approved by the airlines②.

**例 1.3.7** 遭遇强气流时必须保持巡航速度。

**译文**：It is required to maintain a level cruise when encountering strong turbulence.

**例 1.3.8** 目前还没有一个能源网络能够容纳这样的大杂烩。

**译文**：At present, there is no energy network can accommodate such a hodgepodge③.

----

① 王力. 中国现代语法[M]. 上海：商务印书馆，2011：56-58.

② 中国国际航空公司. 客舱乘务员手册. 15 版[S]. 北京：中国国际航空股份有限公司，2019：89.

③ 刘娟. 从功能对等理论探析汉语科技文本中无主句的英译[D/OL]. 湘潭：湖南科技大学，2018[2018-08-16]：45. https://kns.cnki.net/kcms/detail/detail.aspx? dbcode = CMFD&dbname = CMFD201802&filename = 1018809979.nh&uniplatform=NZKPT&v = 6v3Emm9e6C0c6XkQFMWyTxOpAOFGkYIm7aEUTuRLcAfirDUQMiShanI6MWBiAVsz.

例 1.3.6 汉语原文中并未说明"谁"不允许穿着制服,而英语译文中则根据上下文补充给出了主语"flight attendant";例 1.3.7 和例 1.3.8 的原文中皆省略了主语,但其对应译文则通过添加"形式主语 it"和"there be"结构增补出了句子主语,使之符合语法结构要求。由此可见,汉语句子是可以没有主语的,而英语句子则不然,即便句意中缺失主语,在结构上也要通过特定结构进行占位。

通过以上分析可知,汉语对主题的语法限制十分宽泛,动宾短语这类带有动态性的结构也可充当主题,句中没有主语也是可以的,而英语"主语-谓语"的语法框架要求句子必须有明确的主语和谓语成分。这种差异使得汉语原文中的"主题"常常无法直接转换为英语译文中的"主语"。为弥合这种差异,译者在进行科技文本英译时要有意识地在原文中寻找最适合做主语的成分,在找不到对应成分时则不必拘泥于原文的结构,可采用转换、增补等方法适当进行调整,务必使译文既符合语法规则又忠实地传达语义。

**2. 汉语重心在后,英语重心在前**

所谓的"重心在前""重心在后"指的是重要信息在句中是置前还是置后。汉语表达习惯于循序渐进、层层递进,往往按照事情的发展顺序,由事实到结论或由因到果进行论述,重点信息往往在句末才会出现;而英语受西方"直截了当"的思维方式影响,往往开门见山,在句首便交代出重点信息,先表明结果,再叙述论证过程、事实铺陈等次要信息。

总结来说,英语句子和汉语句子的重心相同,一般都落在结果、结论、假设或事实等上面,但重心的位置可不同。汉语句子一般是后重心,而英语句子一般是前重心,即汉语句子往往把信息中心置于句尾,以突出重点;而多数英语句子则常将信息中心置于句首,以突出主题。汉语句子重心在后,先因后果,先论据后结论,先条件后断言,结构铺列前重后轻;英语句子重心在前,先因后果,先结论后论据,先断言后条件,架构布局前轻后重[①]。由于科技文本往往用以描述现象的成因、变化的过程、实验的结论,汉英两种语言在重心前后上的差异尤为明显,这在一些术语的定义上就可见一斑,如:

例 1.3.9 液体流动过程中,各质点的流线互相混杂、互相干扰的流动状态称为紊流。

**译文:** Turbulent flow is characterized by the irregular movement of particles (one can say chaotic) of the fluid.

例 1.3.10 对于固定翼飞机,机翼的前进方向(相当于气流的方向)和翼弦(与机身轴线不同)的夹角叫迎角,也称为攻角。

**译文:** Angle of attack (AOA) is the angle between the oncoming air or relative wind and a reference line on the airplane or wing.

---

① 王建始. 前重心与后重心——英汉句子比较[J]. 中国翻译. 1987(3):17.

**例 1.3.11**　相对气流流过机翼时,机翼前缘的气流受阻,流速减慢,压力增大;而机翼后缘气流分离,形成涡流区,压力减小。这样,机翼前后产生压力差形成阻力。这个阻力称为<u>压差阻力</u>。

**译文:** <u>Pressure drag</u> is drag caused by increased pressure on the front and decreased pressure on the rear of an object moving through a fluid medium such as air or water or of a stationary object around which the medium passes.

例 1.3.9 和例 1.3.10 分别是"紊流""迎角"的中英官方定义。对比可见,中文定义都是先描述具体表现或判定方法,在句尾才给出这一概念的名称;而英语定义则都是在句首率先给出所描述的概念名称,在后文进行次要信息补充。例 1.3.11 中对"压差阻力"的形成过程进行了详细分析,使得这一差异更为明显:汉语例句在叙述时先以时间状语进行语境铺陈,交代压差阻力形成的条件,接着对机翼前缘、机翼后缘发生的现象进行描述,直到让读者读至此已经可以推断出机翼前后缘间产生了压力差,才明确给出"压差阻力"这一概念,重心极为靠后;而英语例句在开头便使用四个单词构成的主系表结构直接定义了压差阻力的性质,即压差阻力(pressure drag)是一种空气阻力(drag),形成句子主干,再通过后置定语(caused)交代压差阻力形成原因,重心就在句首,一目了然。

在更为复杂的论述说理中,英汉两种语言在重心位置上的差异主要表现在以下两方面。

**(1) 汉语先原因后结果,英语先结果后原因**

在汉语句子中,人们往往习惯于先罗列原因,最后才交代结果,显得前轻后重;而在英语句子中,人们往往把结果作为句子的主要部分放在句首,然后再分别叙述其原因,显得前重后轻,如:

**例 1.3.12**　两个超级大国签订了协议,限制了两国可保留的反弹道导弹系统以及进攻性战略武器的数目,<u>这使我们欣喜若狂</u>。

**译文:** <u>We work ourselves into ecstasy</u> over the two superpowers' treaty limiting the number of anti-ballistic missile systems that they may retain and their agreement on limitations on strategic offensive weapons.

原文中先叙述"两国签订了协议",再交代"我们欣喜若狂"的结果,先因后果;而译文中将结果"欣喜若狂"(We work ourselves into ecstasy)前置于句首,再通过介词 over 补充使产生这一结果的原因,先果后因。

**(2) 汉语先分析后结论,英语先结论后分析**

在汉语复句中,人们往往先进行认真分析,摆出论据,最后再说出结论,似有"一锤定音"的效果;而在英语复合句中,往往结论在前,分析在后,先开门见山,给出实质性的结论,然后再补充分析过程[①],如:

---

① 王建始. 前重心与后重心——英汉句子比较[J]. 中国翻译. 1987,(3):19.

**例 1.3.13** 一架洛克希德 U-2 高空侦察机擅自闯入中国人民解放军北部战区实弹演习禁飞区活动,<u>严重干扰</u>中方正常演训活动,<u>严重违反</u>中美海空安全行为准则及相关国际惯例。

**译文:** A Lockheed U-2 high altitude reconnaissance aircraft <u>seriously</u> <u>disrupted</u> China's routine training activities and <u>violated</u> China-US maritime and flight safety codes and international norms by trespassing into the no-fly zone[①].

原文中先对侦察机的行为进行了分析,然后才给出了这一行为"严重干扰……,严重违反……"的结论;译文中则将结论部分提前至句首主语后,而将分析部分通过 by doing 结构作为补充的次要信息置于句尾。

上述例子充分证明了汉语句子重心在后,英语句子重心在前的特点。明确了这一差异后,可以在翻译实践中有意识地使用"逆译法",将汉语原文中的原因、分析、铺陈等次要信息通过介词短语、名词化结构等方式置于译文末尾,而将原文中的主要信息提前,形成译文的主谓主干,使译文更符合译入语的表达习惯。

### 三、汉语多主动,英语多被动

汉英两种语言都有被动语态,但相对于汉语来说,英语中的被动句比较多,而汉语则多用主动语态表达。产生这样的差异很大程度上是由于中国人习惯于本体思维,把观察和叙述的视角集中在动作的发出者上,并以其为主语;而西方人倾向于使用客体思维方式,常把观察与叙述的视角置于动作、行为的结果或承受者上,并以此作为句子的主语。

被动句在科技英语中尤为多见。据英国利兹大学约翰·斯维尔(John Swales)统计,科技英语中的谓语至少三分之一是被动语态。英语科技文本中之所以广泛使用被动句,主要有以下两个方面的原因:首先,科技英语侧重叙事和推理,读者重视的是现象和事实,而不是动作的发出者。因此,为了客观中肯地传递信息,科技英语往往较多地使用第三人称,而不太采用第一、二人称,尤其是第一人称单数"I",以避免让读者产生一种主观臆断的印象。其次,被动语态可使主宾倒置,可以将做宾语的主要信息前置于句首,一目了然,符合英语前重心的语言习惯[②]。与英语相比,汉语科技文本就没那么倚重被动句式,带有"有人""人们"等主观视角的表达较多,这一差异在汉英科技文本的一些常用句式中便有明显的体现,如:

| | |
|---|---|
| 人们相信,大家相信…… | It is believed that… |
| 有人建议…… | It is suggested that… |
| 有人主张…… | It is asserted that… |

---

① 美 U-2 高空侦察机擅闯我演习禁飞区 外交部:中方对此坚决反对 并已向美方提出严正交涉[N]. 中国日报,2020-08-27.

② 严俊仁. 科技英语翻译方法[M]. 北京:国防工业大学出版社,2000:67-69.

对比可见,汉语表达倾向于交代人称主语,即动作的发出者,而英语中为避开主观信息采用了形式主语 it＋被动结构,更显客观正式。可以说,两种语言在选用主动与被动语态上的不同倾向是汉英科技文本最为显著的差异,汉语科技文本为保证叙述的流畅而多采用主动语态,而在科技英语中,一句中出现多个被动表达也不足为奇,如:

**例 1.3.14** 在电视屏幕上,人们可以看到那个空间实验室在外层空间轨道上绕地球运行。

**译文:**On the TV screen the sky-lab could be seen orbiting round the earth in outer space①.

**例 1.3.15** 长久以来,人们一直在研究一种寄生黄蜂,以改进涡轮的设计。然而,人们尚且无法模仿昆虫翅翼中很多最为精妙的设计。

**译文:**So far, a parasitic wasp has been studied to improve the design of a turbine, but many of the cleverest aspects of insect wing design have not been copied.

**例 1.3.16** 已查明这些物体都是卫星。

**译文:**The objects have been identified as satellites.

**例 1.3.17** 热空气由涡轮风扇喷气式发电机发出,在与外部冷空气接触后降到一个舒适的温度,流入飞机主客舱。

**译文:**Hot air is taken from the turbofan engine and after being cooled by contacting with outside cold air to a comfortable temperature, is fed into the main cabin of the aircraft②.

通过对比例 1.3.14、例 1.3.15 和对应译文可以看出,汉语原文和英语译文叙述的顺序截然不同:汉语以动作的施事者"人们"开头,顺序铺开,通过主动语序交代"什么人做了什么事";而英语则直接将受事的客观存在,也就是句子的重心部分提到最前,通过被动结构改变主客体顺序,以保证中心信息一目了然,清晰直观。例 1.3.16 中的汉语原文是无主句,其译文为避免增补主语造成超额翻译而利用被动语态将宾语部分置于句首。例 1.3.17 最能凸显汉英两种语言在选择主动或被动语态的不同倾向——原文和译文都以热空气(hot air)为主语,但汉语原文整句无一"被"字,凭借主动语态将三个步骤描述得流畅通顺,而英语译文中则连用三个被动结构串起了这一过程。

虽然英语和汉语都有主动和被动语态,但两种语言对其的运用偏好却不尽相同。这一差异在科技文本中体现得尤其明显,因此在进行科技文本英译时,译者要有意识地判断,能否将原文中带有人称主语的主观表达以及判断句、无主句等特殊句型

① 刘明东. 英语被动语态的语用分析及其翻译[J]. 中国科技翻译,2001(1):4.
② 闫易乾. 汉英双语句法对比研究在汉译英翻译教学中的应用[J]. 黑龙江生态工程职业学院学报,2016,29(2):108.

转换为被动表述。不过也需注意,并不是科技文本中的所有表述在英译时都需转化为被动结构的,不要矫枉过正,滥用被动结构使得译文过于复杂、生涩难懂。

## 四、汉语重人称,英语重物称

从具体语言环境中相互关联的指示范畴来看,句子的主语可以分为"人称主语"(personal subject)和"物称主语"(impersonal subject)两种类型。人称主语指用有生命的人或动物作为逻辑动词的主语。物称主语指用无生命的、抽象的事物或概念做谓语动词的主语。从句法结构方面来说,汉语多从自我出发来叙述客观事物,倾向于描述人及其行为或状态,常使用人称主语;英语多用物称主语,让事物以客观形式呈现出来[①]。汉英两种语言对主、客观的不同侧重,源于截然不同的思维方式,在日常生活的口语交流中就有很明显的体现——汉语在表述时常说"什么人怎么样了",而英语中习惯于说"什么事发生在什么人身上",如:

汉语:你出了什么事啦? 英语:What has happened to you?

汉语:我突然想到一个主意。 英语:An idea suddenly struck me. [②]

从以上两组例句中可以感受到,英语常用抽象名词或无生命的事物名称作主语,同时又使用本来用以表示人的动作或行为的动词作其谓语,因而这种句式往往带有拟人化修辞色彩,语气含蓄,令人回味。

科技文本中,汉英两种语言在重人称与重物称上的差异往往和选用主动还是被动语态息息相关。上文已经说过,汉语习惯于使用主动语态,用有灵名词做句子主语,叙述较为主观;英语则频繁使用被动语态,常以无灵名词做主语,采用"无灵名词+有灵谓语"的方式进行叙述,使表达既客观又生动,如:

**例1.3.18** 于是,人们不得不决定采用固定机翼,这样飞机才能令人满意地飞行。

**译文:**Thus the decision to use a fixed wing was one that had to be made before aeroplane could fly satisfactorily.

**例1.3.19** 测得地震波的走时和振幅,我们就能够确定地下的几何形状并估算与岩石速度和密度有关的声阻抗。

**译文:**Seismic measurements of travel time and amplitude define the subsurface geometry and give estimates of the acoustic impedance related to rock velocities and densities.

**例1.3.20** 由于月球上完全没有水和氧,因此月球是一个绝无生命的死寂世界。

---

① 吴群. 语义贯通,语句变通——把握"人称"和"物称"的转换[J]. 中国翻译,2002(4):84.

② 连淑能. 英语的"物称"与汉语的"人称"[J]. 山东外语教学,1993(2):29.

**译文：**A complete absence of oxygen and water in the moon makes it a dead world with no signs of life[①].

例1.3.18和例1.3.19中的汉语原文以人称代词"人们""我们"作为主语，从"人"的视角出发对整个事件进行叙述，而英语译文中则选用了客观事物"the decision""seismic measurements"为主语，以更为客观中肯的方式表达原文含义。例1.3.20中以抽象名词"absence"替代原文中的月亮(the moon)做主语，不仅符合了科技英语的表述习惯，还将原文中"由于……因此……"连接的两个短句转换为只有一对主谓结构的简单句，避免了关联词的赘述。

英语表达重物称，科技英语更是十分强调表述的客观性与正式性，因此在英译科技文本时，译者一定要有意识地进行人称与物称的转换，尽量省去原文中提及自己或读者(使用"I""we""you"等人称代词或指人的名词)的部分，通过调整各成分的语序、转换被动句等方法，使译文更加客观正式，符合英美的语言习惯。

# 练 习

## 一、基本练习

1. 以下被动句型该如何翻译？

It must be admitted that…

It is imagined that…

It can not be denied that…

It will be seen from this that…

It should be realized that…

2. 翻译以下无主句时应如何选择英语主语？为什么？

1994年，启动"北斗一号"系统工程建设；2000年，发射2颗地球静止轨道卫星，建成系统并投入使用。

3. 将下列汉语句子翻译成英语。

(1) 在使用雷达之前，航空器之间要留出很大的余度，以确保绝对的无障碍飞行。

(2) 空管塔台是机场一个引人注目的建筑物。管制员通过管制塔台看护飞机，和飞行员联系，必要时管控紧急情况。

(3) 承受的载荷与轴心线成直角的是径向轴承，而承受的载荷与轴心线相平行的是止推轴承，它们是现代飞机上使用的两种主要轴承。

(4) 负责组织机组进行飞行前的预先和直接准备，与飞行签派员共同签字放行；

---

① 张芬. 英汉思维方式对比与科技英语无灵主语句的汉译[J]. 郑州航空工业管理学院学报(社会科学版)，2008(1)：120.

并对飞机实施必要的检查;未经检查,不得起飞。机长发现飞机、机场、气象条件等不符合规定,不能保证飞行安全时,有权拒绝起飞。

(5) 现代科学的成就不仅提供了能够承受高温高压的材料,而且也提供了新的工艺过程。依靠现代科学的这些成就,我们相信完全可以制造出这样的人造卫星。

(6) 空间望远镜证明了超级黑洞的存在,并表明在创世大爆炸之后恒星和银河系的形成要比科学家早先以为的早得多,因而它已经帮助天文学家改写了许多他们所知道的有关宇宙的知识。

**二、拓展练习**

思考题

科技英语在句法上都有哪些不同于汉语的特征?

# 第 2 章　航空航天英译概论

随着科学技术的日新月异和科技交流的不断加强,科技文本大量涌现,科技文本的翻译需求也日益增加。这其中也包括突飞猛进的航空航天技术发展和航空航天文本的译介。本章将对航空航天英译进行概括性介绍,包括科技文本的特点、航空航天文本的特点、航空航天文本汉英翻译原则、航空航天文本的翻译策略与方法。

## 2.1　科技文本的特点

20 世纪下半叶以来,尤其是进入 21 世纪后,科技发展迅猛,从计算机科学、纳米科学、生命科学到电子信息技术,科技进步和革新的步伐越来越快。人类对科技的需求也在发生着重要转变。如果说 18～20 世纪的科技重点是人类认识自然、征服自然,最大限度满足人类的物质生活需求,那么 21 世纪的科技重点则是人类认识自己、改变自己,全面提高物质和文化生活质量,提高人类可持续性和适应宇航时代的需要①。同样,在 21 世纪我国的科学技术也进入了快速发展的阶段,我国在某些科学技术领域已经达到了国际领先的水平,例如 5G 技术、单口径射电望远镜(FAST)、北斗卫星导航系统,以及多次载人航天飞行和"天宫一号"空间站的建设等。21 世纪是一个知识的时代,新科技的不断涌现、科技的普及、大众对知识的渴望都使得科技文本大量产生,并在全球范围内传播共享。科技文本的跨语言传播自然离不开翻译,为了更好地将汉语科技文本转换成英语,需要对科技文本的基本特征进行了解。

### 一、科技文本及其分类

航空航天文本是科技文本的一个重要部分,我们首先应了解科技文本,进而了解航空航天文本的特点。

#### 1. 科技文本概述

对于科技文本,国内相关参考文献大多指:科技著作、科技论文和报告、实验报告和方案;各类科技情报和文字资料;科技实用手册和操作规程;有关科技问题的会谈、会议、交谈的文字资料;有关科技的影片、录像、光盘等有声资料的解说词以及描写和

---

① 田心. 科学猜想:第六次科技革命来了[N]. 中国青年报,2011-08-15(2).

解释大自然现象的语篇等①。科技文本的行文格式较为固定,大有国际化、标准化的趋势,如实验报告和科学论文的格式是世界通用的。目前学界对科技文本并没有一个精确的界定,其所涵盖的文本类型也有多种,不过这些文本在内容上来说都有一个共同的特征,那就是与科技知识密切相关。

"科技"是科学和技术的简称,科学解决理论问题,技术解决实际问题。通常来说,"科学"指研究自然现象及其规律的自然科学,是关于自然、社会和思维的知识体系②;"技术"指人类在认识自然和利用自然的过程中积累起来并在生产劳动中体现出来的经验和知识,也泛指其他操作方面的技巧③。科技文本的功能是阐述或总结自然现象、社会现象和思维规律,论述或说明其内在规律,服务于自然科学和社会科学的发展和社会的进步。

**2. 科技文本(EST)分类**

随着科技的持续发展,尤其是现代科技突飞猛进,科学技术的内容和知识体系不断扩大,科学技术进步已经为人类创造了巨大的物质财富和精神财富,这也就意味着科技文本所涉猎的知识范围是非常广泛的④。科技文本的内容会涉及所有理工学科和专业,例如:数学、物理学、机械、冶金、矿业、电子、化学、能源、天文学、生物学、医学、农学、环境科学、航空航天等,以及技术发展产生的高新科技,包括遥感技术、超导技术、纳米技术、微电子技术、人工智能、生物技术、空间技术等⑤。由于科技文本中多是理论性和技术性知识,其语言表达自然呈现出很强的客观性、逻辑性、和专业性。

科技文本按照其语体的专业程度又可以划分为专用科技文本和普通科技文本。专用科技文本专业程度高,此类文本部分侧重于基础科学理论,例如学术论文、学术专著、专业教材等;另一部分则涉及技术应用与管理,例如专利说明书、技术标准、技术合同、法律文本等。普通科技文本主要用来传播科技知识、描写生产过程、说明产品的使用方法,常见的文本类型有科幻小说、科学小品、科学故事、科技新闻等科普类读物和普通技术文本。普通技术性文本又可细分为以下五类⑥:

1)通信:包括电子邮电、备忘录、公司与客户之间的商务信件等;
2)营销:包括经营管理文件和推销促销材料;
3)产品操作指南和使用说明书;

---

① 韦琴红. 英汉科技文本的语篇特征对比分析[J]. 杭州电子科技大学学报(社会科学版),2006(2):30.
② 辞海[M].上海:上海辞书出版社,1980:1746.
③ 现代汉语词典[Z].7版.北京:商务印书馆,2020:617.
④ https://baike. baidu. com/item/科学 技术/3348043? fromtitle = % E7% A7% 91% E6% 8A% 80&fromid=662906&fr=aladdin
⑤ 科学技术[EB/OL].[2022-08-02].https://baike. baidu. com/item/科学技术/3348043? fromtitle=% E7%A7%91%E6%8A%80&fromid=662906&fr=aladdin
⑥ 方梦之. 英语科技文体:范式与翻译[M]. 北京:国防工业出版社,2011:160.

4）建议书：包括对实施新项目的建议、对改变生产过程的建议等；

5）报告书：包括请示报告、项目可行性研究报告书、实验报告、项目进度报告等。

专业科技文本和普通科技文本文体不同，面向不同的读者群，其语式也有差异。专业科技文本一般在专业领域内部使用，作者和读者均是某科技领域专业人员或具有相当科学知识的人，该类文本的言语规范正式、无人称、陈述客观准确、专业术语多、文体朴实（不用或少用形象性和表情性言语）、词语具有单义性、结构严密。普通科技文本针对的是非专业读者或者不熟悉某科学领域的人，此类文本在具备科技性的同时还具备通俗性和趣味性，用词生动，文风活泼。讲述的科学知识正确无误，内容上深入浅出，便于大众理解。[①,②]

## 二、科技文本的基本特点

语言在不同的语域中使用会呈现出不同的特征。不同于小说、散文等文学文体，科学文本有其自身的特点，汉语科技文本和英语科技文本在共享一些特征的同时，也具备各自的用语风格。

### 1. 表述客观严谨

无论是英语还是汉语文本，基本可以分为两大类：一类是文学类，如小说、散文、诗歌等；另一类就是非文学类，包括科学、技术、商务、法律文本等。与文学文本相比，科技文本的最大特点就是客观严谨。科技文本主要是对客观事物做出说明或对抽象事理的阐释，使人们对事物的形态、构造、性质、种类、成因、功能、关系或对事理的概念、特点、来源、演变、异同等能有科学的认识，多以说明文为主，具有科学性，条理性，严谨性。科技文本对事物或现象进行直接的描述，语言平实，较少使用复杂的修辞手段。无论是英语还是汉语，都常采用物化的主语。下面列举两段科技文本进行说明。

**例 2.1.1** 生物芯片技术具有数据处理量大、检测速度快、实用性高等优点。该技术通过微量点样将生物当中的大分子有秩序地固定于支持物上，使其排列成二维分子，然后将这些序列分子与之前的特定分子混合并进行激光扫描，继而得出这些分子所产生的特定信号并进行快速检测，最终得到目标分子在所检测食品当中的所占比率。[③]

**例 2.1.2** The machine contained no moving parts except hand operated steam valves and automatic check valves, and in principle it worked as follows：Steam was generated in a spherical boiler and then admitted to a

① 陈宏薇. 高级汉英翻译[M]. 北京：外语教学与研究出版社，2009：203.

② 方梦之. 英语科技文体：范式与翻译[M]. 北京：国防工业出版社，2011：165.

③ 魏兴昀. 生物技术在食品安全检测中的应用分析[J]. 食品科技，2022(7)：114.

separate vessel where it expelled much of the air.[①]

**2. 专业术语的大量使用**

近些年,科技快速发展,新理论、新方法、新工艺、新材料、新技术等的出现带来了大量新概念。"术语"是某一学科或行业中的专门用语,术语可以是词,也可以是词组,用来正确标记生产技术、科学、艺术、社会生活等各个专门领域中的事物、现象、特性、关系和过程[②]。"术语作为一个特殊的词汇集合,承载了专业学科领域知识系统的核心概念,是科技、文化沟通的重要工具之一"。[③] 无论哪个专业领域,都会有自身独特的术语体系来标识该领域内的知识和概念。

在科技文本中,专业术语的使用频率很高。例如,混合动力系统、轴距、后轮距、离去角、差速器等是汽车专业领域术语;红细胞、白细胞、脱氧核糖核酸、肾上腺素、多巴胺、胆固醇是生物领域的术语;核磁共振、伽马刀、静脉注射、雾化、微创、咽拭子、脑死亡等则是医疗领域专业术语。专业术语的学术性和专业性较强,对其翻译也有着更高的要求,因此术语翻译是科技文本翻译的一个重点。

**3. 非言语符号的使用**

科技文本除了借助语言文字来进行解释说明之外,还会最大限度地使用图像符号及别的非言语符号。非言语符号的使用使复杂事物的表达简单化、形象化,使深刻原理的表达直观化、条理化,统一的图像符号为国际科学技术交流和成果共享奠定必要的基础。

科学技术的迅速发展,必然要求表达它的语言有所发展。这里不仅是表达新思想、新事物的术语大量涌现,而且包括表达手段的更新。一套套完整的系统的符号、记号、图形应运而生,以便用简单的形式来表达复杂、精密的思想。[④]

根据其形式,可以将科技文本中的非言语符号具体划分为单位符号、数字与数学符号、图像和图表等。下面通过引用各类非言语符号文本,让大家对科技文本中的非语言符号使用有更加直观的认识。

**例 2.1.3** 目前,正在运行的"北斗二号"系统发播 B1I 和 B2I 公开服务信号,免费向亚太地区提供公开服务。服务区为南北纬 55 度、东经 55 度到 180 度区域,定位精度优于 10 米,测速精度优于 0.2 米/秒,授时精度优于 50 纳秒。[⑤]

**例 2.1.4** 实验平台中每条腿的自由度均由液压驱动,足底的运动轨迹由每条腿的大腿和小腿共同完成,是耦合运动。根据实验平台的尺寸和液压伺服系统的输

---

① 张梅岗等. 科技英语修辞[M]. 北京:国防工业出版社, 2008:15.

② 张榕. 术语学与术语信息处理[M]. 北京:中国社会科学出版社, 2015:43.

③ 张榕. 术语学与术语信息处理[M]. 北京:中国社会科学出版社, 2015:26.

④ 方梦之. 英语科技文体:范式与翻译[M]. 北京:国防工业出版社, 2011:129.

⑤ 中华人民共和国国务院新闻办公室. 政府白皮书:中国北斗卫星导航系统(中文)[R/OL]. (2016-06-16)[2022-06-17]. http://www.scio.gov.cn/zfbps/ndhf/34120/Document/1480602/1480602.html.

入数值特性,将四足仿生机器人 Trot 步态控制策略嵌入到控制执行层中,实现了四足仿生机器人的 Trot 步态运动。Trot 步态的测试频率为 1 Hz,在每个步态周期中,控制系统可稳定地向液压伺服系统输出 1 000 个液压位置点值,使得样机步态顺畅,满足控制实时性要求。测试过程中实验平台质心的运动曲线如图 7 所示。在后续研究工作中将根据传感器获取的环境信息,采用控制策略调整四足机器人的运动步态,使四足机器人的运动动态稳定性更高。[①]

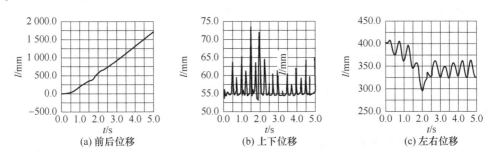

图 7　液压驱动四足仿生机器人 Trot 步态运动时质心运动曲线

## 三、英汉科技文本的表达差异

尽管汉语和英语的科技文本在基本特征上是一致的,但由于汉英两种语言的差别,汉语和英语科技文本在语言的使用上还存在一些差异。下面对汉英科技文本的独特之处分别进行介绍。

### 1. 汉语科技文本表达特点

#### (1) 句式复杂

科技文本需要对事物和现象的原理进行详细介绍,而科技原理往往是复杂的,汉语在表达多层逻辑思维时,主要借助词序和虚词,常用短句、分句、流水句,有先有后,有主有次,逐层叙述。[②] 因此科技文本中的句子较长,包含的信息量很大,一个句子中往往有多个意群。下面举例说明。

**例 2.1.6**　免疫学检测技术的原理是通过抗体和抗原结合所产生的反应来辨别食品安全性,该技术检测效率高,且在检测过程中具有较强的特异性,能够灵敏地检测食品蛋白质,主要包括免疫沉淀反应、免疫标记技术、免疫凝集实验技术。[③]

例 2.1.6 这句话中包含了多个分句,而且分句之间逻辑松散。"免疫学检测技术的原理"是一个偏正结构,是第一个分句的主语;第二个分句的主语换成了"该技术",且"该技术检测效率高"中并没有明显的谓语,而且"该技术"统领了后面一系列的句

① 马昕,等. 四足仿生机器人的分层实时控制系统[J]. 山东大学学报,2012(4):52.

② 连淑能. 英汉对比研究[M]. 北京:高等教育出版社,1993:12.

③ 魏兴昀. 生物技术在食品安全检测中的应用分析[J]. 食品科学,2022(7):114.

子;最后一个分句中又出现了三个并列的宾语,即"免疫沉淀反应、免疫标记技术、免疫凝集实验技术"。

可见,汉语科技文本本身展现了汉语的语言特点,而汉语的语言特点又使得科技文本的表达更加复杂。

**(2) 句式多样**

汉语的主语和谓语都十分复杂,而且汉语不受形态的束缚,对主谓形式没有一致性要求,因此汉语主谓结构具有多样性、复杂性和灵活性,因而汉语的句型也就难以像英语那样以谓语动词为中心从形式上去划分,汉语句型也因此样式多而杂。连淑能按照表意功能和表达形式,将汉语句型大致分了九个大类,分别是:话题句、施事句、关系句、呼叹句、祈使句、存现句、有无句、描写句、说明句[①]。在汉语科技文本中,主题句、存现句、描写句、说明句都很常用。因这里的重点不是进行英汉对比,不再详述,在后续章节中进行翻译介绍时还会涉及中西句式的讲解。

**2. 英语科技文本表达特点**

在《英汉科技翻译教程》一书中,作者将英语科技文体的特点进行了总结,共计七个方面,包括:专业术语的使用,名词化结构的使用,后置修饰语的使用,非限定性动词的使用,无人称句的使用,被动语态的使用,长句和复杂句的使用[②]。这些特点都较容易理解,这里不再详述。下面对于这些特征进行举例说明。

**例 2.1.7** The purpose of this article is to describe the various electromagnetic effects of a nuclear explosion in the language commonly used by those working in the area of nuclear weapon effects.[③](使用了非限定性动词、后置定语)

**例 2.1.8** An understanding of the essentials of the structure of the benzene molecule is probably best reached on the basis of the idea of mesomeric structure[④].(使用了名词化结构、后置定语)

**例 2.1.9** Measurements between the moon and the earth can tell the rate at which continents are drifting relative to each other.[⑤](使用无人称句)

**例 2.1.10** Once the questionnaire was filled, the participants were asked to wear an eye tracker and carry on with their day to day tasks around the campus. This way their eye movements were tracked and recorded during open-environment interactions.[⑥](使用被动语态)

① 连淑能. 英汉对比研究[M]. 北京:高等教育出版社, 1993:39-40.
② 文军. 英汉科技翻译教程[M]. 上海:上海外语教育出版社, 2020:14.
③ 张梅岗等. 科技英语修辞[M]. 北京:国防工业出版社, 2008:7.
④ 张梅岗等. 科技英语修辞[M]. 北京:国防工业出版社, 2008:45.
⑤ 张梅岗等. 科技英语修辞[M]. 北京:国防工业出版社, 2008:5.
⑥ 文军. 英汉科技翻译教程[M]. 上海:上海外语教育出版社, 2020:22.

从上述第二部分和第三部分的论述中可以看到,汉英科技文本既有非常突出的相似性,也有各自独特的语言风格。对于从事科技翻译的译者来说,既需要掌握科技文本的总体特征,也要熟悉汉英文本的差异,这对科技译者是大有裨益的。而且,鉴于差异的存在,翻译过程中需要采用适当的翻译策略和方法,来顺利地完成两种科技文本的转换。

# 练 习

## 一、基本练习

1. 请结合本节内容阅读并分析下面两段科技语篇都呈现出了哪些文体特征。

**语篇 1:** Gold, silver, and copper occur as free metals, and free iron occurs in some meteorites, although this is not a significant source of the metal. The other metals known to ancient civilization are easily extracted from their ores by heating. Metallurgy was probably established when observant men found that certain stone around a campfire had been "changed" into a metal. If the stone was blue( as are most copper ores) and it gave copper, the relationship between the color and the product should have been obvious. New ideas were added to the mining and a use of copper, then someone learned how to combine tin with copper to make bronze. A similar change came when methods for extracting iron from its ores were developed. [1]

**语篇 2:** 二维纳米片是一类具有单层或数层原子厚度的二维纳米材料,通常表现出奇特的表面效应和与其体相材料截然不同的物理化学性质,在许多研究领域有广泛的应用。因此,如何简便快捷地合成超薄无缺陷的二维纳米片是一个备受关注的科学问题。

MOF 和 COF 是具有周期性无限延展结构的多孔晶态材料,二维 MOF/COF 纳米片或膜材料具有很多独特的性能。近年来,界面聚合反应作为一种强大的合成方法已被广泛用于制备高结晶性的 MOF/COF 纳米片或薄膜。传统上,两种活性成分(即 MOF 的金属离子和有机连接子或 COF 的两个有机连接子)分别溶解在两个不混溶的相中,室温下在界面处进行聚合反应。通常,用于 MOF 纳米片合成的是配位聚合反应,而用于 COF 纳米片的是有机缩聚反应。然而,这种传统的界面合成方案可能不适合于在溶剂热下合成具有多个组分的 MOF 和 COF 二维纳米片。[2]

2. 思考题

(1)汉语科技文本中的长句能否直译到英语中?长句汉译英的难点有哪些?

---

[1] 张梅岗等. 科技英语修辞[M]. 北京:国防工业出版社,2008:262.
[2] 超高催化活性的超薄二维 MOF 纳米片[EB/OL]. (2022-09-30)[2022-10-02]. https://paper.sciencenet. cn/htmlpaper/2022/9/20229301524762176124. shtm.

（2）如何将专业术语准确进行翻译？如何获取相关领域专业术语资源？

（3）英语科技文本中为什么大量使用被动语态？在科技文本汉译英的过程中，使用被动语态越多越好吗？为什么？

**二、拓展练习**

（1）请阅读相关文献并思考科技文本中的非言语符号需要翻译吗？如果需要该如何翻译呢？

（2）请思考文体与翻译的关系，并就此话题进行拓展阅读。

# 2.2　航空航天文本的特点

航空航天是人类向大气层和宇宙空间拓展活动范围的产物。进入 21 世纪，航空航天已经成为最活跃和最有影响的科学技术领域之一，在一定程序上代表着一个国家的科学技术水平。近些年，中国航空航天事业突飞猛进地发展，取得了很多突出的甚至是国际领先的成就，这也促进了航空航天知识文本的生产与传播。对航空航天文本特征的认识，可以帮助我们更好地完成汉译英的任务，有助于将我国的航空航天发展和成就介绍给世界。

## 一、航空航天文本的内涵

航空是指载人或不载人的飞行器在地球大气层中的航行活动，按其使用方向有军用航空和民用航空之分；航天是指载人或不载人的航天器在地球大气层之外的航行活动，又称空间飞行或宇宙航行。中国著名科学家钱学森认为人类飞行活动可以分为三个阶段，即航空、航天和航宇。他认为航空是在大气层中活动，航天是飞出地球大气层在太阳系内活动，而航宇则是飞出太阳系到广袤无垠的宇宙中去航行①。

航空航天文本主要涉及与军用航空、民用航空以及外太空航行活动相关的多类内容，用来介绍航空航天相关知识和科技，描述航空航天活动的发生及变化过程。随着我国航空航天事业的不断发展，无论是在专业领域还是人们日常的接触中，航空航天相关的知识和信息都越来越多，主要包括航空科技、民用航空管理服务、航天科技等方面的内容。随着航空航天知识的普及，航空航天类的内容除了出现在航空航天科技的著作、论文、教材、技术报告外，还出现在民航服务场所、新闻、科普读物、科幻小说、影视作品中，例如刘慈欣的科幻小说《流浪地球》，电影《中国机长》《长空之王》等。此外还有专门的航空航天法律法规，比如《中华人民共和国民用航空法》《民用航空器运行适航管理规定》《关于外籍民用航空器驾驶员参加我国飞行运行的意见》等。

---

① 贾玉红. 航空航天概论[M]. 北京：北京航空航天大学出版社，2013：1-2.

为了让世界尽快了解中国航天事业的发展,多渠道传播中国的航空航天事业,我国政府近些年陆续发布介绍国家航天事业发展的白皮书,如《2011 中国的航天》《2016 中国的航天》《2021 中国的航天》系列白皮书。

## 二、航空航天文本的特点

从大的文类上来看,航空航天文本属于科技类文本,具备上述科技文本的一般特征,例如表述客观、逻辑严密、行文规范、用词正式、句式严谨等。当然,因为航空航天文本涉及的知识范围和使用领域很广,该类文本还具备自身的一些特点。

### 1．内容跨学科性

航空航天文本不只涉及航空和航天的内容。航空航天是集多个专业知识于一身的现代学科,是高度综合的现代科学技术,涉及多个学科的知识。广义上讲,材料科学与工程、电子信息工程、自动化、计算机、交通运输、质量与可靠性工程等都是航空航天技术不可或缺的学科专业。我们看下面两个例子。

例 2.2.1　材料是航空发动机研制的基础,发动机性能的改进一半靠材料。随着航空发动机部件向着轻质化、耐高温、高可靠性的方向发展,大量采用性能优异的复合材料已是必然之选。例如,树脂基复合材料因其具有高比强度、高比模量、优良的耐疲劳及耐腐蚀性能,可广泛用于发动机冷端部件(如机匣、风扇叶片、短舱等);金属基复合材料则融合了陶瓷高强度、耐磨损和金属材料的高韧性等性能优势,可用于压气机叶环、涡轮轴等部件;陶瓷基复合材料在采用陶瓷纤维对陶瓷基体进行补强增韧后,克服了陶瓷脆性大、对裂纹敏感等不足,使其具有类似金属的"假塑性"断裂行为,其密度仅为传统高温合金的 $1/4 \sim 1/3$,而耐温能力则高出约 $200℃$,在减轻结构质量和提高燃烧效率方面具有无可比拟的优势,尤其适用于发动机燃烧室、涡轮、喷管等热端部件[①]。

例 2.2.2　载人航天工程空间应用系统副总师、中科院空间应用中心研究员吕从民介绍,生命生态实验柜将开展拟南芥、果蝇、斑马鱼等动植物的空间生长实验;生物技术实验柜开展细胞组织培养、空间蛋白质结晶与分析、蛋白与核酸共起源和空间生物力学等实验;变重力科学实验柜支持开展微重力、模拟月球重力、火星重力等不同重力水平下的复杂流体物理、颗粒物质运动等科学研究;科学手套箱提供洁净密闭空间和温湿度环境控制,配置灵巧机械臂具备细胞级精细操作能力,为航天员操作多学科实验样品提供安全、高效支持;$-80\sim4℃$ 的低温存储柜,能够满足不同实验样品的不同温度需求[②]。

---

① 焦健. 加快复合材料技术发展 助力国产航空动力研制[J]. 航空动力,2021(5):55.
② "问天"十问——详解中国空间站问天实验舱发射任务[EB/OL].（2022-07-26）[2022-08-12]. https://m.thepaper.cn/baijiahao_19184545.

在例 2.2.1 的航空航天文本中涉及大量材料学的知识和术语。例 2.2.2 是对航空工程中各类实验的介绍,涉及多个领域的知识和术语,包括生命科学、物理等。因此,对于译者而言,要完成航空航天文本的翻译,除了掌握汉英翻译的基本知识外,还需要加强航空航天相关领域专业知识的学习,才能够更加准确地理解此类文本,进而正确翻译。

### 2. 专业术语多

航空航天文本中涉及大量术语,既有航空航天术语,也有其他领域术语,可以说术语是构成航空航天文本的一个重要内容。在《科学技术名词·工程技术卷:航空科学技术名词》一书中,就列有 17 个类别的航空术语,例如航空器、飞行原理、航空机电系统、航空与空中交通管理、机场设施与飞行环境等,共计 2 773 个词条。不仅如此,随着航空航天领域的发展,不断会有新的术语出现。例如,2007 年 10 月 24 日 18 时5 分 4 秒,在西昌卫星发射中心,"嫦娥一号"卫星成功发射升空。"零窗口"一词开始频频出现于各大媒体。

术语的翻译也是航空航天文本翻译的一个很重要内容,译者对于术语的准确把握是顺利完成此类文本翻译的前提。本书第 3 章将对航空航天术语的翻译进行详细介绍。

### 3. 文体类型丰富

航空航天文本因为使用的场合不同,会有多个文体类型,如新闻文体、学术文体、文学文体、法律法规文体、公示语类等等,这就使得文本的句式和语篇具有多种特色。

#### (1) 民航说明文的简洁性

民用航空是航空航天领域中的一个重要组成部分,民用航空文本有很大一部分涉及航空法规、航空安全、航空乘务等知识,用来对航空公司员工进行培训以及对乘客进行航空安全教育等。此类文本内容简洁,说明简短,常使用祈使句,并以大量图片、图形符号对信息进行更加直观地展示。下面我们通过实例来进一步认识此类文本的特点。

**例 2.2.3** 中国国际航空股份有限公司客舱乘务员手册《安全生产规则》中客舱安全检查报告程序①:

2.2.4 客舱安全检查报告程序

(1) 客舱乘务员向主任乘务长/乘务长报告:

A. 应急设备、客舱设备的检查情况;

B. 餐食、机供品的安全检查情况;

---

① 中国国际航空公司. 乘务员手册(2009)[EB/OL]. (2017-07-29)[2022-08-12]. https://max.book118.com/html/2017/0729/125056858.shtm.

C. 各区域清舱情况；

D. 舱门设备及滑梯状态。

（2）在客舱安全检查出现不正常情况下，由主任乘务长/乘务长向机长报告。

**（2）图表、文字合并使用**

在航空航天的各类文本中，为了能够更加清晰地进行演示、说明，图表的使用都是不可或缺的，这也是科技文本本身的一大特色。因此，我们可以经常在航空航天的文本中接触到大量图文混合在一起的文本形式。例如，民航机场中的指示牌、客机飞行安全须知中的图例、学术论文中的图表等等。

**例 2.2.4**　客机旅客携带锂电池规定一览表①。

**客机旅客携带锂电池规定一览表**

| | 额定能量或锂含量限制 | 行李类型 | 数量限制 | 批准 | 保护措施 | 通知机长 |
|---|---|---|---|---|---|---|
| 个人自用电子设备 | ≤100 Wh 或≤2 g | 托运、手提或随身 | — | — | 防意外启动 | — |
| | 10 Wh~160 Wh | | — | 运营人批准 | | — |
| 个人自用电子设备的备用电池 | ≤100 Wh 或≤2 g | 手提或随身 | 见注释 | — | 单个保护 | |
| | 100 Wh~160 Wh | | 每人2块 | 运营人批准 | | |
| 便携式电子医疗装置 | ≤160 Wh 或≤8 g | 托运、手提或随身 | — | 运营人批准 | 防意外启动 | |
| 便携式电子医疗装置的备用电池 | | 手提或随身 | 每人2块 | | 单个保护 | |
| 电动轮椅或代步工具 电池不可卸 | — | 托运 | — | 运营人批准 | 电池防短路防受损 | 通知机长 |
| 电动轮椅或代步工具 电池可卸 | ≤300 Wh | 电池应卸下并手提 | — | | | |
| 电动轮椅或代步工具的备用电池 | ≤160 Wh | 手提 | 每人2块 | | | |
| | ≤300 Wh | | 每人1块 | | | |

注：携带数量以旅客和机组成员在行程中使用设备所需的合理数量为判断标准。

**（3）复杂句式的应用**

当航空航天文本出现在新闻、法律法规以及学术文体时，就呈现出非常正式的文体特征，其中用词会极其书面化，句式的结构也会复杂，长句、复杂句很常见。

**例 2.2.5**　2011 年以来，中国航天事业持续快速发展，自主创新能力显著增强，进入空间能力大幅提升，空间基础设施不断完善，载人航天、月球探测、北斗卫星导航系统、高分辨率对地观测系统等重大工程建设顺利推进，空间科学、空间技术、空间应

---

① 中国民航局运输司. 锂电池基础知识及航空运输指南（基于《技术细则》2013-2014 版）[Z]. 中国民用航空杂志社，2015：39.

用取得丰硕成果。

例 2.2.5 这句话中信息量很大，包含了多个意群，而且专业领域术语丰富，给汉英翻译提出了很大的挑战。译者不仅要处理句式结构，还是留意专业内容，翻译难度较高。本书在随后的章节中也会针对复杂句式的翻译进行详细讲解。

### 4. 独特的文化因素

自中国的航空航天事业发轫以来，我国的航空航天技术已经取得很大的进步，尤其是航天技术的发展成就令世界瞩目。航空航天在命名中非常注重突出中国文化特色。在《2016 中国的航天》白皮书中，就涉及不少极具中国文化特色的飞行器名称，例如"东方红一号"、"东方红五号"超大型通信卫星平台、"神舟九号"、"神舟十号"载人飞船、"天宫二号"空间实验室、"嫦娥三号"月球探测器、"天舟一号"货运飞船、"实践十号"货运飞船等。此外，航空航天的汉语文本中还会出现一些与中国航空航天发展密切相关的表述，如"两弹一星"等。

显然，科技文本在传播科学思想和科学技术的同时会附带文化因素，这就要求译者要留意航空航天文本中科技信息与文化信息的关联性，采用适当的"文化因子迻译策略"，"以促进科技文本中科技信息与文化思想的有效传播"。①

<h2 style="text-align:center">练 习</h2>

#### 一、基本练习

1. 请分析下列几段航空航天文本的语言风格。

（1）人们首先感到的是可能被攻击的恐惧，但"魔戒"表面没有任何活动的迹象，也没有探测到它发出的电磁波、中微子和引力波信号。"魔戒"除了缓慢地自转外，没有任何加速迹象。初步判断这可能是一个废墟，被废弃已久的太空城或宇宙飞船。②

（2）除民用航空器经依法强制拍卖外，在已经登记的民用航空器权利得到补偿或者民用航空器权利人同意之前，民用航空器的国籍登记或者权利登记不得转移至国外。③

（3）可以携带的含锂电池设备有 3 类：便携式电子医疗设备、电动轮椅/代步工具、个人自用的便携式电子消费品。④

① 刘满芸. 科技文本中的文化迻译——以《宇宙大爆炸之前》为例[J]. 中国科技翻译，2020(2)：47.
② 刘慈欣. 流浪地球[M]. 成都：四川科学技术出版社，2019：198.
③ 中国民用航空局. 中华人民共和国民用航空法（2021 修正）[EB/OL]. (2021-08-13)[2022-08-12]. http://www.caac.gov.cn/XXGK/XXGK/FLFG/201510/t20151029_2777.html.
④ 中国国际航空公司. 客舱乘务员手册(中文). (15).73.

（4）近日，百度地图发布了"北斗"卫星导航系统应用的最新进展，"北斗"卫星日定位量首次突破 1 000 亿次。①

（5）未来五年，中国将继续实施月球探测工程，发射"嫦娥六号"探测器、完成月球极区采样返回，发射"嫦娥七号"探测器、完成月球极区高精度着陆和阴影坑飞跃探测，完成"嫦娥八号"任务关键技术攻关，与相关国家、国际组织和国际合作伙伴共同开展国际月球科研站建设。②

（6）哈尔滨飞机工业集团有限责任公司创建于 1952 年，是隶属中国航空工业第二集团公司的高科技大型航空企业，也是波音公司、空客公司等国际知名航空企业的部件供应商。③

2. 请尝试翻译下面这些航空航天术语及词汇。

（1）飞行事故记录器

（2）"嫦娥"六号

（3）"祝融号"火星车

（4）"长征五号"运载火箭

（5）轰炸机

（6）水上飞机

（7）层流

（8）深空探测

（9）"天和"核心舱

（10）空间碎片

**二、拓展练习**

思考题

（1）如果要对航空航天文本进行英汉翻译，除了英语能力之外，译员还需具备其他哪些能力？译员如果仅掌握语言知识能做好翻译吗？

（2）试分析航空航天文本不同文体（如科普文、法律文本、学术论文等）在词汇、句式、语篇等方面的异同。

（3）在翻译航空航天术语时，可以参考哪些资源与工具？如何评估这些资源的质量与可靠性？

---

① 百度地图：优先运用北斗系统定位，日定位量突破 1000 亿[EB/OL].（2022-09-30）[2022-08-12]. https://new.qq.com/rain/a/20220930A03K3S00.

② 中华人民共和国国务院新闻办公室. 2021 中国的航天白皮书(中文)[R/OL].（2021-01-28）[2022-06-12]. http://www.scio.gov.cn/zfbps/ndhf/47675/Document/1719949/1719949.html.

③ 中国航空工业经济技术研究院. 中国航空工业要览[Z]. 北京：航空工业出版社，2008：28.

## 2.3　航空航天文本汉英翻译原则

航空航天文本汉英翻译本身属于科技翻译,科技翻译是"把一种语言中的科技文本或与科技相关的表述转换成另外一种语言的语言转换和文化交流活动"[①]。不同于文学翻译,科技翻译要尊重科技文本语言准确、正式、客观的特点。在此基础上,航空航天文本的汉英翻译原则主要包括:准确原则、通顺原则和恰当原则。

### 一、准确原则

作为科技文本,航空航天文本所涉及的基本都是客观、科学的知识和实用的信息,内容严谨,这也就对翻译的准确性提出了很高的要求,"大到理论的阐述,小到数据的举证,都不能有丝毫的谬误与误差。"[②]这一原则又可以具体体现在翻译过程中。

文本翻译过程都包括理解与表达这两个重要环节,准确理解原文是翻译成功的第一步。航空航天文本中不仅有大量的专业知识和术语,其表达也极具中文的行文特色。例如:

**例2.3.1**　目前,已发布 B1I、B2I 信号接口控制文件,定义了"北斗二号"系统卫星与用户终端之间的接口关系,规范了信号结构、基本特性、测距码、导航电文等内容;已发布公开服务性能规范,定义了"北斗二号"系统服务覆盖范围、精度、连续性、可用性等性能指标。后续,将结合北斗系统建设发展持续更新和发布。[③]

这一段话不长,包含专业的表达和术语,例如"B1I、B2I 信号接口控制文件""'北斗二号'系统卫星""信号结构、基本特性、测距码、导航电文"等。而且,这段话所含信息量极大,"发布""定义""规范"三组动词连用,且都有繁复的宾语内容,如"规范了信号结构、基本特性、测距码、导航电文等内容",这就要求译者认真分析,准确地理解源语文本的信息,研究术语及其概念,力求在目的语文本中完整准确再现源语文本意义。

国内的科技领域与国外的科技领域有着密切的交流,有很多专业术语本身就是从英语引进过来的。我国的航空航天事业起步略晚,部分专业领域知识是从国外借

①　文军. 英汉科技翻译教程[M]. 上海:上海外语教育出版社,2020:8.
②　闫文培. 实用科技英语翻译要义[M]. 北京:科学出版社,2008:32.
③　中华人民共和国国务院新闻办公室. 政府白皮书:中国北斗卫星导航系统(中文)[R/OL]. (2016-06-16)[2022-06-17]. http://www.scio.gov.cn/zfbps/ndhf/34120/Document/1480602/1480602.html.

鉴而来,因此有很多航空航天专业术语其源语就是英语,此类术语再次回译到英语中,就要找准英语里的原术语。译者可以借助权威的专业词汇双语词典或者双语术语库来进行术语的翻译工作,以提高翻译效率和准确性。

## 二、通顺原则

汉译英的目标读者是以英语为母语或者擅长英语阅读的读者。因此,译文在语言上不仅仅要语法正确,还必须要符合目的语的表达习惯,使译文的表达通顺地道,这也是航空航天文本汉译英必须遵守的原则。我们通过上述例 2.3.1 的英译文来具体解释通顺原则。

**例 2.3.1 译文** The Interface Control Document of B1I and B2I signals has been published, which defines the interface specifications between the BDS-2 satellites and user terminals. It specifies the signal structures, basic characteristics, ranging codes, NAV messages and other contents. The Open Service Performance Standard has been published, which defines the service coverage area, accuracy, continuity, availability, and other performance indexes of the BDS-2. In the future, related documents will be updated and published in step with BDS construction and development.[①]

对比译文和原文后可以看出,译文其实做出了很多句式上的调整,例如主动向被动的转换,句子的拆分,语序的调整等,如此一来,译文才能够符合英语科技文体的表达习惯,做到地道自然,在意义的传达上也才能更加准确。

## 三、恰当原则

航空航天文本往往会横跨多个文体类别,这在 2.1 节中已经进行了介绍。针对不同的文体风格,翻译也要做到恰如其分。翻译家王佐良先生在《词义·文体·翻译》的论文中针对文体与翻译的关系,就提出"适合就是一切";他还指出"译者的任务在于再现原作的面貌和精神:原作是细致说理的,译文也细致说理;原作是高举想象之翼的,译文也高举想象之翼。"[②]。航空航天文本虽归属于科技文本,但也不尽是细致说理,也会和文学文本发生交叉,或者更加侧重实用文体,注重言语功能。例如机场中多用到指示性的标识,标识语有标识语的特点:简短、醒目、以短语居多,突出其指示功能,那么翻译就要沿袭这一风格,如图 2-1 和图 2-2 所示。

① 中华人民共和国国务院新闻办公室. 中国北斗卫星导航系统白皮书(英文)[R/OL]. (2016-06-17) [2022-06-17]. http://www.scio.gov.cn/zfbps/ndhf/34120/Document/1480623/1480623.html.
② 王佐良. 词义·文体·翻译[J]. 读书, 1979(5):133.

**图 2-1　标识语 1**

**图 2-2　标识语 2**

## 练　习

### 一、基本练习

尝试翻译下列几段文本,并讨论翻译原则在每个译例中的体现。

(1) 登机门开放。

(2) 请勿用手摸。

(3) 中国商用飞机有限责任公司日前表示,国产大型客机 C919 已经完成取证试飞工作。业界专家认为,这意味着 C919 距离投入商业运行的目标已越来越近。[①]

(4) 父亲是空军的一名近地轨道航天员,在家的时间很少。记得在变轨加速的第五年,地球处于远日点时,我们全家到海边去过一次。[②]

---

① 每日一词:国产大型客机[EB/OL]. (2022-08-03)[2022-08-13]http://language. chinadaily. com. cn/a/
202208/03/WS62ea3910a310fd2b29e70175.html.

② 刘慈欣. 流浪地球[M]. 成都:四川科学技术出版社,2019:88.

（5）1988 年 12 月,中国用其新研制的"长征四号"火箭发射了一颗实验气象卫星。这种型号是使用常规液体燃料的三级火箭,其起飞质量为 249 吨,起飞推力为 300 吨,发射到太阳同步轨道的有效载荷能力为 2 500 千克。[①]

（6）民用航空器所有权的取得、转让和消灭,应当向国务院民用航空主管部门登记。[②]

（7）本章规定的对民用航空器的权利,包括对民用航空器构架、发动机、螺旋桨、无线电设备和其他一切为了在民用航空器上使用的,无论安装于其上或者暂时拆离的物品的权利。[②]

（8）"北斗三号"工程卫星系统总师林宝军介绍说,卫星发射上天以后硬件没有办法更改了,要通过在轨赋能技术解决后面问题。[③]

（9）火星距离地球大约 5 500 万千米到 4 亿千米,按照这个距离,探测器大约要飞行 7 个月才能到达火星。[④]

**二、拓展练习**

思考题

（1）请思考严复提出的"信、达、雅"原则是否可以用来指导航空航天汉英翻译? 为什么?

（2）请思考机场标识语的翻译除了遵循本节所介绍的准确性、通顺性和恰当性原则外,还需要注意哪些方面的问题? 准确和恰当是否冲突呢?

# 2.4 航空航天文本的翻译策略与方法

本节介绍航空航天文本汉译英过程中常用的翻译策略及方法。中、英两种语言存在现实差异,为了实现原汉语文本的功能,以及信息的完整传达,翻译应该从全篇着眼,注重翻译的系统性和操作性,并从多个层面来考虑,同时从细节处着手,成功完成从汉语到英语的转换。第 1 章中对汉英两种语言的异同进行了系统分析,本节以此为基础,结合科技文本和航空航天文本的特点,对航空航天文本汉英翻译策略和方

---

① 严俊仁. 汉英科技翻译[M]. 北京:国防工业出版社,2004:236.

② 国家法律法规数据库:中华人民共和国民用航空法(2021 修正)[EB/OL]. (2021-04-29)[2022-08-12]. https://flk. npc. gov. cn/detail2. html? ZmY4MDgxODE3YWIyMmI4YTAxN2FiZDgzYmZlMzA2MDI.

③ 打破惯例! 北斗系统新技术超过 70%[EB/OL]. (2022-08-04)[2022-08-13] https://language. chinadaily. com. cn/a/202008/04/WS5f28d5cea31083481725e1a8. html.

④ "天问一号"成功发射中国首辆火星车亮相[EB/OL]. (2022-08-04)[2022-08-13]. https://language. chinadaily. com. cn/a/202007/23/WS5f19007ca31083481725b9ce. html.

法进行讨论。首先介绍最常用的两种翻译策略:直译和意译;然后介绍翻译过程中需要处理的多个语言层面,包括语义转换、语序调整、句式结构调整、逻辑重组等翻译策略及方法。

## 一、直译和意译

### 1. 直 译

英汉两种语言在很多方面有很多共同点,例如很多词汇在语义上可以实现一一对应,基本句式的主+谓+宾格式是相似的。在这种情形下,直译就是首选,既能不改变原文的意义和句式结构,也能将信息有效地传达到译文。通常认为,"译文形式和内容都与原文一致谓之直译"①,这是直译最理想的状态,可以在一些简单的表达中实现,例如"这是歼 20 战斗机",就可以直译为"This is the J-20 fighter"。需要说明的是,直译并不意味着逐字逐句(word for word)生译、硬译,茅盾在《茅盾译文选集》①序中对直译的解释是:"所谓'直译'也者,倒非一定是'字对字',一个不多、一个也不少的翻译。那种译法不是'直译',而是'死译'。'直译'的意义就是不要歪曲原作的面目,要能表达原作的精神。"卡特福德(Catford)认为直译是介于意译和逐字翻译之间的一种译法,"它可能始于逐字翻译,但为恪守译文的语法规则而有所变化(如补充额外的词语、变换任何一'级'的结构等),并过渡到以意群或句子成分为单位进行翻译"。②

直译的基础是"原语的符号关系在译语中有对应或基本对应的符号关系"③。不同语言系统所处的文化背景虽然有区别,但基于人类的共性,仍可能有某些共同的经历,这种文化共同性必然会投射到语言符号中,使得两种语言之间有不少相同或近似的概念以及表达方式。即便不同语言中的词汇在发音、书写上有区别,但都可以指向同一所指,也就是所谓的"语义对应"或者"语义重合"(见第 1 章),这种情况下,直译就是首选。

词汇层级的语义是较为容易直译的。作为构成语篇或文本的最基本单位,其语义的转换也是相对容易的。英汉两种语言中有大量的词汇在语义上是可以一一对应的。航空航天文本作为科技文本的一种,其词汇具有科学性和严谨性的特点,例如术语的语义是非常固定的,那么在翻译过程中,常采用直译的方法进行语义的对应,表2-1 中的术语翻译便采用了直译的方法。

---

① 方梦之. 应用翻译研究:原理、策略与技巧[M]. 上海:上海外语教育出版社,2019:122.
② 方梦之. 应用翻译研究:原理、策略与技巧[M]. 上海:上海外语教育出版社,2019:123.
③ 黄天源. 直译和意译新探[J]. 四川外语学院学报,1998(1):75.

**表 2-1 航空航天术语词汇直译示例①**

| 汉 语 | 英 语 | 汉 语 | 英 语 |
|---|---|---|---|
| 副翼 | aileron | 行李舱 | luggage compartment |
| 翼尖 | wing tip | 悬停 | hovering |
| 壁板 | panel | 声疲劳 | acoustic fatigue |
| 整流罩 | fairing | 颤振 | flutter |

句子的翻译亦是如此,在尽量不改变意群的基础上,合理运用翻译手段,尽量使译文在词汇和语序上和原文保持一致。如果直译过来语义完整,句式也符合英语的表达习惯,那么就采用直译的方法。

**例 2.4.1** 我们应该加强精神文明建设,使之跟上经济的快速发展。②

**译文:** We should step up efforts to promote cultural and ethical progress to keep pace with the fast economic development.

**例 2.4.2** 14 年后,在经过了 50 亿千米的太空飞行后,伽利略号探测器按照指令,坠入围绕木星的漩涡状大气层,然后进入空气中焚毁。③

**译文:** After 14 years and almost 5 billion kilometres of space travel, Galileo, as instructed, dived into the swirling gasses that surround Jupiter and burned up as it entered the atmosphere.

例 2.4.1 中的译文将原句的语义进行了直译,"加强"对应"step up efforts","经济的快速发展"对应"the fast economic development",而且译文也基本保留了原文的语序。例 2.4.2 中原句是对伽利略号一系列行动的描述,因为原句结构不算复杂,英语译文基本按照原文的语序进行直译,没有对原句结构进行大的调整,而且直译过来的译文也是符合英语表达习惯的,并没有形成翻译腔。

## 2. 意 译

因为语言差异的存在,很多时候不能直接将汉语原文照直翻译成英语。直译更加适合于词汇语义的对应,而在翻译句子或更大的语言单位时,直译就显得不够灵活,容易形成"翻译腔"。意译是直译的很好补充。意译是在忠实于原文表达的基础上,对译文的表达形式进行调整,"即以原文形式为标准,译文形式上另辟蹊径,不受原文词语的限制,不拘泥于原文句子的结构,采用不同于原文的表达方式把原文意思表达出来"④。当无法在译文中为原文找到绝对对应的语义、表达方式时,译者通常

---

① 科学技术名词.工程技术卷:全藏版-航空航天技术名词[Z].北京:科学出版社,2016.
② 方梦之.应用翻译研究:原理、策略与技巧[M].上海:上海外语教育出版社,2019:123.
③ 张同冰.双语天才阅读坊——时代科技[M].北京:中国书籍出版社,2004:11.
④ 方梦之.应用翻译研究:原理、策略与技巧[M].上海:上海外语教育出版社,2019:123.

会选择对原文进行意译,以使译文更加符合目的语的表达习惯,便于目的语读者准确理解译文传递的内容。

**例 2.4.3** "风云""海洋""资源""高分""遥感""天绘"等卫星系列和"环境与灾害监测预报小卫星星座"进一步完善。[①]

**译文:**The function of the Fengyun (Wind and Cloud), Haiyang (Ocean), Ziyuan (Resources), Gaofen (High Resolution), Yaogan (Remote-Sensing) and Tianhui (Space Mapping) satellite series and constellation of small satellites for environment and disaster monitoring and forecasting has been improved.

例 2.4.3 汉语句子中罗列了一系列的主语,这在汉语中很自然,但是如果原封不动译到英语,会使得英语句子的结构松散、不平衡,其语义也无法准确传达。因此译文采用了意译的方法,添加了"the function"作为主语,并统领众多名词,使英语句子结构紧凑,虽然添加了"the function",但原句意思并没有改变。而且,根据英语的表达习惯,英语句子处理为被动结构,这也非常符合英语科技类文体的句式风格。如此,英语读者既能很顺畅地阅读,也能充分理解原文的意义。

作为一类科技文体,航空航天文本中时常会有复杂的长句子,需要借助意译完成翻译转换。意译是一种翻译策略和翻译思维,是应对复杂文本翻译转换时很有效的翻译措施。不过意译并不是具体的技巧和方法,要进行意译还需要借助很多具体的方法和技巧。

## 二、语义转换

意义是任何文本的最核心价值,对原文语义的传递是翻译的最基本任务,航空航天文本的翻译也不例外。1.2 节中已经向大家系统介绍了中英两种语言在语义层面的异同,可以说两种语言在意义上的互通性是翻译可以实现的基础。当然,中英两种语言在意义的表达上也存在差异性,因此要想成功地将汉语文本的语义传递到英语中,需要借助不同的语义对应翻译方法。航空航天文本的内容主要是技术类的信息,在语义上相对固定、客观,直译往往是最常用的方法,但英语汉语在表达习惯上的区别会给意义的表达带来差异,因此在直译之外,还需要借助语义具化、语义融合、语义删减、语义替换等翻译方法对语义的转换进行调整。下面对这些方法进行逐一介绍。

### 1. 语义具化

在一些官方的航空航天文本中,存在一些比较概括的表达,这些表达语义比较抽

---

① 中华人民共和国国务院新闻办公室. 政府白皮书:2021 中国的航天. [R/OL]. (2022-01-28)[2022-06-12]. http://www. scio. gov. cn/zfbps/ndhf/47675/Document/1719949/1719949. html(中文), http://www. scio. gov. cn/zfbps/ndhf/47675/Document/1719948/1719948. html(英文).

象,例如"加强""迈上新台阶""贯彻"等。在译入英语时,需要将这些较为抽象和模糊的语义进行"具体化",用更加具体的语义来对应。

**例 2.4.4** 中国始终秉持和践行"中国的北斗,世界的北斗"的发展理念,服务"一带一路"建设发展,积极推进北斗系统国际合作。①

**译文:**China applies the principle that "The BDS is developed by China, and dedicated to the world" to serve the development of the Silk Road Economic Belt and the 21st Century Maritime Silk Road ("Belt and Road Initiative" for short), and actively pushes forward international cooperation related to the BDS. ②

**例 2.4.5** 运载火箭多样化发射服务能力迈上新台阶,"长征十一号"实现海上商业化应用发射,"捷龙一号""快舟一号甲""双曲线一号""谷神星一号"等商业运载火箭成功发射。③

**译文:**China now provides a variety of launch vehicle services. The Long March-11 carrier rocket has achieved commercial launch from the sea; the Smart Dragon-1, Kuaizhou-1A, Hyperbola-1, CERES-1 and other commercial vehicles have been successfully launched.

在例 2.4.4 汉语原文中,"加强门区监控"其实是一个表达相对模糊的句子,"加强"缺乏一个更加具体的意义指向。英译文中"all the time"恰恰将"加强"进行了具体的解释,"all the time",就是说要时刻盯紧门区。例句 2.4.5 中"中国的北斗,世界的北斗"在语义的表达上极具中国话语特色,但是如果直译,语义又不够清晰,译文采用"The BDS is developed by China, and dedicated to the world"对原文的表达进行了进一步的具体化,语义更加明晰,属于模糊表达。

## 2. 语义融合

语义融合指的是"将源语中由两个或两个以上词语单位表达的语义信息在译文中转换成一个或少于原文的词语单位的句法成分"④。汉英两种语言对相同意义的处理和表达并不完全相同,这种差异会体现在语义层面。如果原文表达一个独立的意义所用词语单位较多,而英语只用较少的词汇就可以表达出同样的意思,那么译文

---

① 中华人民共和国国务院新闻办公室. 政府白皮书:中国北斗卫星导航系统(中文) [R/OL]. (2016-06-16)[2022-06-12]. http://www.scio.gov.cn/zfbps/ndhf/34120/Document/1480602/1480602.html.

② 中华人民共和国国务院新闻办公室. 政府白皮书:中国北斗卫星导航系统(英文) [R/OL]. (2016-06-17)[2022-06-12]. http://www.scio.gov.cn/zfbps/ndhf/34120/Document/1480623/1480623.html.

③ 中华人民共和国国务院新闻办公室. 政府白皮书:2021中国的航天. [R/OL]. (2022-01-28)[2022-06-12]. http://www.scio.gov.cn/zfbps/ndhf/47675/Document/1719949/1719949.html(中文),http://www.scio.gov.cn/zfbps/ndhf/47675/Document/1719948/1719948.html(英文).

④ 苏敏. 英汉翻译中语义信息再分配[D]. 南京大学,2014:53.

就要对原文的语义信息进行融合,采用较少的词语单位,使译文简洁地道。下面通过两个译例来进一步介绍这一翻译方法。

**例 2.4.6** "天舟一号"货运飞船成功发射并与"天宫二号"空间实验室成功交会对接。[①]

**译文**: The Tianzhou-1 cargo spacecraft has docked with the earth-orbiting Tiangong-2 space laboratory.

**例 2.4.7** 这颗卫星主要用于开展空间环境探测等试验。[②]

**译文**: The satellite is mainly used for experiments such as space environment detection.

例 2.4.6 汉语原文中运用了两个动词,一个"发射"一个"交会对接"来描述此次航天活动,而英译文为了表达上的简洁,将两个动作合二为一,只用了"dock with"这一动词短语,而且也将原文"成功"这一词汇抹去。显然完成对接也就隐含了成功发射这一事实。例 2.4.7 原文中的宾语是一个动词词组"开展……试验",英译文调整结构后用"experiments"这个名词来对应原来的词组,"开展"这一语义就和"试验"融合在了一起。

### 3. 语义删减

现代英语,尤其是科技英语的特点是简单明了,句型力求简化,语义追求简洁明了,客观真实。汉语的科技文本尽管也是言简意赅,不过还是会保留一些汉语特有的表达的习惯,例如在"6 名航天员先后进驻中国空间站"中"先后"一词的使用便体现了汉语对细节的重视,但其实际意义并不大。奈达(Nida)曾指出,因语言形式和文化的背景差异,译文容易出现信息负荷过重的情况,即便不是冗余信息,也会令读者感到厌倦,因此他强调减轻信息负荷[③]。下面来看语义删减的几种情况。

首先,尽管汉语的航空航天文本在表述上已经是较为简洁,但是和英语的表达比起来,有些内容还是略显冗余,在这种情形下,可以在译文中删除冗余内容。此外,有些汉语四字词语的表达存在同义重复的现象,例如"脱贫攻坚""圆满成功"等,可以简化译成"poverty eradication""success"。

**例 2.4.8** 6 名航天员先后进驻中国空间站,实施出舱活动、舱外操作、在轨维护、科学实验等任务。[①]

**译文**: Six astronauts have worked in China's space station, performing extravehicular activities, in-orbit maintenance, and scientific experiments.

---

① 中华人民共和国国务院新闻办公室. 政府白皮书:2021 中国的航天[R/OL]. (2022-01-28)[2022-06-12]. http://www.scio.gov.cn/zfbps/ndhf/47675/Document/1719949/1719949.html(中文), http://www.scio.gov.cn/zfbps/ndhf/47675/Document/1719948/1719948.html(英文).

② 我国成功发射天行一号试验卫星[EB/OL]. (2022-06-24)[2022-08-20]. https://language.chinadaily.com.cn/a/202206/24/WS62b543c3a310fd2b29e685ec.html.

③ NIDA E A. Toward A Science of Translating[M]. Leiden:E. J. Brill, 1964:182.

**例 2.4.9** 2016 年 6 月，文昌航天发射场首次执行航天发射任务。①

**译文**：In June 2016 the Wenchang Launch Site held its first launch.

**例 2.4.10** 此次试验，初步检验了利用机械臂操作空间站舱段转位的可行性和有效性。②

**译文**：The test preliminarily verified the feasibility of using the mechanical arm to conduct a space station module transfer.

在例句 2.4.8、2.4.9 中都有"任务"一词出现，与"实施""执行"形成了动名词搭配，这是汉语中的习惯用法；英语为了简洁，将事件或者具体的任务陈述清楚就可以了，因此译文中均将"任务"的语义删除，这丝毫不影响原句意思的转换。例 2.4.10 中文原句里"可行性和有效性"表达的语义非常接近，英译后选择保留其中之一就可以了。

其次，航空航天文本的表达中有时会出现语义的重复，这与汉语的表达习惯有很大关系。除非是修辞性的重复，否则英语更崇尚表达的简洁，因此翻译时就要删减掉重复的内容。

**例 2.4.11** 中航科工严格按照上市公司要求规范运作，建立健全法人治理结构，积极转换经营机制，努力实现体制创新、技术创新、管理创新和观念创新。③

**译文**：AviChina is operated in strict compliance with requirements for listed companies, continuously improves its corporation management frame, changes working mechanism positively and makes efforts to realize the innovation of system, technology, management and concept.

例 2.4.11 句子中"建立健全"虽然有语义的递进，但是也是一种同义重复的表达。"创新"一词在该句话中连续出现了四次，这使得汉语表达形成一种平衡的四字结构，可如果将这一表达方式照搬进英语，就会显得重复啰嗦，而英语对这种表达的处理通常是"the innovation of system, technology, management and concept"，既简洁，而且中心也突出。

## 4. 语义替代

有些中文表达在英语中并不能找到语义上的直接对应，例如"航天飞机的来龙去脉"中"来龙去脉"是一个典型的汉语四字成语，照直翻译的话恐怕无法理解。"来龙去脉"的实际是指的事情的整个过程，包括前因后果，英语里也有类似的表达，即"the

---

① 中华人民共和国国务院新闻办公室. 政府白皮书：2016 中国的航天[R/OL]. （2022-01-28）[2022-06-12]. http://www. scio. gov. cn/zfbps/ndhf/34120/Document/1537008/1537008. html（中文），http://www. scio. gov. cn/zfbps/ndhf/34120/Document/1537022/1537022. html(英文).

② 空间站机械臂转位货运飞船试验取得圆满成功[EB/OL]. （2022-01-27）[2022-08-20] https://language. chinadaily. com. cn/a/202201/07/WS61d7fd22a310cdd39bc7fcc6. html.

③ 中国航空工业经济技术研究院. 中国航空工业要览[Z],北京：航空工业出版社,2008：18-19.

whole story",那么就可以用这一表达来替代原文里的"来龙去脉",译为"the whole story of the space shuttle"。

## 三、语序调整

语序是指句子成分(或短语结构)的排列次序,无论何种语言,句子的各种成分都是按照一定的次序排列的。从语言形态学的角度来看,语言有分析型和综合型之分。分析型语言的主要特征之一是语序比较固定,而综合型语言的主要特征之一是语序灵活。汉语是分析型为主的语言,因此语序比较固定;而英语则是分析、综合参半的语言,因此语序既有固定的一面,又有灵活的一面。可见,汉语与英语在民族思维习惯及语言形态上有同有异,基本语序上是大同小异。"同"的是主语、谓语和宾语的位置,"异"的是状语和定语的位置。①

语序是意义的表达在句法层面的具体体现,反映了词语之间的组合关系。也就是说,句子的意义不只是词汇意义的简单堆砌,词汇的顺序也对句义有着重要的影响。从根本上来看,语序反映的是语言使用者的思维模式。讲不同语言的群体其思维模式的差异也会自然体现在其语序上。也就是说对同一个内容的描述,不同的语言在句子的具体使用上会有差别,这也就要求在翻译中要灵活处理。否认和忽视语序的表意作用,就不能在翻译中准确地把握原文的语义意图,译文也很难完整传递原文的表达效果。结合汉英在语序上的差异,以及句子结构使用的差异,调整主要集中在下列各个方面。

### 1. 定语后置

汉语的定语都是前置的。不论有几个定语,也不管它们什么性质(名词定语、形容词定语、数词定语等),一律都置于被修饰名词的前面。而在英语中,定语的位置比较灵活,可以是前置的,例如名词、形容词等充当定语,"an intelligent robot";定语在很多时候也可以后置,例如以不定式形式、短语形式和分词形式做的定语,而且有些必须后置,如不定代词的定语就需要后置。那么在从汉语翻译到英语的过程中,定语的位置就要灵活处理,尽量贴近英语的表达形式。定语的翻译转换涉及比较复杂的问题,定语的顺序取决于英语句子的整体结构,需要译者加倍注意。下面通过译例来看具体的翻译操作。

**例 2.4.12** 加快复合材料技术发展,助力国产航空动力研制。

**译 文**:Accelerating the Development of Composite Materials for Promoting the Research & Development of China Aero Engine Industry.

**例 2.4.13** 高分辨率对地观测系统天基部分基本建成,对地观测迈进高空间分

---

① 王东风,章于炎. 英汉语序的比较与翻译[J]. 外语教学与研究,1993(4):37.

辨率、高时间分辨率、高光谱分辨率时代。①

**译文**：The space-based section of the China High-resolution Earth Observation System has been largely completed, enabling high-spatial-resolution, high-temporal-resolution and high-spectrum-resolution earth observation.

**例 2.4.14**　陆地、海洋、大气卫星数据地面接收站基本实现统筹建设与运行，形成高低轨道相结合、国内外合理布局的卫星数据地面接收能力。

**译文**：The ground stations receiving data from land, ocean and meteorological observation satellites are operating based on comprehensive planning, a satellite data ground network with the capacity of receiving data from high- and low-orbit satellites and reasonable arrangement at home and abroad.②

例 2.4.14 中，"陆地、海洋、大气卫星"作为定语修饰"数据"一词，"高低轨道相结合、国内外合理布局"用来修饰"卫星数据地面接收能力"，这些定语都在被修饰成分的前面。英译时要避免在核心词前有冗长的修饰语，所以在英译文中这两处定语均进行了后置的处理。

### 2. 状语调序

汉译英时，状语顺序的调整比较复杂。汉英两种语言在状语顺序上的差异较大，而且这两种语言的状语语序都不十分固定。出于强调、句子平衡和上下文的关联等方面的考虑，状语的位置通常会发生变化。较常见的是汉语句子中的状语置于主语之后和谓语之前，但有时为了强调，也可以将状语置于主语之前。而英语的状语位置则富于变化。若是一个单词构成的状语就可以根据句子需要放在句首、动词前、助动词与动词之间，或者句末；较长的状语则往往放在句首或句末。③ 当然，在实际的翻译中，要依据具体情况进行判断。下面通过两个例子来具体分析。

**例 2.4.15**　中国从其最优秀的战斗机驾驶员中挑选了一些人将其培养成航天员。④

**译文**：China has selected candidates from among its best fighter pilots to

①　中华人民共和国国务院新闻办公室. 政府白皮书：2021 中国的航天[R/OL]. (2022-01-28)[2022-06-12]. http://www. scio. gov. cn/zfbps/ndhf/47675/Document/1719949/1719949. html（中文），http://www. scio. gov. cn/zfbps/ndhf/47675/Document/1719948/1719948. html（英文）.

②　中华人民共和国国务院新闻办公室. 政府白皮书：2016 中国的航天[R/OL]. (2022-01-28)[2022-06-12]. http://www. scio. gov. cn/zfbps/ndhf/34120/Document/1537008/1537008. html（中文），http://www. scio. gov. cn/zfbps/ndhf/34120/Document/1537022/1537022. html（英文）.

③　陈宏薇. 汉英翻译基础[M]. 上海：上海外语教育出版社，2011：199.

④　严俊仁. 汉英科技翻译[M]. 北京：国防工业出版社，2004：38.

become astronauts.

**例 2.4.16** 飞行中,机长因故不能履行职务的,由仅次于机长职务的驾驶员代理机长;在下一个经停地起飞前,民用航空器所有人或者承租人应当指派新机长接任。①

**译文:**When the captain in the air cannot perform the required duties for some reason, the pilot next to the captain in position should act as the captain. A new captain should be appointed by the owner or lessee of the aircraft as successor before the take-off at the next stopover.

例 2.4.15 原文中主语后面紧接着就是一个表示范围的状语,"从……中",而译文将这一状语后移到了动宾的后面。例 2.4.16 的英译文将"在下一个经停地起飞前"这一时间状语移到了最后的位置。

### 3. 偏正复句中的语序调整

汉语偏正复句中一般有一个主句和一个分句,其中表示条件、让步、原因或理由的分句一般置于作为正句的主要分句的前面,而英语中却恰恰相反。遇到此类句子后要将原汉语语序进行调整。

**(1) 条件分句调至后位**

**例 2.4.17** 除民用航空器经依法强制拍卖外,在已经登记的民用航空器权利得到补偿或者民用航空器权利人同意之前,民用航空器的国籍登记或者权利登记不得转移至国外。①

**译文:**Except that the civil aircraft are put to auction by force of law, their nationality and rights registrations shall not be transferred abroad before the registered rights are compensated or a special rights owner gives consent.

**(2) 让步分句调至后位**

**例 2.4.18** 尽管最初也遇到很多挫折,"伽利略号"探测器的任务完成得相当出色。②

**译文:** The Galileo mission is now considered to be a huge success, although there were setbacks at the beginning.

---

① 中华人民共和国民用航空法(中英对照)(2018 修正)[EB/OL]. [2022-08-12]. https://www.doc88. com/p-63347301154828.html.

② 张同冰. 双语天才阅读坊:时代科技[M]. 北京:中国书籍出版社,2004:13.

**(3) 原因或理由分句调至后位**

**例 2.4.19** 模型可以达到任何特殊情况所需要的大小。此外,即使在其尺寸接近全尺寸的情况下,由于模型结构的强度与系统的可靠性的要求都可以低一些,因而模型仍会比有人驾驶的飞行器便宜得多。①

**译文**:The scale of the models can be as large as in needed in any particular case and, even when the size approaches full scale, the models will still be much cheaper than piloted aircraft because the structural integrity and systems reliability can be less.

## 四、结构调整

汉英的句法结构有较大的差异(详见第 1 章),汉语是重主题的语言(Topic-prominent language),英语的句式则基本无法离开主语,除去祈使句这类特殊句型。受汉英各自语法的限制以及表达习惯的差异,不是所有的汉语句子都能够原封不动地按照原来的表达结构译为英语。

### 1. 选择主语

### (1) 主语的确定

主语是一个句子的话题,是谓语陈述的对象。主语通常位于句首,汉语句子主语译成英语时一般也译作主语。不过汉语的主谓结构要复杂得多,主语不仅形式多样,而且可有可无,可以表示实施、受事,也可以表示时间、地点等。汉语重语感、重变通,因此汉语有些句子仔细推敲并不符合逻辑,例如"这本书翻完了",显然,书不可能自己翻译自己,而汉语将这种被动关系就隐含来表达了。因此,有时汉语里用作主语的词或词组不适宜在英语句子里当主语,或者因为英语句式表达的原因,需要另寻主语,这就要求重新确定英语句子形式上的主语。

**例 2.4.20** 为满足日益增长的用户需求,北斗系统将加强卫星、原子钟、信号体制等方面的技术研发,探索发展新一代导航定位授时技术②。

**译文**:To meet the increasing user demand, BDS technical research and development in the areas of satellites, atomic clocks and signals will be strengthened, and a new generation of navigation, positioning and timing technologies will be explored.③

例 2.4.20 汉原文将"北斗系统"作为主语,而实际上"北斗系统"是逻辑上的施

---

① 严俊仁. 汉英科技翻译[M]. 北京:国防工业出版社,2004:90.

② 中华人民共和国国务院新闻办公室. 政府白皮书:中国北斗卫星导航系统(中文)[R/OL]. (2016-06-16)[2022-06-12]. http://www.scio.gov.cn/zfbps/ndhf/34120/Document/1480602/1480602.html.

③ 中华人民共和国国务院新闻办公室. 政府白皮书:中国北斗卫星导航系统(英文)[R/OL]. (2016-06-17)[2022-06-12]. http://www.scio.gov.cn/zfbps/ndhf/34120/Document/1480623/1480623.html.

事,译到英语,就要重新组织逻辑结构。原句表达的是北斗系统在上述方面的技术需要加强,因此译文中重新选定了主语,并转换成了被动结构。

**(2) 增添主语**

航空航天文本中时常会省略主语,即主语并不出现,而是隐含在语义中。翻译时,就需要将逻辑主语填补出来。

**例 2.4.21** 突破并掌握货物运输、推进剂在轨补加等关键技术,载人航天工程第二步圆满收官。

**译文:**With breakthroughs in key technologies for cargo transport and in-orbit propellant replenishment, <u>China</u> has successfully completed the second phase of its manned spaceflight project.

**例 2.4.22** 成功发射暗物质粒子探测、"实践十号"、量子科学实验等空间科学卫星,为前沿科学研究提供重要手段。

**译文:**<u>China</u> has successfully launched the Dark Matter Particle Explorer, Shijian-10 and Quantum Science Experiment Satellite, offering important means for frontier scientific research.

上述两个例句中都将主语省略了,汉语里主语省略,结合语境并不影响理解,读者可以推测出来主语,而译入英语后就必须增补主语,使句子结构完整。

**2. 选择谓语**

汉语谓语的范围非常宽泛,可用来充当谓语的成分也多种多样,除了动词可以作谓语外,名词、形容词、数词和介词短语均可在句子中直接作谓语;谓语可以是一个动词,也可以是多个动词,还可以没有动词,这一特点在航空航天文本中也有充分的体现。例如,"北斗三号全球卫星导航系统全面建成开通"这句话中就有两个动词"建成""开通"连用。英语的句子有严谨的主谓结构,谓语动词是句子的中心,与主语协调一致,聚集各种关系网络[1],而且英语中是不能出现连动现象的。因此,在将航空航天文本由汉语译入英语时,就要注重谓语的确定。试比较下列英汉句子的谓语以及汉语原文中其他动词的处理。

**例 2.4.23** 深化载人登月方案论证,组织开展关键技术攻关,研制新一代载人飞船,夯实载人探索开发地月空间基础。

**译文:**Continue studies and research on the plan for a human lunar landing, develop new-generation manned spacecraft, and research key technologies to lay a foundation for exploring and developing cislunar space.

**例 2.4.24** "天问一号"火星探测器成功发射,实现火星环绕、着陆。

**译文:**The Tianwen-1 Mars probe orbited and landed on Mars.

---

① 连淑能. 英汉对比研究[M]. 北京:高等教育出版社,1993:29.

例 2.4.25　很多工程师认为，太空飞机早在 30 年前就可能实现。①

**译文**：Many engineers considered space-planes to be feasible over thirty years ago.

例 2.4.23 汉语原句使用了多个动词，并且有动词连用（组织开展），在英译文中，保留了"深化""开展""研制"，将"组织"删除了，将"夯实"这一谓语处理为不定式的目的状语。例 2.4.24 原句中有着一系列的动词：发射、实现、环绕、着陆来描述本次探测活动，译文最终确定用"orbited"和"landed"两个更为有实际意义的动词充当了谓语，而将"发射""实现"省略了。例 2.4.25 中文原句中包含两个小句，也就相应有两个谓语动词。从语义上来看，"太空飞机早在 30 年前就可能实现"是"认为"的宾语。英译文采用了一个单句来翻译，用"consider ＋ 宾语＋不定式补语"来翻译原文，谓语动词也缩减为一个，即"considered"。

### 3. 区分主从

将汉语句子翻译到英语，除了确定主语和谓语外，很多时候句子的整体结构也需要调整。汉语句子结构松散，可以多个短句并列，结构上不分主从，没有偏、正之分，汉语又没有定语从句和独立主格，没有那么多的连接词和介词，所以句子中的各种语法关系不像英语那样，可以很严谨地通过显性的方式表达出来。英语则不然，在复合句中，一定是有主句和从句的，或者在主句之外还有分词结构和不定式结构。

航空航天文本里有大量汉语长句，在翻译时，首先要做到的是对原文进行细致的分析，以确定哪个部分是句子的主要部分，哪些是从属部分，从而把内含的语法关系，特别是主从关系理清楚。可以根据以下规律来进行操作：①非主要内容从属于主要内容；②"行为方式"从属于"动作"；③条件（或原因）从属于结果；④"背景信息"从属于"判断"；⑤陈述句的"否定"部分从属于"肯定"部分。② 译文对原文结构的调整也会给原文语义带来些许变化，一般是根据语法和表达方式的需要，对原文不是十分重要的内容进行增加或者删减。可以通过一些译例来进一步体会这一方法。

例 2.4.26　尽管 NASA 在预算计划中要求政府增加拨款，但它却并未列出未来载人航天探索行动的具体时间表或明确目的地。

**译文**：Despite the request for an increase in funding, the budget package doesn't lay out detailed timetables or destinations for future manned exploration.③

例 2.4.27　对地观测卫星数据已广泛应用于行业、区域、公众服务等领域，为经

---

① 严俊仁. 汉英科技翻译[M]. 北京：国防工业出版社，2004.

② 严俊仁. 汉英科技翻译[M]. 北京：国防工业出版社，2004：65.

③ NASA 或将取消登月计划[EB/OL].（2010-02-23）[2022-08-21]http://language. chinadaily. com. cn/easyEnglish/2010-02/03/content_9422965. html.

济社会发展提供重要支撑。

**译文**：Earth observation satellite data is now widely used in industrial, regional and public services for economic and social development.[①]

例 2.4.26 汉语原文是并列的两个分句，两者之间是让步、转折关系。英译文利用"Despite"这一连词的使用特点，将第一个分句转化成了一个表示让步的名词短语，后一个分句的译文也进行了适当的语序调整，将定语"未来载人航天探索行动"移后变成了表目的的状语短语。

在例 2.4.27 英译文中，将原文中短句"为经济社会发展提供重要支撑"处理为一个表示目的的状语，利用这一结构就能将对地观测卫星数据的作用说明，也因此删减了"提供重要支撑"这一内容。

## 五、句式的分合

### 1. 分译

分译也叫拆句或断句，就是把原文的一句话译成两句或两句以上。汉语的长句之所以要分译，是因为汉语句子结构比较松散，而英语句子结构比较严谨。此外，汉语长句内的分句往往就是一个表示完整意义的句子，可以单列成句。分译的原则是要使意义明晰，结构清楚，符合英语语言的表达习惯。[②] 请对比下述例句。

例 2.4.28 公司的喷涂技术、离子注入技术达到国际先进水平，大型薄壁环形机匣类零件制造技术、无损检测技术、薄壁复杂钣金结构制造技术、焊接和真空热处理技术处于国内领先或先进水平，喷丸技术、蜂窝构件制造技术、超级表面完整性加工技术均已广泛运用于外贸航空产品的制造上。[③]

**译文**：The technologies of spraying, ion implanting has reached the world level, and of large thin circular casing parts manufacturing, nondestructive testing, the manufacturing of the complex thin-walled sheet metal structure, welding and vacuum heat treatment have also taken a leading position in China. What's more, the technologies of shot peening, cellular component manufacturing, super surface integrity processing has been widely used for the manufacturing of the foreign aviation products.

例 2.4.29 2016 年以来，中国与 19 个国家和地区、4 个国际组织，签署 46 项空间合作协定或谅解备忘录；积极推动外空全球治理；利用双边、多边合作机制，开展空

① 中华人民共和国国务院新闻办公室. 政府白皮书:2016 中国的航天[R/OL]. (2022-01-28)[2022-06-12]. http://www. scio. gov. cn/zfbps/ndhf/34120/Document/1537008/1537008. html(中文), http://www. scio. gov. cn/zfbps/ndhf/34120/Document/1537022/1537022. html(英文).
② 陈宏薇. 汉英翻译基础[M]. 上海外语教育出版社,2011:247.
③ 中国航空工业经济技术研究院. 中国航空工业要览[Z],北京:航空工业出版社,2008:51.

间科学、空间技术、空间应用等领域国际合作,取得丰硕成果。①

**译文**:Since 2016, China has signed 46 space cooperation agreements or memoranda of understanding with 19 countries and regions and four international organizations. It has actively promoted global governance of outer space, and carried out international cooperation in space science, technology and application through bilateral and multilateral mechanisms. These measures have yielded fruitful results.

**例 2.4.30**　2012 年 6 月和 2013 年 6 月,"神舟九号"和"神舟十号"载人飞船先后成功发射,与"天宫一号"目标飞行器分别实施自动和手控交会对接,标志着中国全面突破了空间交会对接技术,载人天地往返运输系统首次应用性飞行取得圆满成功。②

**译文**:In June 2012 and June 2013, the Shenzhou-9 and Shenzhou-10 manned spacecraft were launched to dock with the target spacecraft Tiangong-1. They used manual and automatic operations respectively, symbolizing breakthroughs for China in spacecraft rendezvous and docking technology and full success in its first operation of a manned space transportation system.

### 2. 合译

合译法是与分译法相对的一种翻译方法,合译很多时候是和分译一起使用的,都是为了对汉语原文的松散结构进行整理。如果汉语几个句子都在围绕一个中心意思,而且可以用英语一个句子表达清楚,那么就可以合译。英语中的长句通过结构嵌套是可以将汉语原文几个句子的表达进行融合的。先来看下述例句。

**例 2.4.31**　为这次发射建造了一个新的陆基与海基空间监测与控制网。此次发射是长征号火箭的第 59 次发射,是近年来长征火箭计划发生了一系列技术故障之后的一次发射。③

**译文**:A new land and sea-based space monitoring and control network was built for the launch, which was the 59th Long March rocket and followed a series of technical failures in recent years for the Long March program.

①　中华人民共和国国务院新闻办公室. 政府白皮书:2021 中国的航天[R/OL]. (2022-01-28)[2022-06-12]. http://www. scio. gov. cn/zfbps/ndhf/47675/Document/1719949/1719949. html(中文),http://www. scio. gov. cn/zfbps/ndhf/47675/Document/1719948/1719948. html(英文).

②　中华人民共和国国务院新闻办公室. 政府白皮书:2016 中国的航天[R/OL]. (2022-01-28)[2022-06-12]. http://www. scio. gov. cn/zfbps/ndhf/34120/Document/1537008/1537008. html(中文),http://www. scio. gov. cn/zfbps/ndhf/34120/Document/1537022/1537022. html(英文).

③　严俊仁. 汉英科技翻译[M]. 北京:国防工业出版社,2004:238.

**例 2.4.32** 高级航天工程师 26 日表示,"天宫二号"将于 2019 年 7 月后受控安全离轨。"天宫二号"是目前我国唯一一个绕地运行的太空实验室。[①]

**译文:** Tiangong-2, China's sole space lab orbiting the Earth, will safely leave its orbit under manual control after July 2019, senior space engineers said on Wednesday.

**例 2.3.33** 能够在电视上观看发射情况的观众可以看到奥德赛从德尔塔 Ⅱ 火箭发射升空的远景。火箭的第二级上安装了两台摄像机,一台摄下了地球快速后退的图像,另一台则对准飞船自身拍摄。[②]

**译文:** Viewers who were able to watch the launch on television could see the lift-off from the perspective of Odyssey's Delta Ⅱ rocket, which had two cameras attached to its 2nd stage. One camera gave a view of the Earth receding rapidly. The other was pointed at the spacecraft.

在第 2.4.31 例句中,汉语原文的表达是在围绕着"这次发射",汉语原文多次重复了这一表达,来使原文前后语意连贯。英译文为了表达的简洁,将原文的两句话合并为一句,通过定语从句将多层意义加持在一个句子中,而这种长句也是英语科技文本本身的一大特色。例 2.4.32 及 2.4.33 都采用了这样的翻译方法。

## 五、逻辑重组

汉语与英语有"意合"与"形合"的差异(详见 1.1 节),因此在文本的逻辑表达上有着不同的方式。汉语的逻辑表达相对松散,而且汉语复句类型繁多,句内关系比较复杂。具体表现为:①从句通常在主句之前;②从句连词用得不多,分句之间的逻辑关系常处于隐含状态,往往要通过词序和语序来确定。而英语的表达逻辑一定会在句式结构中有所体现,或者依赖主从关系,或者借助逻辑连词。此外,汉语和英语在两种文化中也形成了各自独特的语言逻辑,例如因果的表达顺序、叙事与表态的先后顺序等等。从汉语译入英语,如果"以'意合'的汉语思维来翻译讲究'形合'的英语,会在西方人的语言逻辑中出现逻辑断层或逻辑模糊",因此需要在结构上予以增补。

### 1. 逻辑显化

逻辑显化是指将汉语文本译到英语时,将原文中逻辑关系的隐含表达通过增添逻辑连词的方式在译文中给予明示。下面来看一些具体译例。

**例 2.4.34** 中国已经成功发射了载人太空飞船,下一步的太空探测计划就是建

---

① "天宫"二号明年将受控离轨[EB/OL]. (2018-09-28) [2022-08-22]. https://www. tingclass. net/show-8484-427328-1. html? gfh.

② 严俊仁. 汉英科技翻译[M]. 北京:国防工业出版社,2004:102.

立由穿梭型飞行器服务的太空站。<sup>①</sup>

**译文**: As China has succeeded in launching the manned spacecraft, her next step in space exploration is setting up the space station served by shuttle-style vehicles.

**例2.4.35** 压力不变,一定重量的气体的体积与绝对温度成正比。<sup>②</sup>

**译文**: The volume of a given weight of gas varies directly as the absolute temperature, provided the pressure does not change.

例2.4.34中汉语文本暗含了因果关系,不过并没有用连词,而是通过词序先后来表示,"因"在前,"果"在后,译为英语时,则需要补充逻辑连词。英译文添加了"As",既承担了连词的功能,又将原文中隐含的一种因果关系表达了出来,也就是既然已经能够成功发射载人飞船,那接下来就可以向建立太空站努力了。例2.4.35中"压力不变"是一个前提条件,英译文补充出了"provided"来明示条件句。

**2. 逻辑调整**

航空航天文本汉译英时,除了添加必要的逻辑连词将逻辑关系明示之外,对于汉英显著的表达逻辑差异也要给予调整。下面介绍两种较为常见的逻辑调整方法。

**(1) 分与总表达换序**

在涉及总体与部分的关系时,汉语习惯先分述,再总结,而在英语中则要调整为先总说,再分述。航空航天文本中所涉事物和事件很多,难免会出现这种总分的叙述结构,英译时要注意调整。

**例2.4.36** 公司有航空发动机扎匣环形件、钣金、盘轴、叶片、热表处理、装配试车六个专业化的制造中心。<sup>③</sup>

**译文**: CEGC established 6 professional manufacturing centers of casing annular pieces, sheet metal, disk, shaft, shade, heat-surface treatment, assembly test, etc.

**例2.4.37** 卫星应用业务服务能力显著增强,在资源环境与生态保护、防灾减灾与应急管理、气象预报与气候变化应对、社会管理与公共服务、城镇化建设与区域协调发展、脱贫攻坚等方面发挥重要作用。<sup>④</sup>

**译文**: The service capacity of satellite applications has markedly improved. The significant role of satellites is seen in the protection of

---

① 李学平. 科技翻译与英语学习:英汉、汉英科技翻译实务新讲[M]. 天津:南开大学出版社,2005:132.

② 张宗美. 科技汉英翻译技巧[M]. 北京:宇航出版社,1992:143.

③ 中国航空工业经济技术研究院. 中国航空工业要览[Z],北京:航空工业出版社,2008:51.

④ 中华人民共和国国务院新闻办公室. 政府白皮书:2021中国的航天[R/OL]. (2022-01-28)[2022-06-12]. http://www. scio. gov. cn/zfbps/ndhf/47675/Document/1719949/1719949. html(中文),http://www. scio. gov. cn/zfbps/ndhf/47675/Document/1719948/1719948. html(英文).

resources and the eco-environment, disaster prevention and mitigation, management of emergencies, weather forcasting and climate change response, and also felt in social management and public services, urbanization, coordinated regional development, and poverty eradication.

**例2.4.38** 目前,中国已突破掌握载人天地往返、空间出舱、空间交会对接、组合体运行、航天员中期驻留等载人航天领域重大技术。[1]

**译文:**Currently, China has mastered major space technologies such as manned space transportation, space extravehicular activity, space docking, operating in assembly and astronauts' mid-term stay in orbit.

**例2.4.39** "嫦娥五号"探测器已实现中国首次地外天体采样返回,将1731克月球样品成功带回地球,标志着探月工程"绕、落、回"三步走圆满收官。[1]

**译文:**The Chang'e-5 lunar probe brought back 1,731 g of samples from the moon, marking China's first successful extraterrestrial sampling and return, and the completion of its three-step lunar exploration program of orbiting, landing and return.

**(2) 反话正说**

英汉语在表达否定含义上分别有着自己的独特之处,对于否定的思维逻辑和表述方法不完全相同。例如,常见的一个例子是汉语里的"油漆未干"这样一个表示否定意义的表达,对应的英译文是"wet paint",是一个表示肯定的描述。在将汉语的否定句和否定意义译入英语时,要留意英语的习惯表达。下面看几个例句。

**例2.4.40** 当第一艘宇宙飞船在火星和金星上着陆时,乘坐飞船的大概是机器人,而不是人。[2]

**译文:**When the first spaceship lands on Mars and Venus, it will probably have on board robots rather than human beings.

**例2.4.41** 这些模型具有一系列的特点,其中最重要的特点是具有完全的动力自由度、没有风洞支架干扰和洞壁干扰。[3]

**译文:**Such models have a number of special features, of which perhaps the most important are complete dynamic freedom and the absence of wind tunnel support and wall interference.

此外,汉语中的半否定意义,可以采用 hardly, rarely, scarcely, seldom, barely, few, little 等词来翻译。

---

① 中华人民共和国国务院新闻办公室. 政府白皮书:2021 中国的航天[R/OL]. (2022-01-28)[2022-06-12]. http://www. scio. gov. cn/zfbps/ndhf/47675/Document/1719949/1719949. html(中文), http://www. scio. gov. cn/zfbps/ndhf/47675/Document/1719948/1719948. html(英文).

② 严俊仁. 汉英科技翻译[M]. 北京:国防工业出版社,2004:96.

③ 严俊仁. 汉英科技翻译[M]. 北京:国防工业出版社,2004:95.

**例 2.4.42** 直升机的价值是无限的,几乎无法估量。

**译文:** The value of the helicopter is immense. It can hardly be measured.[1]

## 六、语态转换

这里主要论及汉语被动语态向英语被动语态的转换。科技文本注重描述客观世界、科技现象,很多情况下,句子是由"物"或者受事的客体来作主语的,航空航天文本亦如此。

按照汉语的思维习惯,人的行为必然是由人来完成的,事或物不可能完成人的行为,这种思维模式就使得汉语句子在表达时常常将施事者隐含起来,而把注意力集中在受事者及行为本身,因此受事者也就是客体便充当了主语[2]。汉语并不严格区分主语是逻辑上的施动者还是受事者,表达被动意义很多时候是借助主动式来表示的,也就是说汉语句子中由充当客体的物来做主语时,所搭配的动词一般不用被动结构。英语则不然,如果受事者做了主语,那么就需要用被动语态将事件的真正主被动关系表示清楚。被动语态在英语里是一种常见的句式结构,贝克(Sheridan. Baker)在 *The Practical Stylist* 一书中指出"Our massed, scientific, and bureaucratic society is so addicted to the passive voice that you must constantly alert yourself against its drowsy, impersonal pomp"[3],同时,"物称倾向也滋长了被动句"。[3]"科技英语的被动语态,占整个谓语动词的三分之一左右。在科技英语的描述功能特别是过程描述、分类功能、定义功能和指令功能的间接指令描述,所用被动语态的频率极高,有时整段全用被动语态"[4]。在这种情况下,汉语的航空航天文本译入英语时就要格外注意语态的转换。下面展示几个语态转换的例句。

**例 2.4.43** 运 12 飞机累计销往 20 多个国家和地区 130 多架。[5]

**译文:** More than 130 sets of Y12 aircraft are sold to over 20 countries.

**例 2.4.44** "北斗二号"系统全面建成,完成 14 颗北斗导航卫星发射组网,正式向亚太地区用户提供定位、测速、授时、广域差分和短报文通信服务。

**译文:** The Beidou Navigation Satellite System(Beidou-2) has been completed, with the networking of 14 Beidou navigation satellites, officially offering positioning, velocity measurement, timing, wide area diffcrence and short-message communication service to customers in the Asia-Pacific

---

① 严俊仁. 汉英科技翻译[M]. 北京:国防工业出版社,2004:96.
② 连淑能. 英汉对比研究[M]. 北京:高等教育出版社,1993:96.
③ 连淑能. 英汉对比研究[M]. 北京:高等教育出版社,1993:86.
④ 张梅岗等. 科技英语修辞[M]. 北京:国防工业出版社,2008:2.
⑤ 中国航空工业经济技术研究院. 中国航空工业要览[Z].北京:航空工业出版社,2008:29.

region.

**例2.4.45**　过去五年中,中国民航节能减排工作从认识到实践发生重要变化,治理体系加快构建,节能降碳能力不断增强。

**译文**:In the past five years, China's civil aviation energy conservation and emission reduction has undergone important changes from awreness to practice, the governance system has been improved, the capacity of energy conservation and carbon reduction has been enhanced.

# 练　习

**一、基本练习**

1. 请分析讨论下述译例中分别使用了怎样的翻译策略和方法。

(1) 可重复使用运载器飞行演示验证试验取得成功。

**译文**:Successful demonstration flight tests on reusable launch vehicles have been carried out.

(2) 地球发动机共有一万二千台,分布在亚洲和美洲大陆的各个平原上。①

**译文**:There were about 12,000 Earth Engines built and distributed across the Asian and American plains.

(3) 我们一下飞机,就被地球发动机的光柱照得睁不开眼,这些光柱比以前亮了几倍,而且所有光柱都由倾斜变成笔直。②

**译文**:When we deplaned, we were immediately blinded by the brilliant jets of the Earth Engines. Their plasma plumes were several magnitudes stronger than we had last seen them. Even through closed eyes we could see that the beams had been righted and were now shooting straight toward the sky.

(4) 全国民用机场的布局和建设规划,由国务院民用航空主管部门会同国务院其他有关部门制定,并按照国家规定的程序,经批准后组织实施。③

**译文**:The planning of the distribution and construction of civil airports throughout the country is to be formulated by CAA in cooperation with other departments of the State Council which will organize its implementation after seeking approval in accordance with the State specified procedures.

---

① 刘慈欣. 流浪地球[M]. 成都:四川科学技术出版社,2019:78.
② 刘慈欣. 流浪地球[M]. 成都:四川科学技术出版社,2019:86.
③ 中华人民共和国民用航空法(中英对照)(2018 修正)[EB/OL][2022-08-12]. https://www.doc88.com/p-63347301154828.html.

（5）2016 年以来，中国与 19 个国家和地区、4 个国际组织，签署 46 项空间合作协定或谅解备忘录；积极推动外空全球治理；利用双边、多边合作机制，开展空间科学、空间技术、空间应用等领域国际合作，取得丰硕成果。①

**译文**：Since 2016, China has signed 46 space cooperation agreements or memoranda of understanding with 19 countries and regions and four international organizations. It has actively promoted global governance of outer space, and carried out international cooperation in space science, technology and application through bilateral and multilateral mechanisms. These measures have yielded fruitful results.

2. 请判断所给出的译文哪个更适合，并讨论为什么。

（1）经过 8 年的发展，高交会以其"国家级、国际性、高水平、大规模、讲实效、专业化、不落幕"的特点，已成为目前中国规模最大、最具影响力的科技类会展，有"中国科技第一展"之称。②

**译文 1**：CHTF has been staged successfully for 8 consecutive years, with the distinct "state-level, international, high standard, large scale, practical, professional, and all-year-round" identities. China Hi-Tech Fair (CHTF) is the largest and most influential hi-tech trade show in China, as well as a Chinese exhibition brand with considerable international influence. It is known as "the No.1 hi-tech trade show in China".

**译文 2**：CHTF is an international hi-tech trade fair with a history of eight years. It is one of the largest and most influential technologies trade shows in China.

（2）中国正在用现代世界科技最新成就的新式机器和设备，来大规模装备其工业。

**译文 1**：China is using the newest machines and equipment, which are the most recent achievements of world science and technology, to equip her industry on a large scale.

**译文 2**：China is equipping, on a large scale, her industry with the newest machines and equipment, which are the latest achievements of world science and technology.

（3）你们的工厂给了我深刻的印象，我认为它是现代管理和现代生产技术相结

---

① 中华人民共和国国务院新闻办公室. 政府白皮书：2021 中国的航天［R/OL］.（2022-01-28）［2022-06-12］. http://www.scio.gov.cn/zfbps/ndhf/47675/Document/1719949/1719949.html（中文），http://www.scio.gov.cn/zfbps/ndhf/47675/Document/1719948/1719948.html（英文）.

② 方梦之. 应用翻译研究：原理、策略与技巧［M］. 上海：上海外语教育出版社，2019：138.

合的一个好例子。

**译文 1：**I am much impressed by your factory. I think it is a good example of modern management combined with up-to-date production techniques.

**译文 2：**Your factory has given me a deep impression. I think that it is a good example of the combination of modern management with modern production techniques.

（4）这样，可以缩短理论和实践之间的距离。

**译文 1：** In this way, the distance between theory and practice can be shortened.

**译文 2：** In this way, theory can be brought closer to practice.

3. 请结合本节所介绍的翻译方法将下列句子翻译成英文。

（1）未来五年，围绕平安中国、健康中国、美丽中国、数字中国建设，强化卫星应用与行业区域发展深度融合。[1]

（2）"神舟十四号"航天员乘组也已于 7 月 25 日 10 时 03 分成功开启"问天"实验舱舱门，顺利进入"问天"实验舱，这是中国航天员首次在轨进入科学实验舱[2]。

（3）乘热气球飞越珠穆朗玛峰，听起来也许像个不切实际的幻想，像是冒险电影中的故事。因为有谁能够想象，乘坐在开口藤条吊篮里，悬挂在气球下面飘飘荡荡地飞越 8 848 m 高的高峰呢?[3]

（4）据中国载人航天工程办公室消息，北京时间 2022 年 7 月 24 日下午，我国成功将我国迄今为止发射的最重载荷——"问天"实验舱发射至预定轨道[2]。

（5）2016 年 6 月，文昌航天发射场首次执行航天发射任务，标志着中国自主设计建造、绿色生态环保、技术创新跨越的新一代航天发射场正式投入使用。[4]

（6）遥感卫星地面系统进一步完善，基本具备卫星遥感数据全球接收、快速处理与业务化服务能力。[5]

（7）飞船的成功试飞证明中国的宇宙飞船和新型运载火箭的性能是优越的。[6]

（8）过去在飞机上吃东西很正常。但是在疫情期间，许多乘客都不愿在飞行途

---

① 中华人民共和国国务院新闻办公室. 政府白皮书：2021 中国的航天（中文）[R/OL]. (2022-01-28)[2022-06-12]. http://www.scio.gov.cn/zfbps/ndhf/47675/Document/1719949/1719949.html.

② 神舟十四号航天员乘组顺利进入问天实验舱[EB/OL]. (2022-07-26)[2022-08-22]. http://language.chinadaily.com.cn/a/202207/26/WS62dfb621a310fd2b29e6e815.html.

③ 严俊仁. 汉英科技翻译[M]. 北京：国防工业出版社，2004：18-19.

④ 中华人民共和国国务院新闻办公室. 政府白皮书：2021 中国的航天（中文）[R/OL]. (2016-12-27)[2022-06-12]. http://www.scio.gov.cn/zfbps/ndhf/34120/Document/1537008/1537008.html.

⑤ 《2021 中国的航天》白皮书（中英对照）中华人民共和国国务院新闻办公室. 政府白皮书：2021 中国的航天（中文）[R/OL]. (2022-01-28)[2022-06-12]. http://www.scio.gov.cn/zfbps/ndhf/47675/Document/1719949/1719949.html.

⑥ 严俊仁. 汉英科技翻译[M]. 北京：国防工业出版社，2004：239.

中摘下口罩进食,甚至不愿在机场吃零食,这也是可以理解的。[1]

(9) 即使飞机不再运行,航空公司仍然需要支付飞机维护费用。[2]

(10) 中航科工是中国唯一一家具有开发和批量生产能力的直升机制造商,中国领先的支线飞机、教练机与通用飞机制造商及中国主要的微型汽车制造商。其民用航空产品发展方向是,按照"改进一代、生产一代、发展一代"的原则,面向国内国外两个市场,通过国际合作、自主开发,大力推进民用直升机和飞机的改进及市场化开拓。[3]

## 二、拓展练习

思考并讨论

(1) 在学习本章的基础上,结合自己的翻译实践,讨论针对不同的航空航天文本类型,在汉译英时还可运用哪些翻译方法。

(2) 当我们拿到一个汉语句子时,应该按照什么样的步骤进行翻译,请结合本章的内容进行总结。

---

① 乘飞机前不要吃这些东西! [EB/OL]. (2021-11-18)[2022-08-22]. https://language. chinadaily. com. cn/a/202111/18/WS619605e4a310cdd39bc761bd. html.

② 日本航空公司推出"飞机上的婚礼"[EB/OL]. (2021-05-20)[2022-08-22]. https://language. chinadaily. com. cn/a/202105/20/WS60a5d925a31024ad0bac049b. html.

③ 中国航空工业经济技术研究院. 中国航空工业要览[Z],北京:航空工业出版社,2008:18.

# 第3章 术语的英译

伴随着新事物与新概念的涌现,术语问题逐渐得到学界重视。路甬祥为《航天科学技术名词》(2005)一书所作的序中提到"我国是一个人口众多、历史悠久的文明古国,自古以来就十分重视语言文字的统一,主张'书同文、车同轨'。科学技术名词在促进国家科技进步、社会发展和维护国家统一方面发挥着重要作用[①]。"当今,知识与文化的跨国交流趋势越来越显著,术语的统一成为不可回避的问题,而术语翻译在这一过程中发挥着重要作用。本章拟就术语的定义、原则、翻译方法、误译类型、传播路径等展开论述,并总结航空、航天术语的构成类型及其英译方法。

## 3.1 术 语

### 一、术语的定义

关于术语的定义,国内外学界已有各种表述。国外学者玛丽亚·特里萨·卡布勒(Maria Teresa Cabré)、丽塔·泰莫尔曼(Rita Temmerman)、贝西·埃德姆·安蒂亚(Bassey Edem Antia)以及帕米拉·法伯尔(Pamela Faber)等人都曾给出术语的定义。卡布勒[②]表示术语是代表专业知识领域中特定概念的符号;泰莫尔曼[③]认为术语是由个体或者术语专家指定的概念;安蒂亚[④]认定术语是与定义事物的概念有关的一种语言象征;法伯尔[⑤]则指出术语是传递特定知识概念的一种语言学单元。

在国内,一些行业标准以及词典对术语做出了界定。比如,中华人民共和国国家标准《建立数据库的一般原则与方法(GB/T13725—2001)》将术语定义为"在特定专业领域中一般概念的名词指称"[⑥]。《现代汉语词典》(第7版)[⑦]中对"术语"的释义

---

① 全国科学技术名词审定委员会.航天科学技术名词[M].北京:科学出版社,2005.

② CABRÉ M T. Terminology:Theory, Methods and Application[M]. Amsterdam/Philadelphia:John Benjamins, 1999.

③ TEMMERMAN R. Towards New ways of Terminology Description:The Socio-cognitive Approach [M]. Amsterdam:John Benjamins, 2000.

④ ANTIA B E. Terminology and Language Planning An Alternative Framework of Practice and Description[M]. Amsterdam/Philadelphia:John Benjamins, 2000.

⑤ FABER P A. Cognitive Linguistics View of Terminology and Specialized Language[M]. Amsterdam/ Philadelphia:John Benjamins, 2012.

⑥ 中华人民共和国国家质量监督检验检疫总局.建立数据库的一般原则与方法(GB/T13725—2001) [S]. 1992:1.

⑦ 中国社会科学院语言研究所词典编辑室.现代汉语词典[Z].7版.北京:商务印书馆,2016:1216.

是:某一学科中的专门用语。除此之外,一些学者也对术语的定义提出了见解。例如,韦孟芬①认为"术语是在特定学科领域用来表示概念的称谓的集合,又称为名词或科技名词(不同于语法学中的名词)。""术语可以是词,也可以是词组,用来正确标记生产技术、科学、艺术、社会生活等各个专门领域中的事物、现象、特性、关系和过程。"刘青②将术语定义为:"术语是在某一特定专业领域内表达一个特定科学概念的语词形式。"朱玉富③认为"根据国际标准,'术语'一词仅指'文字指称'。"孙毅、孟林林④指出"术语是在某专门领域内且具有特定形式和意义的概念单位。"

基于前人给出的定义,我们认为术语是某一专业领域内特定概念的语言指称。"术语学是研究各门学科中术语的形成、确立、构造、规范等原则原理的一门学科。术语学可以进一步划分为理论术语学和应用术语学。"⑤二者涵盖了术语研究的基本范畴,包括术语的特点、原则、功能、术语编撰、术语翻译、术语管理等内容。国际上最早探究术语问题的学者是被称为"术语学之父"的奥地利工程学家尤金·维斯特(Eugen Wüster),他开创了普通术语学理论(General Theory of Terminology),提出现代术语学的基本原则和方法。⑥ 此外,为了推动术语研究,许多国际术语组织相继成立,包括国际电工委员会(1906)、术语标准化委员会(1936)、国际术语信息中心(1971)、国际术语学与知识传播协会(1986)、国际术语网(1989)等。⑦ 在国内,一些专家与学者也致力于术语研究,例如,冯志伟⑧曾在《现代术语学引论》一书中对现代术语的宏观问题进行论述。术语对于专业学科发展的重要性不言而喻,侯国金⑨提出"没有术语就没有科学,因此可以说每个学科都有并依赖一定数目的术语才称其为科学,如数学、哲学、语言学等。"由此可知,对某一学科而言,术语是其发展的基石,对学科的科学化有至关重要的作用。

## 二、术语翻译

### 1. 术语翻译现状

随着知识全球化时代的到来,翻译在知识的传播过程中发挥着重要作用,而术语作为一种特殊的知识,其翻译问题是翻译学的重点与难点之一。对术语翻译的研究已经取得一定的进展,其中术语翻译的应然性探究占据重要地位,包括术语翻译的标

① 韦孟芬.英语科技术语的词汇特征及翻译[J].中国科技翻译,2014(1):5-7,23.
② 刘青.关于科技术语定义的基本问题[J].科技术语研究,2004(4):14-18.
③ 朱玉富.俄语术语的语言特征及其翻译[J].中国俄语教学,2013(1):18-22.
④ 孙毅,孟林林.认知术语学视角下的外交部网站新闻术语翻译[J].上海翻译,2018(4):30-38.
⑤ 刘青.中国术语学概论[M].北京:商务印书馆,2015:1-2.
⑥ 张淑娜.术语学视域下的术语标准化[J].中国科技术语,2022(1):80-86.
⑦ 刘青.中国术语学概论[M].北京:商务印书馆,2015:6-7.
⑧ 冯志伟.现代术语学引论[M].北京:语文出版社,1997.
⑨ 侯国金.语言学术语翻译的系统-可辨性原则——兼评姜望琪(2005)[J].上海翻译,2009(2):69-73.

准、原则、方法、策略等①;另外,随着"描述翻译学"的兴起,术语翻译的实然性也逐渐得到关注,例如,现有研究越来越注重语料库与术语翻译的结合②、探究译者主体性在术语翻译中的作用③、论证术语翻译对文化传播的作用④、术语翻译的修辞观⑤、语境观⑥等。术语翻译涉及的领域众多,多与某一学科直接相关,包括中华思想文化术语翻译、政治术语翻译、科技术语翻译、医学术语翻译、旅游术语翻译、物理学术语翻译、建筑术语翻译等。从理论层面来看,多位学者运用认知学、语用学、传播学、交际术语学等跨学科相关知识解释术语翻译行为,在一定程度上,拓深了术语翻译的研究视角。许明武、罗鹏⑦对我国术语翻译的研究现状进行了可视化的总结与分析,进一步厘清当前术语翻译的研究内容与研究重点。

### 2. 术语翻译原则

术语翻译的应然性探究占据重要地位,包括术语翻译的标准、原则、方法、策略等。术语翻译的标准与原则是术语翻译活动的指南。针对术语的翻译,学界提出了不少术语翻译的原则,包括系统性、简洁性、单义性、理据性、确定性、能产性、客观性、稳定性、正确性、通顺性⑧,⑨,⑩、可读性、透明性⑪、规范性⑫、可辨性⑬,⑭等。

在术语翻译过程中,需要遵循以下主要原则。

**(1) 专业性**

术语是表达专业概念的词语。专业性是术语翻译中遵循的最根本的原则。在翻译过程中,要避免望文生义;同时要注意,在译语中的不同领域,同一个术语可能有不同的表达。

---

① 魏向清,赵连振.术语翻译研究导引[M].南京:南京大学出版社,2012.

② 许文胜,方硕瑜.国际语境下的术语翻译与中国形象建构——基于语料库的"普通话"概念词使用实证研究[J].中国外语,2019(2):91-103.

③ 仇蓓玲.论术语翻译中"译者主体性"的重要性及其运作模式——翻译"博弈论"的启示[J].外语教学,2015(5):109-112.

④ 时闻,刘润清,魏向清.政治话语跨文化传播中的"术语滤网"效应与术语翻译策略反思——以"一带一路"话语传播为例[J].中国外语,2019(1):79-88.

⑤ 江娜,魏向清.隐喻型术语翻译的跨语修辞功能实现及其系统评价标准——以英汉经济学术语翻译为例[J].中国外语,2021(5):106-111.

⑥ 刘性峰,魏向清.交际术语学视域下中国古代科技术语的语境化翻译策略[J].上海翻译,2021(5):50-55.

⑦ 许明武,罗鹏.我国术语翻译研究的可视化分析[J].上海翻译,2021(2):30-34.

⑧ 冯志伟.现代术语学引论(增订版)[M].北京:商务印书馆,2011.

⑨ 于伟昌.汉译语言学术语标准化的必要性及原则[J].上海科技翻译,2000(3):9-12.

⑩ 陆丙甫.从某些语言学术语的翻译谈起[J].外国语,2009(2):2-7.

⑪ 姜望琪.论术语翻译的标准[J].上海翻译,2005(S1):80-84.

⑫ 高淑芳.科技术语的翻译原则初探[J].术语标准化与信息技术,2005(1):46-47.

⑬ 侯国金.语言学术语翻译的系统-可辨性原则——兼评姜望琪2005[J].上海翻译,2009(2):69-73.

⑭ 侯国金.语言学术语翻译的原则和"三从四得"——应姜望琪之"答"[J].外国语文,2011(3):94-99.

**(2) 科学性**

作为推动学科发展的重要力量,术语的定名应当准确表达概念的科学内涵和本质属性。

**(3) 系统性**

在一套术语体系中,不同术语间存在对立关系、包含关系、上下位关系等,整体上具备系统性的特征。此外,多学科间的术语也存在协调和统一的问题。在翻译中要使译文术语保持一致性,例如,"缓变参数"译为 slow varying parameter。与"缓变参数"这一术语相对的是"速变参数",二者是对立关系,相应地,"速变参数"译为 fast varying parameter。

**(4) 简洁性**

在翻译中,术语定名应该逐渐简化,具体来讲,在形态层和语音层上都要注重简洁性。例如,将 digital map system 译成"数字式地图系统",而非"数字式的地图系统"。

**(5) 单义性**

在一个学科体系内,概念与术语之间应该是一一对应的关系。译者要注意消解歧义。例如,在汉语中,很多词语兼有两种词性:动词和名词。汉语的这种特点可能会混淆译者。例如,"扩充从属语法"(augmented dependency grammar)既可以理解为扩充某种语法,又可以理解为这个语法的名字。① 译者需要查阅相关资料,以确保术语表达的单义性。

**(6) 理据性**

术语应有较强的形态理据,术语的意义基于术语的各个组成部分的含义。在翻译术语时,也应该注意译名的理据性。例如,把 pidgin 和 creole 译为"混合语"和"民族混合语"要比译为"皮钦语"和"克里奥耳语"更能表达原术语的意义。①

**(7) 确定性(准确性、正确性、规范性)**

术语要能准确地表达原文的意义,不能有歧义。

**(8) 可读性**

术语译名应该具备良好的可读性,便于使用。例如,illocutionary act 译为"言外行为"是基于"言外之意"这个熟语。

**(9) 透明性**

译名的透明性是指读者能从译名轻松地辨认出源词,能轻松地回译②。例如,Nuclear Non-proliferation Treaty 译为"核不扩散条约",crocodile tears 译为"鳄鱼的眼泪",operating system 译为"操作系统",framework agreement 译为"框架协议"。

但有些译名如果只考虑透明性,可能会引起误解,因此需要做适当的调整。例

---

① 于伟昌.汉译语言学术语标准化的必要性及原则[J]. 上海科技翻译,2000(3):9-12.

② 姜望琪.论术语翻译的标准[J]. 上海翻译,2005(S1):80-84.

如,有人将应用语言学术语 error analysis 译作"错误分析",但在汉语中,此类译法可能会造成误解,理解为"错误的分析",因此建议改译为"误差分析"。

### (10) 能产性

如果原术语中包含能产性很强的词缀,在翻译中也应在目的语中译出相应的词缀,以便创造新的术语①。例如,语言学家根据已有的 lexeme,morpheme,phoneme 等, 又 创 造 了 许 多 新 术 语, 比 如 facteme, grapheme, tagmeme, kineme, kinemorpheme,motifeme 等。在翻译这类术语时,就要用"素""位"译出后缀-eme。

### (11) 约定俗成性

对术语的译名不做人为干预,换言之,遵循语言发展的自身规律。姜望琪②提出"语言是约定俗成的,只要大多数人这么用,它就是正确的。"例如,"的士"一词早期曾遭到许多人的反对,但随着时间的推移,国内接受了它的叫法。因此,在翻译中,译者要遵循语言发展的规律,切忌武断干涉。

### (12) 可辨性

在术语翻译过程中,译者需要关注相关、相通、相反、类似术语的可辨性,偏重同一系统的术语的差异性③。例如,subject 和 predicate 是两个常见的英语术语,既可以用于语法学中,又可以用于语义学中,还可以用于逻辑学中,需要注意的是,这两个词在每个系统中的汉语表述是不同的,见表 3.1

表 3.1  subject 和 predicate 语义简介

| 系统名称 | subject | predicate |
|---|---|---|
| 语法系统 | 主语 | 谓语 |
| 语义系统 | 述元 | 谓词 |
| 逻辑系统 | 主项 | 谓项 |

注:暂且不考虑 subject 在其他学科和语域里的意思,如"学科、主题、主体、被试"。

### 3. 术语翻译方法

与术语翻译的标准与原则相似,术语翻译的方法与策略探究也是这一研究领域的重要组成部分。随着相关研究的不断推进,术语英汉翻译方法和术语汉英翻译方法都取得一定进展。前者多关注科技术语,而后者多集中于中国特色术语,包括中医、古代科技术语等。现有研究提出了多种术语翻译方法。例如,王秉钧、郭正行④指出"专业术语的译法有意译、音译、象译、形译、创造新词";王忠樑⑤提出了音译、缩

①  于伟昌.汉译语言学术语标准化的必要性及原则[J]. 上海科技翻译,2000(3):9-12.
②  姜望琪. 论术语翻译的标准[J]. 上海翻译,2005(S1):80-84.
③  侯国金.语言学术语翻译的原则和"三从四得"——应姜望琪之"答"[J]. 外国语文,2011(3):94-99.
④  王秉钧,郭正行. 科技英语英汉翻译技巧[M]. 天津:天津大学出版社,1999:64,72-76,79-82.
⑤  王忠樑. 大学英语翻译技巧[M]. 上海:东方出版社,2005:77-80.

写音译、意译、缩写意译、音译译法、形象译法、全译、组合译法等翻译方法;闫文培[1]提出"音译、借译(是按照外来词本意直译过来而形成汉语新词)、象译、形译、拆译、直译(采用英文字母缩写形式)";司显柱、曾剑平[2]提出"意译法、音译法、象形译法(象译)、原形译法(零译)和创造新词";郑述谱[3]提出未规范术语的四种翻译方法,包括不译法、试译法、定义法和连缀法;韦孟芬[4]总结科技术语的五种翻译方法是:意译法、音译法、形译法、音意混译法以及不译。本节总结了如下 10 种主要的术语翻译方法。

① 直译法是指根据原词的实际含义译成对应的目的语术语的翻译方法。例如,"[飞行]安全控制系统"译为 flight-safety control system。术语翻译中需要遵循的三大原则:确定性、透明性以及理据性决定了直译法是术语翻译最重要、最常见的方法。

② 意译法是基于原文运用延续与扩展的方法译出原文的翻译方法。例如,"驾驶杆"是驾驶舱内由驾驶员操纵飞机升降舵和副翼的杆状手操纵装置,译为 control stick,译文直接将驾驶意译为"控制"。术语的专业性较强,在翻译部分术语时,需要采取意译的方法译出,以便读者更好地理解术语的科学概念和内涵。

③ 音译法是根据术语的发音,选择与发音相似的目的语作为该术语的译名的翻译方法。例如,"volt"译为"伏特"(电压单位)。术语中有许多参数单位,翻译此类术语时,一般采用音译法。

④ 音意兼译是指一部分音译、一部分意译的翻译方法。例如,"奥米伽系统"译为 Omega system。

⑤ 拆译是指将源语术语拆分为前缀、词根、后缀,依据各自含义进行组合式翻译的方法。例如,"非电量参数"译为 non-electrical parameter,其中,"非"按照否定前缀进行翻译。

⑥ 还原指的是部分术语包含缩略词,翻译时需要把这些缩略词还原。例如,"AIM 伞"译作 automatic inflation modulation parachute。

⑦ 象译是有些术语的前半部分表示该术语的形象,在翻译过程中,应将这一部分译成能表示具体形象的字眼,或保留原来的字母[5]的方法。例如,H-armature 译作 H 型转子;inverted-V engine 译作倒 V 型发动机;cross-beam 译作横梁十字头;butterfly nut 译自蝶形螺母;I-beam 译作工字梁。

⑧ 形译指的是保留原文,不译出目的语的翻译方法。如有的科技术语前的字母一般不译。例如,Z 计数译为 Z-count;T 形尾翼译为 T-tail;C 准则译为

① 闫文培. 实用科技英语翻译要义[M]. 北京:科学出版社,2008:124-128.
② 司显柱,曾剑平. 英汉互译教程[M]. 北京:北京大学出版社,2009:121.
③ 郑述谱. 术语翻译及对策[J]. 外语学刊,2012(5):102-105.
④ 韦孟芬.英语科技术语的词汇特征及翻译[J].中国科技翻译,2014(1):5-7,23.
⑤ 张梅岗,杨红,张建佳. 英汉翻译教程[M]. 北京:国防工业出版社,2008.

C criterion。①

⑨ 释译指的是用解释的方法进行翻译。例如,circling approach minimum 译自进入着陆航线最低气象条件;city-pair 译自起飞站和到达站②。

⑩ 创造新词指的是在翻译时一般可根据原文中包含的某个音或所代表的某个概念来创造新词,在创造新词过程中,最需要注意的是新词的认可度。例如,"熵"(entropy)是物理学家胡刚复教授新造的字,两数相除谓之"商",热温比亦可称"热温商",加火字旁,表示热学量③。

### 4. 术语翻译误译

前文已经提到术语翻译的原则与方法,但作为一种专业性很强的词语,在术语翻译过程中,会出现不同类型的误译。杨先明④总结术语翻译的误译主要包括术语化不足、文采化不足、表义模糊型、语义偏差型、似是而非型与低级错误型。

① 术语化不足:专业性是术语翻译需要遵循的根本原则,术语化不足是指翻译后的术语显得不够专业。

**例 3.1.1** Cloning pigs as organ donors for humans

**原译:** 作为人类器官捐赠者克隆猪

虽然直译是术语翻译的有效方法之一,但在本例中,将 donor 直译为"捐赠者"是错误的。克隆猪是专门为人类的器官移植提供器官的,因此,donor 宜译为"供体"。

② 文采化不足:指翻译后的术语不够文雅。Catwalk 是公路中的一个术语,曾被译为"猫道",现定名为"施工步道"。由此可见,早期的译名文采化稍显不足⑤。

③ 表义模糊型:指翻译后的术语语义含混不清,让读者不知所云的误译现象。

**例 3.1.2** The basic level is where the largest amount of information about an item can be obtained with the least cognitive effort.

**原译:**基本层次是以最小的认知努力而取得关于一个**项目**的最大量信息的**地方**。

**改译:**基本层次是(认知主体)可以用最小的认知努力而能够获得关于某个**事物**最大量信息的那个**层次**。

④ 语义偏差型:指翻译后的术语翻译出了源语术语的部分意义,但与原文意义存在一定差异。language level 既可以译为"语言水平",也可以译为"语言层次",选择何种译法取决于原文的语境。例如,language level 的下位词包括 phonological、

---

① 这一部分是术语翻译的整体方法,因此在选用例子时没有严格区分汉译英或者英译汉。
② 李瑞晨. 英汉俄航空航天词典[M]. 北京:北京航空航天大学出版社,2002.
③ 文军,李培甲. 航空航天英语术语翻译研究[J]. 广州外语外贸大学学报,2011(3):28-31.
④ 杨先明.术语翻译中的误译现象及其消减策略[J].中国科技翻译,2014(3):5-8.
⑤ 刘青,黄昭厚. 科技术语应具有的若干特性[J]. 中国科技翻译,2003(1):22-26.

syntactic、sematic 等，此时宜译为"语言层次"；若 language level 的下位词包括表示语言等级，则宜译为"语言水平"。

⑤ 似是而非型：指翻译后的术语从字面上看是正确的，但与事实不符。有些术语因为过于专业化，译者不熟悉，容易采用某种表面上说得通的翻译法。

**例 3.1.3** Astigmatism is caused by the lens having two focal planes for axes at right angle to each other.[①]

术语 right angle 存在歧义，既可以是"适当角度"，也可以是"直角"。原译为"适当角度"，从字面上看是不错的，在科学上也是可能的。而事实是，眼睛的晶状体和角膜的 axes(轴)面呈直角时形成 astigmatism(散光)现象。因此，right angle 在此应译为"直角"。

⑥ 低级错误型：由于译者不负责任或者语言水平不足而承担翻译任务造成的错误。

如，"签到处"译作"Sign Everywhere"。

### 5. 术语翻译传播路径

翻译的目的是语言传播。术语翻译同样如此，在此过程中，术语翻译形成独特的传播路径。总体而言，术语可通过以下七种路径进行更新与传播[②]：初译语言的自我演进，译名的优胜劣汰，专业领域学者的精心挑选，译者或使用者的不断修正，民众的逐渐理解、接受和使用，政府以文书形式的确定，术语内涵和外延的准确理解。通过这些路径，相关术语实现了在目的语使用环境中的根植与繁衍，逐渐形成稳定的术语体系。

## 练 习

#### 一、基本练习

（1）术语翻译的原则有哪些？
（2）术语翻译的一般方法有哪些？
（3）术语翻译误译有哪些类型？
（4）术语翻译的传播路径包括什么？

---

① 原文例子中没有给出完整的译文。
② 杜薇. 近代西方术语在中日翻译传播的路径及启示[J]. 上海翻译，2021(2)：88-93.

### 二、拓展练习

翻译下列术语

卡门-钱公式、IRIG-B码接口终端设备、模拟遥控、切锥法、去极化、阿伦方差、Ⅱ类进近着陆运行、升致阻力、自动终端情报服务、平台坐标系

## 3.2　航空航天术语

随着我国航空航天实力的进一步增强,航空航天相关知识汉译在彰显我国科技实力方面发挥着重要作用。同时,学科术语的规范性与统一性是学科发展的重要保证,有助于增进世界各国对航空航天知识的认识,促进国际社会关于重要战略问题的沟通与解决。

### 一、航空航天术语的构成

按照不同的分类标准,可将航空航天术语分为不同类别。依据研究领域,可划分为航空术语(aviation term)和航天术语(space term);依据术语形式,可划分为单词术语(single-word term)和词组术语(multi-word term);依据术语语义,可划分为单义术语(monosemous term)、多义术语(polysemous term)和同义术语(synonymous term);依据术语翻译情况,可划分为对等术语(equivalent term)和非对等术语(non-equivalent term);依据术语词性,可划分为名词性术语(nominal term)和动词性术语(verbal term),等。

#### 1. 依据研究领域,可将其划分为航空术语和航天术语

航空与航天仅一字之差,事实上二者有很大的区别。国际航空联合会定义地球上空 100 千米的高度为大气层和太空的界限[1]。地球表面以上的大气层空间称为空,地球大气层以外的广大宇宙空间称为"天"。由此可知,航空(aviation)是指载人或不载人的飞行器在地球大气层(空气空间)中的飞行(航行)活动。航空必须具备空气介质和克服航空器自身重力的升力,大部分航空器还要有产生相对于空气运动所需的推力。航空有军用航空和民用航空之分。其中后者又包括商业航空和通用航空。而航天(space flight)是指载人或不载人的航天器进入、探索、开发和利用太空(即地球大气层以外的宇宙空间)以及地球以外天体各种活动的总称,又称空间飞行或宇宙航行[1]。据此,可将该领域的术语分为航空术语和航天术语。

当前,术语杂乱是阻碍学科发展原因之一,因此相关专家学者注重术语的标准

---

[1]　贾玉红.航空航天概论[M].3 版.北京:北京航空航天大学出版社,2013.

化,致力于相关学科术语库的筹建,其中构建双语术语库是重中之重。在我国,1985
年国务院批准成立的全国自然科学名词审定委员会(现更名为全国科学技术名词审
定委员会,简称全国科技名词委)是政府授权代表国家审定和公布规范科技名词的权
威性机构。自 1987 年以来,共审定公布基本系列 150 余种[1],其中包括航空科学技
术名词与航天科学技术名词。

航空术语指的是与航空活动相关的专业名词。在《航空科学技术名词》(2004)[2]
一书中,审定专家依据航空科技专业,将相关术语划分为 17 部分,详见表 3.2。

表 3.2  航空术语类别[3]

| 类　别 | 汉语举例 | 英　语 |
| --- | --- | --- |
| 通用概念 | 飞行器 | flight vehicle |
| 航空器 | 侦察机 | reconnaissance airplane |
| 飞行原理 | 马赫数 | Mash number |
| 飞行器结构及其设计与强度理论 | 硬壳式结构 | semi-monocoque structure |
| 推进技术与航空动力装置 | 垂直-短距起落动力装置 | VTOL/STOL power plant |
| 飞行控制、导航、显示、控制和记录系统 | 惯性耦合控制系统 | inertial cross-coupling control system |
| 航空电子与机载计算机系统 | 航空电子学 | avionics |
| 航空机电系统 | 容错供电 | Fault tolerant electrical power supply |
| 航空武器系统 | 航空武器 | aerial warfare weapon |
| 航空安全、生命保障系统与航空医学 | 空间定向障碍(飞行错觉) | spatial disorientation |
| 航空材料 | 定向凝固高温合金 | directionally solidified superalloy, DS superalloy |
| 航空制造工程 | 设计分离面 | initial breakdown interface |
| 航空器维修工程 | 视情维修 | on-condition maintenance |
| 飞行、飞行试验与测试技术 | 零过载飞行 | zero-g flight |
| 航空器适航性 | 适航性 | airworthiness |
| 航空与空中交通管理 | 飞行情报区 | flight information region, FIR |
| 机场设备与飞行环境 | 主降机场 | regular aerodrome |

① 全国科学技术名词审定委员会.航天科学技术名词[M]. 北京:科学出版社,2005.
② 全国科学技术名词审定委员会.航空科学技术名词[M]. 北京:科学出版社,2004.
③ 类别指的是前文提到的《航天科技术语》和《航空科技术语》中对两个领域内术语的分类,第二列指的是
每种类别中的一个例子,第三列是第二列术语的英译。

航天术语指的是与航天活动相关的专业名词。全国科学技术名词审定委员会出版了《航天科学技术名词》(2005)①,该书依据航天科技专业,将相关术语划分为 18部分,共计 7 587 条,见表 3.3。

表 3.3　航天术语类别

| 类　别 | 汉语举例 | 英　语 |
| --- | --- | --- |
| 航天学(综合术语) | 人造卫星 | artificial satellite |
| 航天运载器 | 运载火箭 | carrier rocket |
| 航天器 | 对地观测卫星 | Earth observation satellite |
| 航天推进 | 泵压式供应系统 | Turbopump-feed system |
| 航天控制与导航 | 组合导航 | Integrated navigation |
| 空气动力学与飞行原理 | 空气动力学 | aerodynamics |
| 航天测控与通信 | 测控 | Tracking telemetry and command TT&C |
| 航天遥感 | 卫星遥感 | Satellite remote sensing |
| 航天能源 | 卷包式太阳电池 | wrap-around type solar cell |
| 航天发射试验与地面设备 | CAMAC 测试 | CAMACtest |
| 航天医学与载人航天 | 任务专家 | mission specialist, MS |
| 航天材料 | 绝热层 | adiabatic layer |
| 航天制造工艺 | 变形加工 | deformation process |
| 航天器结构强度与航天环境工程 | 剪切弹性模量 | shearing elastic modulus |
| 航天计量与测试 | 计量学 | metrology |
| 引信 | 半主动式引信 | semiactive fuze |
| 航天机器人 | 末端执行器 | end-effector |
| 可靠性 | 作业时间 | up time |

## 2. 依据术语形式,可将其划分为单词型术语和词组型术语

冯志伟②指出"术语可以是词、也可以是词组"。只包括一个单词的术语叫做"单词型术语"(single-word term),例如,航空、飞艇、静压、止裂、推力、容错、箔条、搭铁、炮塔、黑视、耐火、样板、翻修、倒飞、适航性、领航、空侧、卫星、助推器、服务舱、气蚀、导航、介质、靶板、辐照度、爬碱、合练、指令长、黏附、铸造、共振、量程、引信、位姿、故障等。

由若干个单词组成的术语叫做"词组型术语",又可以叫作"多词型术语"(multi-

---

①　全国科学技术名词审定委员会.航天科学技术名词[M]. 北京:科学出版社,2005.
②　冯志伟.现代术语学引论(增订版)[M].北京:商务印书馆,2011:29.

word term)①。例如,通用航空、无人驾驶飞行器、气动噪声、损伤容限设计、两相燃烧、全权限飞行控制、多路传输数据总线、应急电源、水平轰炸、空间定向障碍、飞机蒙布、协调精确度、类属性故障、编队飞行、适航规章、空中交通管制、滑行路线、航天发射综合设施、纵向耦合振动、对地观测卫星、双推理火箭发动机、惯性导航、动力黏度、弹道测量、雷达遥感、不对称交流电充电、运载火箭转运、航天体液调节、雷达波吸收结构、复合电镀、原型飞行试验、传导发射测量、连续波激光引信、空间自由飞行器机械手、发射场故障率等。

### 3. 依据术语语义,可将其划分为单义术语、多义术语和同义术语

冯志伟②认为"只代表一个概念的术语叫单义术语(monosemous term)。"另外,绝对单义术语(absolutely monosemous term)是一种特殊的单义术语,指的是"一个术语只代表一个概念,而这一概念也只能用这一术语表示"。"太空"是一个单义术语,只代表太空这一概念,但它不是绝对单义术语,因为在汉语中还可以用"空间""外层空间"来代表太空的概念。除此之外,此类术语还包括"航天学"(又称"宇宙航行学")、"航天动力学"(又称"星际航行动力学")、"返回舱"(又称"回收舱")、"遥控分系统"(又称"指令分系统")、"半弹道式再入"(又称"弹道-升力再入")、"共形阵天线"(又称"保形天线")等。单一性是术语的重要特征之一。可以认为,大多数航空、航天术语是绝对单义术语,例如,卫星测绘、第一宇宙速度、舱段、绝缘阳极[氧]化、渐变性故障、鉴定飞行等。

与单义术语相对的是多义术语(polysemous term)。顾名思义,"如果一个术语可以表示两个或者两个以上的概念,而这些概念之间又有某些语义上的联系,那么这个术语就叫做多义术语。"③在航空航天领域中,多义术语也是常见的一种类型。普通名词术语化是术语形成的途径之一,在航空航天术语研究中,普通名词是多义术语的重要来源,例如,"姿态"可指容貌神态、样子、风格、气度等,在航空航天领域,"姿态"作为一个专有名词,主要指的是飞行器的状态。例如,"飞行姿态"指飞行器的三轴在空中相对于某条参考线或某个参考平面,或某固定的坐标系间的状态;"卫星姿态"是指卫星星体在轨道运行中所处的空间指向状态。再如,"蒙皮"本是三维动画术语,在三维软件中创建的模型基础上,为模型添加骨骼。由于骨骼与模型是相互独立的,为了让骨骼驱动模型产生合理的运动,把模型绑定到骨骼上的技术叫做"蒙皮"。在航空术语中,"蒙皮"指的是蒙于机体或翼面骨架外面构成所需气动外形的板件。"跃升"指跳跃着上升,迅速提升。在航空术语中,"跃升"是飞机在铅垂面内,在大速度条件下利用动能转化为势能而迅速爬高的机动飞行。这些普通名词在航空航

① 冯志伟.现代术语学引论(增订版)[M].北京:商务印书馆,2011.
② 冯志伟.现代术语学引论(增订版)[M].北京:商务印书馆,2011:46.
③ 冯志伟.现代术语学引论(增订版)[M].北京:商务印书馆,2011:47.

天领域中都成为特定的专有名词,在一定程度上是多义术语。此类术语还包括:放气体、单飞、过载、分裂、姿态、蒙皮、衬层、猝发、捕获、畸变、耗损区、汇、热应激、对准、配平、中性点、群同步、弯度、上仰、包容性等。

同义术语(synonymous term)是"在同一语言中,如果有两个或两个以上的术语表示同一个概念,那么这些术语就叫做同义术语[1]。"例如,"混合[推进剂]火箭发动机"又称"固液火箭发动机",二者同指组合使用液体和固体推进剂的化学火箭发动机;"姿态控制火箭发动机"又称"姿态火箭发动机",指的是为导弹弹头、航天器等的姿态稳定与改变、速度和轨道修正等提供动力的小推力火箭发动机;"推进剂供应系统"又称"推进剂输送系统",指的是液体火箭发动机中将推进剂组元输送到发动机推力室等各相应部位的系统;"圆概率误差"又称"圆公算偏差",是弹道学中一种测量武器系统精确度的项目,是以目标圆心划一个圆圈,如果武器命中此圆圈的几率最少有一半,则此圆圈的半径就是圆概率误差;"惯性基准坐标系"又称"惯性参考坐标",是经典力学认为在绝对空间中静止不动或匀速直线运动的参考坐标系。在航空航天术语中,此类术语还包括:"补燃火箭发动机"又称"分级燃烧火箭发动机"、"纵轴"又称"滚动轴"、"横轴"又称"俯仰轴"、"增压泵"又称"预压泵",等。冯志伟[2]认为"还存在一种特殊的同义术语,它们指称相同的概念,但字面意义相反",例如,"光洁度"和"粗糙度",但在航空航天术语中,这种特殊的同义术语较少。

**4. 依据术语翻译情况,可将其划分为对等术语和非对等术语**

对等术语(equivalent term)指的是在译语中,源语有唯一的对应的术语。非对等术语(non-equivalent term)指的是源语中的术语,在译语中有两种或以上译法。由于科技术语所具备的特殊性质,多数航空航天术语属于对等术语,例如,"分布式遥测系统"译为 distributed telemetry system;"喷焰衰减"译为 plume attenuation;"振动抑制"译为 vibration suppression。除此之外,有一小部分术语是非对等术语,例如,"安全弹射包线"又称"救生性能包线",是应急离机救生系统能实现安全救生的航空器应急状态飞行参数的组合曲线所限定的最大范围,可译为 escape envelope 和 safe ejection;"爆炸减压"可译为 rapid decompression 和 explosive decompression;"触敏控制板"可译为 touch sensitive panel 和 touch screen;"垂尾"可译为 vertical tail 和 vertical fin;"刀状天线"又称"桅杆式天线"是截面为流线型,外形为军刀状的极化天线,可译为 blade antenna 和 flagpole antenna;"遥测参数"可译为 telemetry parameter、telemetered parameter 和 telemetered measurements,等。这些术语可以称为非对等术语。

---

① 冯志伟.现代术语学引论(增订版)[M].北京:商务印书馆,2011:52.
② 冯志伟.现代术语学引论(增订版)[M].北京:商务印书馆,2011.

### 5. 依据词性可将其划分为名词性术语和动词性术语

名词性术语指的是由名词或者名词词组所构成的术语。前者可称为单一名词，后者可称为合成名词[①]。合成名词主要有名词＋名词和形容词＋名词两类。

作为科技概念传递的重要方式，单一名词是航空航天术语的重要组成部分。冯志伟[②]曾对单一名词术语进行分类，包括单纯词名词术语、附加式名词术语、联合式名词术语、偏正式名词术语、动宾式名词术语、主谓式名词术语、音译式名词术语、音译意译式名词术语、补充式名词术语。

依据上述分类，可以发现，航空航天术语单一名词基本包括以上各类型的名词术语。

单纯词名词术语指的是本身就是一个自由语素的单词[③]。在航空航天术语中，存在单纯词名词术语，但数量相对较少。例如，"源"和"汇"是两个航空术语，前者表示流体自流场中某处向外流动的一种流动；后者表示流体向流场中某处流入的一种流动。航天领域中的单纯词名词术语包括"臂""钢""腕""涡""线""阈""帧"等。

附加式名词术语是指带有词缀（前缀/后缀）的名词术语，在汉语中，常见的前缀包括反、超、非、子、相、单、被、多、总、类、准、半、自、过、分、第、逆、不、无等；常见后缀包括性、度、率、化、体、子、质、物、法、式、学、系、量、论、炎、素、计、仪、器等[④]。例如，防撞灯、抗浸服、反潜控制、亚声速流、超临界翼型、非定常流、航空器、伪距、涡格法、油流法、总温。

联合式名词术语是指由两个语素平等地联合而成的名词术语[⑤]。例如，导航、颠簸、抖振、发射、飞行、滑行、轰炸、监测、监控、均衡、盘旋。

偏正式名词术语是指前一个语素修饰后一个语素的名词术语[⑤]。例如，靶场、伴飞、壁板、侧风、过载、迫降、气蚀。

动宾式名词术语是指前一个是动词性语素，后一个名词性语素，名词性语素的功能类似于动词性语素的宾语[⑥]。例如，放气、改航、拉杆、耐火、容错、失效、引气、止裂、转场。

主谓式名词术语是指前一个是名词性语素，后一个动词性语素，名词性语素的功能类似于动词性语素的主语[⑦]。例如，波阻、风向、鸟撞、声障、热障、热阻、试飞、云高。

---

① 李延林.名词性科技术语的构成与翻译[J]. 中国科技翻译，2009 (4)：13-15.
② 冯志伟.现代术语学引论(增订版)[M].北京：商务印书馆,2011.
③ 冯志伟.现代术语学引论(增订版)[M].北京：商务印书馆,2011：352.
④ 冯志伟.现代术语学引论(增订版)[M].北京：商务印书馆,2011：353.
⑤ 冯志伟.现代术语学引论(增订版)[M].北京：商务印书馆,2011.：354.
⑥ 冯志伟.现代术语学引论(增订版)[M].北京：商务印书馆,2011：355.
⑦ 冯志伟.现代术语学引论(增订版)[M].北京：商务印书馆,2011.

音译意译式名词术语是指一个因素按音译,另一个因素按意译①。例如,萨奈克效应、纳维-斯托克斯方程、阿克雷特法则、范艾伦辐射带、范德瓦耳斯方程。

与单一名词相反,合成名词指的是由多个词语组成的名词。在航空航天术语中,合成名词占据重要地位,主要包括名词＋名词和形容词＋名词两类。

**(1) 名词＋名词**

名词＋名词指的是由两个名词组成的术语。例如,安全管道、靶场测量、传输通道、单点接地、单脉冲技术、弹道测量、导航精度、地球扁率、大气透射比、发动机反推力、发射演练、辐射系数、火箭衰减、胶体推力器。

**(2) 形容词＋名词**

形容词＋名词指的是由一个形容词加一个名词组成的术语。例如,部分仿真、初轨确定、串联扫描、磁性合金、催化氧化器、高层大气、刚性底板、关节形机器人、广义位移、基本周期、假引信、碱性电池、塔式天平、固定式起落架等。

动词性术语指的是具有动词词性的术语。在航空航天术语中,与名词术语相比,动词术语数量相对较少。例如,"组合体运行"译作 operating in assembly and astronauts②。

## 二、航空航天术语的特点

术语的特点也是术语研究的重要内容。可以看出,航空航天术语具有普通词汇专业化比例高、专业词汇数量多、名词词组型术语数量多等特点。

### 1. 普通词汇专业化比例高

普通词汇专业化是术语的来源之一,也是术语的特征之一。在航空航天术语中,很多普通词汇转化为特定术语。例如,"顶风"一般指逆风、迎着风,比喻不顾恶劣的境遇,在航空术语中,"顶风"指迎着机头而来的大气气流。"星历"表示星辰或天文历法③,而作为一个航空专业术语,它是由卫星向用户接收机发送的数据之一,用以描述该卫星时空位置的参量。同样地,"历书"是按照一定历法排列年、月、日、节气、纪念日等供查考的书③;在航空领域中,它指的是由卫星向用户发送的数据,包括全部卫星的粗略星历和卫星时钟校正量、卫星识别号和卫星健康状态等数据。"投放"本意为投送,在航空领域,它指的是使悬挂于载机上的悬挂物不发挥作用而抛掉的过程。"喉道"本指人体解剖部位名称,在航空术语中,指的是超声速风洞扩压段常采用收缩-扩散的形式,它的最小截面处称作第二喉道。"环量"本意为"流通""循环",在

① 冯志伟.现代术语学引论(增订版)[M].北京:商务印书馆,2011.
② 中华人民共和国国务院新闻办公室. 2016 中国的航天白皮书(中英文)[R/OL]. (2016-12-27)[2022-05-11]. http://www.scio.gov.cn.
③ 中国社会科学院语言研究所词典编辑室.现代汉语词典[Z]. 7 版.北京:商务印书馆,2016.

航空领域,它指流体速度与弧微分矢量的内积,沿一有向简单封闭曲线的线积分。可以看出,许多航空航天术语都是由普通名词转化而来的。此类的术语还包括:放气体、单飞、过载、分裂、姿态、蒙皮、衬层、猝发、捕获、畸变、耗损区、汇、热应激、对准、配平、中性点、群同步、弯度、上仰、包容性等。

### 2. 专业词汇数量多

专业性是术语的通用特征之一。在航空航天术语中,专业词汇数量庞大,涉及领域众多,包括物理学、化学、材料学、力学、医学等。具体而言,主要体现为专业方法名称、化学材料名称、器械名称等。这些专业词汇对于普通读者来说较为陌生,需要掌握相关专业知识。例如,航空术语"下洗"是指气流流经有限翼展机翼时产生向下偏转,其流速的向下分量;"大距"又称"高距",指的是为适于高速飞行而调大的桨叶安装角;"小距"又称"低距",指的是为适于起飞及低速飞行而调小的桨叶安装角;"顺桨"是当发动机空中停车后,为了减少迎面阻力,将桨叶顺飞行方向安置,即调至与桨平面约成 90°角位置;"反桨"是将桨叶调至负的安装角,用以产生负拉力。此类术语还包括:半埋外挂、操纵期望参数、超临界翼型、等概率误差椭圆、多向模锻、分组交换网、过失速机动、集束炸弹、静稳定裕度、扭矩表等。

### 3. 名词词组型术语数量多

在航空航天术语中,名词词组型术语数量庞大。大多数都是合成名词,包括名词+名词词组、形容词+名词词组等。例如,能量方程、内部空气系统、频率分集雷达、凝视导引头、水平直线加速法、内压式进气道、破坏性故障、气压性损伤、气动加热等。

## 练　习

### 一、基本练习

(1) 航空、航天术语的分类标准有几种?请具体展开论述。
(2) 航空、航天术语的特点是什么?

### 二、拓展练习

翻译下列航空、航天术语。
侧滑角、主发动机、残余气体分析仪、彩色体、喘振、GPS 定轨、非触发引信
高超声速流、飞行弹射试验、卡尔曼滤波器

# 3.3 航空航天术语英译方法

目前,航空航天术语翻译方法多集中于英汉翻译[①]。随着我国航空航天综合实力的提升,相关术语的汉英翻译方法也应得到关注与讨论,但相关研究较少。航空航天术语英译方法主要有九种:直译、意译、音意兼译、拆译、还原、形译、释译、缩写与特殊译法。

## 一、直 译

在汉英翻译中,直译法是指根据汉语实际含义译成对应的英语术语。在科技术语翻译中,直译法是最常见的方法之一,使用直译法能够直观、准确地表达术语内涵。直译法也常见于航空航天术语翻译中。

### 1. 航空术语直译

在此选取了部分直译的航空术语,见表 3.4。

表 3.4 部分航空术语直译

| 汉 语 | 英 语 | 汉 语 | 英 语 |
|---|---|---|---|
| 安全寿命设计 | safe life design | 黏性流体 | viscous fluid |
| 颤振抑制控制 | flutter suppression control | 偶然故障 | random fault |
| 超声气体雾化粉末 | ultrasonic gas atomized powder | 喷气燃料 | jet fuel |
| 导弹发射架 | missile launcher | 起飞距离 | take-off distance |
| 二次监视雷达 | secondary surveillance radar | 燃烧不稳定性 | combustion instability |
| 飞行边界控制系统 | flight boundary control system | 使用前大纲 | prior-to-service program |
| 高度空穴效应 | altitude-hole effect | 天文导航系统 | celestial navigation system |
| 航空器停机位标志 | aircraft stand marking | 微波着陆系统覆盖 | microwave landing system coverage |
| 机载火控雷达 | airborne fire-control radar | 斜翼飞机 | oblique wing airplane |
| 空射弹道导弹 | air-launched ballistic missile | 氧气面罩 | oxygen mask |
| 雷达监控 | radar monitoring | 直升机地面共振 | helicopter ground resonance |
| 目标跟踪器 | target tracker | | |

### 2. 航天术语直译

在此选取了部分直译的航天述语,见表 3.5。

---

① 文军,李培甲. 航空航天英语术语翻译研究[J]. 广州外语外贸大学学报,2011(3):28-31.

**表 3.5 部分航天述语直译**

| 汉 语 | 英 语 | 汉 语 | 英 语 |
|---|---|---|---|
| 安全性可靠性大纲 | safety and reliability program | 内孔燃烧 | internal bore burning |
| 边界层位移厚度 | boundary layer displacement thickness | 耦合振动 | coupling vibration |
| 常温连接器 | normal temperature connector | 疲劳极限 | fatigue limit |
| 大气选择性散射 | atmospheric selectivity scattering | 勤务电话 | service telephone |
| 额定负载 | rated load | 热膨胀模成形 | thermal expansion molding |
| 发射条件 | launching condition | 散焦星图像 | defocused star image |
| 高层大气 | upper atmosphere | 太阳敏感器 | sun sensor |
| 航天飞机成像雷达 | space shuttle imaging radar | 微波遥感器 | microwave remote sensing |
| 机弹干扰 | aircraft-missile interference | 线性弹性断裂力学 | liner elastic fracture mechanics |
| 开式循环 | open cycle | 遥操作系统 | remote operating system |
| 连续数据系统 | continuous data system | 真空光学试验台 | vacuum optical test bench |
| 密封舱 | sealed module | | |

## 二、意 译

意译法是基于原文,运用延续与扩展的方法进行翻译。在术语英译中,某些科技术语字面意思与所指有差距,可以采用意译的方式。使用意译法的必要前提是准确地理解术语本意,否则就会出现词不达意的情况。在航空航天术语翻译中,意译是一种重要的翻译方式。在此选择了部分航空航天意译术语,见表 3.6。

**表 3.6 部分航空航天术语意译**

| 汉 语 | 英 语 | 汉 语 | 英 语 |
|---|---|---|---|
| 安全弹射包线 | escape envelope | 航站区 | terminal area |
| 安装角 | angle of incidence | 掺混区 | dilution zone |
| 前后轮距 | wheel base | 主台 | master station |
| 主轮距 | wheel track | 副台 | slave station |
| 停机角度 | ground angle | 洞壁干扰 | wall interference |
| 驾驶杆 | control stick | 专机飞行 | state flight |
| 风挡 | windscreen | 作业时间 | up time |
| 翼刀 | wing fence | 机场净空 | obstacle free airspace |
| 机场候机室 | airport terminal | | |

　　表 3.6 中"安全弹射包线"是应急离机救生系统能实现安全救生的航空器，应急状态飞行参数的组合曲线所限定的最大范围，译为 escape envelope，而 envelope 的惯常用法是"信封"的意思，在这里，使用的是意译的翻译方法。"安装角"指机翼根弦弦线与飞机纵轴水平面之间的夹角，译为 angle of incidence，incidence 本是发生率和入射的意思。"前后轮距"是起落架主轮与前轮或后轮触地点之间的距离，译为 wheel base，一般来讲，base 是"底部"的意思，并且译文中也并未体现"前"与"后"。同样地，"主轮距"是起落架两主轮触地点之间的距离，译为 wheel track。"停机角度"译为 ground angle，指的是飞机在正常停机状态时机身纵轴与地面水平线之间的夹角，译文中未出现"停机"的直接对应翻译，而是用 ground 代替。"驾驶杆"是驾驶舱内由驾驶员操纵飞机升降舵和副翼的杆状手操纵装置，译为 control stick，可以看出，译文直接意译为"控制"。"风挡"译作 windscreen，指驾驶舱机构中驾驶员前方用于观察外界并防止高速气流或鸟撞等直接伤害人体的透明的整流保护装置。"翼刀"是后掠机翼在上翼面顺气流方向设置的阻挡横向气流流动的、具有一定高度的挡板，译为 wing fence。fence 是围栏，而非刀具。"机场候机室"是民用航空中常见的术语之一，译为 airport terminal，terminal 本是终点的意思。同理，"航站区"译作 terminal area。

　　此类意译术语还包括："掺混区"（由掺混孔至火焰筒出口所形成的区域。用于掺混降温，提供涡轮进口所需的温度分布）译为 dilution zone；"主台"（台链中作为基准的台）译为 master station；"副台"（台链中信号受主台控制，与之保持严格同步关系的电台）译为 slave station；"洞壁干扰"（由于风洞洞壁的存在而引起对模型空气动力的影响）译为 wall interference；"专机飞行"（为了接送国家领导人、外国元首而专门派遣飞机所进行的飞行）译为 state flight；"作业时间"译为 up time；"机场净空"（机场内和机场周围一定范围内规定不得有对于航空器运行构成障碍的物体的空间）译为 obstacle free airspace，等。

## 三、音意兼译

　　音意兼译是在音译之后加上一个表示类别的词，或者一部分音译，一部分意译。由于涉及许多专业性知识，因此在航空航天术语中，音意兼译是一种有效的翻译方法。运用音意兼译的术语多为公式、定理、法则以及方法等。

### 1. 航空术语音意兼译

　　依据《航空科学技术名词》一书，航空音意兼译术语共有 46 条，见表 3.7。

表 3.7　航空音意兼译的部分术语

| 汉　语 | 英　语 | 汉　语 | 英　语 |
|---|---|---|---|
| 奥米伽系统 | Omega system | 多普勒无线电引信 | Doppler radio fuze |
| 毕奥-萨伐尔公式 | Biot-Savart formula | 福勒襟翼 | Fowler flap |

| 汉 语 | 英 语 | 汉 语 | 英 语 |
|---|---|---|---|
| 波尔豪森法 | Pohlhausen method | 弗劳德数 | Froude number |
| 伯努利方程 | Bernouilli's equation | 卡尔曼滤波 | Kalman filtering |
| 布拉休斯定理 | Blasius theorem | 卡门-钱公式 | Karman-Tsien formula |
| 布拉休斯平板解 | Blasius solution for flat plate flow | 卡塞格林天线 | Cassegrain antenna |
| 达朗贝尔佯谬 | D'Alebert paradox | 开尔文定理 | Thomson theorem |
| 多普勒波束锐化 | Doppler beam sharpening | 科里奥利惯性传感器 | Coriolis inertial sensor |
| 多普勒导航系统 | Doppler navigation system | 科里奥利加速度生理效应 | physiological effects of Coriolis acceleration |
| 多普勒伏尔 | Doppler VOR | 克鲁格襟翼 | Krueger flap |
| 库塔-茹科夫斯基定理 | Kutta-Joukowski theorem | 曼格勒变换 | Mangler transformation |
| 库塔-茹科夫斯基条件 | Kutta-Joukowski condition | 欧拉法 | Euler viewpoint |
| 拉格朗日法 | Lagrange viewpoint | 欧拉方程 | Euler equation |
| 马赫波 | Mach wave | 欧拉观点 | Euler viewpoint |
| 马赫角 | Mach angle | 普朗特-格劳特法则 | Prandtl-Glauert rule |
| 马赫数 | Mach number | 普朗特-迈耶流 | Prandtl-Meyer flow |
| 马赫数保持 | Mach hold | 普朗特数 | Prandtl number |
| 马赫波数表 | Mach meter | 萨奈克效应 | Sagnac effect |
| 马赫波数配平 | Mach trim | 施特鲁哈尔数 | Strouhal number |
| 马赫锥 | Mach cone | 汤姆孙定理 | Thomson theorem |

## 2. 航天术语音意兼译

依据《航天科学技术名词》一书，航天音意兼译术语共计 76 条，见表 3.8。

表 3.8 航天音意兼译的部分术语

| 汉 语 | 英 语 | 汉 语 | 英 语 |
|---|---|---|---|
| 阿克雷特法则 | Ackeret rule | 范德瓦尔斯方程 | van der Waals equation |
| 阿伦方差 | Allan variance | 夫琅禾费谱线 | Fraunhofer line |
| 邦德数 | Bond number | 弗劳德数 | Froude number |
| 伯努利方程 | Bernouilli's equation | 格特尔特法则 | Gothert rule |
| 泊松比 | Poisson's ratio | 霍曼转移 | Hohmann transfer |
| 布拉格谐振 | Bragg resonance | 卡尔曼滤波器 | Kalman filter |
| 布拉格硬度试验 | Bragg hardness test | 卡门-钱公式 | Kalman-Tsien formula |
| 迪克辐射计 | Dicke radiometer | 卡门涡街 | Kalman vortex street |
| 迪克接收机 | Dicke receiver | 卡塞格林望远镜 | Cassegrain telescope |
| 多普勒波束锐化 | Doppler beam sharpening | 开普勒轨道 | Keplar orbit |
| 多普勒测速 | Doppler range rate measurement | 科里奥利刺激效应 | Coriolis stimulation effect |

续表 3.8

| 汉　语 | 英　语 | 汉　语 | 英　语 |
|---|---|---|---|
| 多普勒跟踪 | Doppler tracking | 科里奥利加速度修正 | Coriolis acceleration correction |
| 多普勒频移 | Doppler frequency shift | 科氏[加速度]修正 | Coriolis acceleration correction |
| 多普勒无线电引信 | Doppler radio fuze | 克拉佩龙方程 | Clapeyron equation |
| 多普勒相移 | Doppler phase shift | 克努森数 | Knudsen number |
| 多普勒效应 | Doppler effect | 库塔-茹科夫斯基条件 | Kutta-Joukowsty condition |
| 范艾伦辐射带 | Van Allen belts | 雷诺比拟关系式 | Reynolds analogy relation |
| 雷诺方程 | Reynolds equation | 纳维-斯托克斯方程 | Navier-Stokes equation |
| 雷诺数 | Reynolds number | 奈奎斯特频率 | Nyquist frequency |
| 雷诺数修正 | Reynolds number correction | 牛顿理论 | Newtonian theory |
| 雷诺应力 | Reynolds stress | 努塞特数 | Nusselt number |
| 马格努斯力 | Magnus force | 欧拉方程 | Euler equation |
| 马格努斯力矩 | Magnus moment | 欧拉数 | Euler number |
| 马格努斯天平 | Magnus balance | 欧姆接触 | ohmic contact |
| 马赫波 | Mach wave | 培根型燃料电池 | Bacon type fuel cell |
| 马赫角 | Mach angle | 普朗克辐射体 | Planck's radiant body |
| 马赫数 | Mach number | 普朗特-格劳特法则 | Prantdl-Glauert rule |
| 马赫数均方根误差 | root-mean-square error of Mach number | 普朗特-迈耶尔流 | Prantdl-Meyer flow |
| 马赫数控制 | Mach number control | 普朗特数 | Prantdl number |
| 马赫数无关原理 | Mach number independence principle | 舒调谐勒 | Schuler tuning |
| 马赫数最大偏差 | maximum deflection of Mach number | 舒调原理 | Schuler principle |
| 马赫-曾德尔干涉仪 | Mach-Zehnder interferometer | 斯坦顿数 | Stanton number |
| 马赫锥 | Mach vortex | 斯特林制冷器 | 3-279 Stirling refrigerator |
| 马赫涡 | Mach cone | 使神号机械臂 | Hermes robot arm, HERA |
| 马歇尔工程热层模式 | Marshall engineering thermosphere model | 韦伯数 | Weber number |
| 麦科马克格式 | MacCormack scheme | 文丘里管 | Venturi tube |
| 蒙特卡罗方法 | Monte Carlo method | 沃尔什遥测 | Walsh telemetry |
| 穆曼-科尔格式 | Murman-Cole scheme | 杨氏模量 | Young's modulus |

## 四、拆　译

拆译是指按照词法的规律,将术语分解为前缀、词根、后缀,分别确定其含义后再拼合译出①。一些词缀有固定译法,在翻译中,使用拆译法译出的术语相对准确。作

---

① 文军,李培甲. 航空航天英语术语翻译研究[J]. 广州外语外贸大学学报,2011(3):28-31.

为一种表意语言,汉语中同样存在许多词缀,包括前缀和后缀。冯志伟[①]总结了中文
术语中的词缀,常见前缀包括反、超、非、子、相、单、被、多、总、类、准、半、自、过、分、
第、逆、不、无等;常见后缀包括性、度、率、化、体、子、质、物、法、式、学、系、量、论、炎、
素、计、仪、器等。在航空航天术语汉英翻译过程中,拆译法也是一种有效的方法,常
见的词缀与对应翻译如下。

**1. 航空航天术语前缀与翻译**

依据《航天科学技术名词》与《航空科学技术名词》,主要包括以下 19 个前缀。

① 反/逆/:表示相反、反向或对立,一般译为 anti 或者 retro。例如:

| | |
|---|---|
| 反滚转力矩 | anti-rolling moment |
| 防晃板 | anti-sloshing baffles |
| 反推喷管 | retro-nozzle |
| 反推火箭 | retro-rocket |

② 超:表示超过、超出,一般译为 super。例如:

| | |
|---|---|
| 超自旋 | superspin |
| 超倍采样 | supercommutation |

③ 非/不/无/异:表示不属于某类事物或某种范围或者表示否定。在英文中,有
多种表示否定的前缀,包括 in/ir/non/no/less/un/a。例如:

| | |
|---|---|
| 非协调元 | incompatible element |
| 非电量参数 | non-electrical parameter |
| 无喷管固体火箭发动机 | nozzleless solid rocket motor |
| 异步 | asychronous |
| 无烟推进剂 | smokeless propellant |
| [陀螺]飘移不定性 | uncertainty of gyro drift |
| 非对称转捩 | asymmetric transition |
| 非共面转移 | non-coplanar transfer |

④ 子/次/亚/副/分:表示事物的一部分或次一级,一般译为 sub。例如:

| | |
|---|---|
| 子阵 | subarray |
| 副帧 | subframe |
| 亚声速流 | subsonic flow |
| 分系统测试 | subsystem test |
| 次同步旋转 | subsynchronous whirl |

⑤ 准:表示在一定条件下,可以当作某种事物、过程、状态或理论来看待,一般译
为 quasi 或者 near。例如:

| | |
|---|---|
| 准平稳风 | quasi-steady-state wind |

---

① 冯志伟. 现代术语学引论(增订版)[M]. 北京:商务印书馆,2011:360-365.

| 准实时落点计算 | near-real-time impact calculation |
| 准平稳 | quasi-stationary |

⑥ 多：表示数量大，一般译为 multi。例如：

| 多体问题 | multi-body problem |
| 多体控制 | multi-body control |
| 多站制 | multi-station system |
| 多用途飞船 | multifunction spaceflight |

⑦ 半：表示不完全，或者表示介于肯定和否定之间，一般译为 semi 或者 hemi。例如：

| 半硬壳式结构 | semi-monocoque |
| 半球形壳体 | hemispherical shell |
| 半通径 | semi-latus rectum |
| 半长轴 | semi-major axis |
| 半导体天平 | semiconductor balance |

⑧ 过/越：表示越过、超过某个范围或限度，一般译为 over。例如：

| 过载 | overload |
| 过载系数 | overload factor |
| 越级 | overstep |
| 过热组织 | overheated structure |
| 过试验 | overtesting |

⑨ 单：表示简单统一，一般译为 mono。例如：

| 硬壳式结构 | monocoque |
| 单脉冲跟踪 | monopulse tracking |
| 单组元 [推进剂] 火箭发动机 | monopropellant rocket engine |

⑩ 分：表示分支、部分，一般译为 partial，deci，demi。例如，分系统 subsystem。

⑪ 自：表示自身，一般译为 auto/self。例如：

| 自毁 | self-destruction |
| 自毁指令 | self-destruction command |
| 自毁时间 | self-destruction time |
| 自生增压系统 | autogenous pressurization system |
| 温度自补偿 | temperature self-compensation |
| 自动加载 | autoloading |
| 自放电 | self-discharge |

⑫ 总：表示全部，一般译为 total。例如：

| 总压强 | total pressure |
| 总压控制 | total pressure control |

⑬ 再：表示再一次，一般译为 re。例如：

| 再入载荷 | reentry load |
| 再入轨道 | reentry trajectory |

⑭ 离:表示分离、偏离或者某一事物变形,一般译为 de。例如:

| 离轨 | deorbit |
| 离轨段 | deorbit phase |
| 船体变形 | shipbody deformation |
| 胶片变形 | deformation of film |

⑮ 超小:表示很小,一般译为 mini。例如,超小卫星 mini-satellite。

⑯ 微:表示小,一般译为 micro。例如:

| 微卫星 | micro-satelllite |
| 微波 | microwave |

⑰ 后:表示后面,一般译为 retro。例如,后向反射器 retroreflector。

⑱ 伪:表示假的,一般译为 pseudo。例如:

| 伪噪声码 | pseudo-noise code |
| 伪随机码引信 | pseudorandom code fuze |

⑲ 跨:表示跨过,一般译为 trans。例如,跨声速风洞 transonic wind tunnel。

## 2. 航空航天术语后缀与翻译

航空航天术语中也有很多常见后缀,根据《航天科技术语》与《航空科技术语》,主要包括以下 13 个后缀。

① 性:表示事物的某种性质,它构成的术语为具有抽象意义的名词。翻译含有此后缀的单词时,一般在词根的基础上添加 ity 或者 ness。例如:

| 航天产品的可靠性 | reliability of space product |
| 发动机可靠性 | engine reliability |
| 飞机稳定性 | flight stability |
| 摆性 | pendulosity |
| 流体黏性 | viscosity of fluid |
| 可及性 | reachability |
| 韧性 | toughness |
| 塑性 | plasticity |

② 度:表示事物的性质所达到的程度,它构成的术语为名词。翻译含有此后缀的单词时,一般在词根的基础上添加 ity 或者 ness。例如:

| 烧灼厚度 | recession thickness |
| 再入飞行器稳定裕度 | stabilization margin of reentry vehicle |
| 边界层厚度 | boundary layer thickness |
| 动力黏度 | dynamic viscosity |

③ 率:表示两个相关的数在一定条件下的比值,它构成的术语为名词。翻译含

有此后缀的单词时,一般在词根的基础上添加 ity 或者 ness。例如:

| | |
|---|---|
| 地球扁率 | earth oblateness |
| 误爆概率 | wrong burst probability |
| 偏心率 | eccentricity |
| 发射率 | emissivity |
| 吸收率 | absorptivity |
| 反射率 | reflectivity |
| 透射率 | transmissivity |

④ 化:表示性质或状态的变化,它构成的术语多为动词,也可构成名词。翻译含有此后缀的单词时,一般在词根的基础上添加 ization。例如:

| | |
|---|---|
| 流动图像数字化 | digitalization of flow picture |
| 量化(又称数字化) | quantization，digitization |
| 极化 | polarization |
| 水平极化 | horizontal polarization |
| 垂直极化 | vertical polarization |
| 正交极化 | cross polarization |
| 钝化 | passivation |
| 金属化 | metallization |
| 石墨化 | graphitization |

⑤ 体:表示物质存在的状态,它构成的术语为名词。一般译为 body,或者在词尾加 er。例如:

| | |
|---|---|
| 自旋体 | spinner |
| 消旋体 | despinner |
| 普朗克辐射体 | Planck's radiant body |
| 黑体 | black body |
| 彩色体 | color body |
| 消色体 | achromatic body |
| 点散射体 | point scatter |
| 辐射体 | radiation body |

⑥ 剂:表示有某种化学作用的物质。此后缀可译为 agent,或者翻译含有此后缀的单词时,一般在词根的基础上添加 er、ant 或者 ent 等。例如:

| | |
|---|---|
| 海水染色剂 | sea coloring agent |
| 氧化剂 | oxidizer |
| 缓蚀剂 | inhibiter |
| 润滑剂 | lubricant |
| 吸收剂 | absorbent |
| 分散剂 | dispersing agent |

稳定剂　　　　　　　　　　　stabilizer

⑦ 法：表示某种方法，它构成的术语为名词或名词词组，一般译为 method。在航空航天术语中，含有此后缀的术语数量较多，例如：

倾角法　　　　　　　　　　　rhumb line method

锥形流法　　　　　　　　　　conical flow method

⑧ 学：表示有系统的知识学科，它构成的术语为名词或名词词组。翻译含有此后缀的单词时，一般在词根的基础上添加 tics，或者在词尾加 ology。在航空航天领域内，此类术语多表示航空、航天各分支学科的名称。例如：

航天学　　　　　　　　　　　astronautics

航天动力学　　　　　　　　　astrodynamics

航天工效学　　　　　　　　　space ergonomics

弹道学　　　　　　　　　　　ballistics

比较行星学　　　　　　　　　comparative planetology

地外生物学　　　　　　　　　exobiology

空间神经生物学　　　　　　　space neurobiology

⑨ 系：表示彼此有联系的个体组成的系统，它构成的术语为名词或名词词组，一般译为 system。例如：

发射坐标系　　　　　　　　　launching coordinate system

测控坐标系　　　　　　　　　coordinate system used in TT&C

甲板坐标系　　　　　　　　　deck coordinate system

关节坐标系　　　　　　　　　joint coordinate system

⑩ 计：表示测量的装置。翻译含有此后缀的单词时，一般在词根的基础上添加 er。例如：

高度计　　　　　　　　　　　altimeter

磁强计　　　　　　　　　　　magnetometer

激光多普勒风速计　　　　　　laser-Doppler anemometer

推导式质量计　　　　　　　　extract type mass fluxmeter

散射计　　　　　　　　　　　scatterometer

光度计　　　　　　　　　　　photometer

⑪ 仪：表示观测、演示或检验的器具。翻译含有此后缀的单词时，一般在词根的基础上添加 er。例如：

纹影干涉仪　　　　　　　　　schlieren-interferometer

激光散斑干涉仪　　　　　　　laser speckle interferometer

光栅干涉仪　　　　　　　　　diffraction grating interferometer

热敏记录仪　　　　　　　　　heat-sensitive recorder

| 光谱仪 | optical spectrometer |
|---|---|

⑫ 器:表示某种仪器或器官。翻译含有此后缀的单词时,一般在词根的基础上添加 er/or。例如:

| 点火器 | igniter |
|---|---|
| 辐射制冷器 | radiative refrigerator |
| 喷注器 | injector |
| 电热器 | electric heater |
| 蒸发器 | evaporator |
| 除油器 | oil remover |
| 油水分离器 | oil water separator |
| 消声器 | silencer |
| 旋转头磁记录器 | helical scan recorder |
| 定时器 | timer |

⑬ 机:表示某种机器,翻译含有此后缀的单词时,一般在词根的基础上添加 or/er。例如:

| 压缩机 | compressor |
|---|---|
| 静电打印机 | electrostatic printer |
| 服装风机 | suit ventilator |

由此可见,拆译法是航空航天术语翻译的重要方法之一。值得注意的是,并不是所有带有词缀的术语翻译都适用于这种方法,一些特殊的术语通常有特定的译法。例如,"减震器"一般译为 shock absorber,"减摆器"译为 shimmy damper。这些术语虽然带有"减"这一前缀,但并没有使用拆译法。又如,"机载防撞设备"译为 airborne collision avoidance equipment,其中"avoidance"是避免的意思;"螺旋体"译为 gyrostat,术语中虽然带有"体"这一后缀,但并未译作 er/or。因此,对于此类术语,译者在翻译过程中应该给予适当关注。

## 五、还 原

有些航空航天汉语术语中包含缩略词,翻译时需要将这些缩略词还原。据统计,在航空术语中,"AIM 伞"译作 automatic inflation modulation parachute,AIM parachute;而在航天术语中,收集了 9 条汉语术语使用还原法进行英译,详见表 3.9。

表 3.9  航天还原术语

| 汉 语 | 英 语 |
|---|---|
| IRIC 标准 | Inter-Range Instrumentation Group standards |
| N-S 方程(全称"纳维-斯托克斯方程") | Navier-Stokes equation |
| PNS 方程(全称"抛物化 N-S 方程") | parabolized Navier-Stokes equation |

续表3.9

| 汉　语 | 英　语 |
|---|---|
| PC 遥测站 | personal computer telemetry station |
| TVD 格式 | total variation decreasing scheme |
| NND 格式 | non-oscillatory and non-free-parameter dissipation difference scheme |
| CCSDS 建议 | Recommendations of Consultative Committee for Space Data System |
| BCD 时间码 | binary coded decimal time code |
| CCD 相机 | charge-coupled device camera |

## 六、形　译

与还原法相反,在航空航天领域,有的汉语术语中包括部分缩写,英译时,这些缩写未被译出,而是保留下来,这种译法叫做形译。据统计,航空航天两个领域内的术语翻译均有使用形译法的情形。适用于形译的术语主要包括以下几类:约定俗成的缩写术语,如 GPS(全球定位系统)等;包括单字母的术语,如 Z 计数、V 缝式太阳敏感器;包括罗马字母的术语,如Ⅴ Ⅹ Ⅰ 总线测试、Ⅱ-Ⅵ族太阳电池、Ⅲ-Ⅴ族太阳电池等。

### 1. 航空术语形译

在此,选取了部分形译的航空术语,见表3.10

表 3.10　部分航空术语形译

| 汉　语 | 英　语 | 汉　语 | 英　语 |
|---|---|---|---|
| Π-定理 | Π-theorem | S 模式应答器 | mode S transponder |
| Z 计数 | Z-count | *S-N* 曲线 | *S-N* curves |
| 抗 G 紧张动作 | anti-G strain maneuver | *P-S-N* 曲线 | *P-S-N* curves |
| Ⅰ类进近着陆运行 | category Ⅰ precision approach and landing operation | T 形尾翼 | T-tail |
| Ⅱ类进近着陆运行 | category Ⅱ precision approach and landing operation | V 形尾翼 | V-tail |
| ⅢA 类进近着陆运行 | category ⅢA precision approach and landing operation | T 字灯 | Tee light |
| ⅢB 类进近着陆运行 | category ⅢB precision approach and landing operation | C 准则 | C criterion |
| ⅢC 类进近着陆运行 | category ⅢC precision approach and landing operation | D 准则 | D criterion |

## 2. 航天术语形译

在此,选取了部分形译的航天术语,见表 3.11

**表 3.11  部分航天术语形译**

| 汉语 | 英语 | 汉语 | 英语 |
|---|---|---|---|
| λ 波 | shock wave | 绝对 GPS | absolute GPS |
| S 波段统一系统 | unified S-band system | TEMPEST 性能测量 | TEMPEST performance measurement |
| CAMAC 测试 | CAMAC test | VXI 总线测试 | VXI bus test |
| 差分 GPS | differential GPS | Ⅱ-Ⅵ族太阳电池 | Ⅱ-Ⅵ group solar cell |
| DGPS,自差分 | GPS self-differential GPS | Ⅲ-Ⅴ族太阳电池 | Ⅲ-Ⅴ group solar cell |
| SDGPS,GPS 差分相位测量 | GPS different phase measurement | 机构 | α angle mechanism |
| GPS 导航 | GPS navigation | β 机构 | β angle mechanism |
| GPS 定位 | GPS position | CCSDS 建议 | Recommendations of Consultative Committee for Space Data System, CCSDS |
| GPS 定姿 | GPS attitude determination | A 类标准不确定度 | type A standard uncertainty |
| GPS 惯性-组合导航 | GPS- inertial integrated navigation | B 类标准不确定度 | type B standard uncertainty |
| GPS 惯性-组合制导 | GPS- inertial integrated guidance | [不确定度的] A 类评定 | type A evaluation [uncertainty] |
| GPS 姿态和轨道确定系统 | GPS attitude and orbit determination system | [不确定度的] B 类评定 | type B evaluation [uncertainty] |
| GPS 姿态确定 | GPS attitude determination | 热 X 射线 | thermal X-ray |
| I-G 仿真试验 | I-G simulation test | X 射线辐射 | X-ray radiation |
| V 缝式太阳敏感器 | V slit type sun sensor | X 射线光刻 | X-ray lithography |
| IRIG-B 格式时间码 | IRIG-B format time code | X 射线探伤厂房 | X-ray detection building |
| IRIG-B 码接口终端设备 | IRIG-B-code interface terminal equipment | 统一 S 波段 | unified S-band, USB |
| CCD 图像显示仪 | CCD image display instrument | 统一 S 波段测控系统 | USB tracking telemetering and control system |
| CCD 图像切换仪 | CCD image sequential instrument | INS/GPS 组合式导航系统 | integrated INS/GPS navigation system |
| 相对 GPS | relative GPS | | |

值得注意的是,并不是所有带有罗马字母的术语翻译时都用形译法。例如"Ⅰ液位"译为 1$_{st}$ liquid level,"Ⅱ液位"译为 2$_{nd}$ liquid level,"Ⅲ液位"译为 3$_{rd}$ liquid level。除此之外,还有一部分术语既可以用还原法,也可以用形译法。如"AIM 伞"译作 automatic inflation modulation parachute,AIM parachute;"IRIC 标准"译作 Inter-Range Instrumentation Group standards,IRIC standards;"TVD 格式"译作 total variation decreasing scheme,TVD scheme;"NND 格式"译作 non-oscillatory and non-free-parameter dissipation difference scheme,NND scheme;"CCD 相机"译作 charge-coupled device camera,CCD camera;"BCD 时间码"译作 binary coded decimal time code,BCD time code 等。

## 七、释 译

释译指用解释性的方法翻译术语。在航空航天领域,许多术语的翻译采用了释译的方法。释译法的优点是能够更加清楚地表达晦涩的科技术语。具体而言,主要是采用过去分词、介词短语等做定语或状语的形式进行解释性翻译,包括 with、for、due to、on、at、during、along、by 等,并且这些定语或者状语可以表示类型、原因、范围、地点、时间、方式等。据本书统计,航空领域中,有 31 条术语采用释译方法;航天术语中,有 62 条采用释译方法。

### 1. 航空术语释译

在此,选取了部分释译的航空术语,见表 3.12。

表 3.12 部分航空术语释译

| 汉 语 | 英 语 | 汉 语 | 英 语 |
| --- | --- | --- | --- |
| 变流量管流 | channel flow with variable mass flow rate | 雷达侦察系统 | reconnaissance system for radar |
| 布拉休斯平板解 | Blasius solution for flat plate flow | 远程导航系统-C | long-range aid to navigation system C,LORAN-C |
| 侧偏修正角 | correction angle due to windage jump | 每克驾驶杆力 | stick force per gram |
| 测距频闪效应 | stroboscopic effect on distance measurement | 每克升降舵偏角 | elevator angle per gram |
| 飞行包线扩展试飞 | extension of flight envelope in flight test | 平均无故障工作时间 | mean time between failures |
| 飞行弹射试验 | ejection test in flight | 平均修复时间 | mean time to repair |
| 拉杆 | pull back on the stick | 升致阻力 | drag due to lift |
| 雷达罩防静电涂层 | anti-static coating for radome | 守恒型方程 | equation in conservation form |

续表 3.12

| 汉　语 | 英　语 | 汉　语 | 英　语 |
| --- | --- | --- | --- |
| 双腔起落架 | landing gear with two stage shock absorber | 悬停回转 | turning in hover |
| 抬高角 | correction angle due to the force of gravity | 旋薄 | spinning with reduction |
| 特技类飞机 | airplane in aerobatic category | 旋翼中心间距 | distance between rotor centers |
| 天线罩波瓣畸变 | pattern distortion caused by radome | 运输类飞机 | airplane in transportation category |
| 通勤类飞机 | airplane in commuter category | 运输类旋翼机 | rotorcraft in transportation category |
| 推重比 | thrust to weight engine | 正常类飞机 | airplane in normal category |
| 危险接近 | imminent to danger | 正常类旋翼机 | rotorcraft in normal category |
| 位差修正角 | correction angle due to parallax | | |

## 2. 航天术语释译

在此,选取了部分释译的航天术语,见表 3.13。

### 表 3.13　部分航天术语释译

| 汉　语 | 英　语 | 汉　语 | 英　语 |
| --- | --- | --- | --- |
| 测控保障系统 | supporting system for TT&C | 镀后处理 | treatment after plating |
| 测控坐标系 | coordinate system used in TT&C | 短时高温强度极限 | strength limit of short time in high temperature |
| 单支点半柔壁喷管 | half flexible plate nozzle with single hinge point | 多支点半柔壁喷管 | half flexible plate nozzle with many hinge point |
| 导引头一体化引信 | integrated fuze with homing head | 多支点全柔壁喷管 | all flexible plate nozzle with many hinge point |
| 等熵管流 | isentropic flow in pipe | 非定常管流 | unsteady flow in pipe |
| 等温管流 | isothermal flow in pipe | 峰-峰噪声 | peak to peak noise |
| 地球月球信号鉴别 | discrimination between the earth and the moon light | 负压强指数推进剂 | propellant with negative burning rate pressure exponent |
| 第一次大修期 | time to first overhaul | 航天骨矿物质脱失 | bone mineral loss in space |
| 定角引爆 | initiation at fixed angle | 航天红细胞量减少 | red blood cell mass reduction om space |
| 定距引爆 | initiation at fixed range | 航天肌肉萎缩 | muscle atrophy in space |

续表 3. 13

| 汉 语 | 英 语 | 汉 语 | 英 语 |
|---|---|---|---|
| 航天体液调节 | body fluid regulation in space | 燃喉面积比 | burning surface to throat area ratio |
| 航天遥感考古 | space remote sensing for archaeology | 燃料晃动干扰力矩 | disturbance torque by the fuel slosh |
| 航行测量 | measurement during sailing | 燃通面积比 | burning surface to port area ratio |
| 喉通面积比 | throat to port area ratio | 熔模石膏型铸造 | plaster molding for investment casting |
| 辉光放电流动显示 | flow visualization by luminescence | 升致波阻 | wave drag due to lift |
| 环槽铆钉铆接 | hooked riveting with lock rivet | 升致阻力 | drag due to lift |
| 激光测距经纬仪 | theodolite with laser ranging | 收发天线隔离度 | isolation between transmitting and receiving antenna |
| 激光诱导荧光 | fluorescence induced by laser | 太阳电池阵重量比功率 | weight to power ratio of solar array |
| 计算机流动显示 | flow visualization by computer | 微分求速 7-140 | velocity derived by differential |
| 加注信号电缆 | signal cable for loading | 卫星综合控制台 | general console for satellite |
| 加注硬管 | hard hose for loading | 位姿到位姿控制 | pose to pose accuracy |
| 检漏厂房 | building for leak detection | 坞内标校 | calibration in dock |
| 绝热管流 | adiabatic flow in pip | 小不对称弹头 | nose with small asymmetry |
| 考机 | general inspection for the whole machine | 斜切喷管 | nozzle with scarfed exitplane |
| 控制翼弹头 | nose with control wing | 遥感平台 | platform for remote sensing |
| 流态床热处理 | heat treatment on fluidized bed | 引信绕飞试验 | flyover test for fuze |
| 码头标校 | calibration in dock | 引信柔性滑轨试验 | rope-sled test for fuze |
| 迷彩涂层 | coating with pattern painting | 支杆式应变天平 | strain gage balance with sting |
| 喷管冲质比 | impulse to mass ratio of nozzle | 质量要求 | requirements for quality |
| 平均失效发生时间 | mean time to failure | 轴向静压梯度 | static pressure gradient along tunnel axis |
| 气泡检漏 | leak detection by bubble | 组合测量 | measurement in a closed series |
| 倾斜转弯技术 | bank to turn technique | | |

## 八、缩  写

缩写法指的是在航空航天术语英译的过程中,有一部分术语在直译的基础上,将各个单词的首字母缩写,组成该术语英译的缩写版。在翻译此类词语或由其组成的词组术语的过程中,可以直接使用英文缩写,如电磁(EM)、测控(TT&C)、测距器(DME)、视场(FOV)、伏尔(VOR)、反干扰(ECCM)、电磁干扰(EMI)、寿命初期(BOL)、寿命末期(EOL)等。在翻译过程中,使用缩写能体现定名的"经济性"原则。

### 1. 航空术语缩写

在此,选取了部分航空术语的缩写,见表 3.14。

表 3.14  部分航空术语缩写

| 汉  语 | 英  语 | 汉  语 | 英  语 |
|---|---|---|---|
| 测距器 | distance measuring equipment, DME | 地美依 | distance measuring equipment, DME |
| 测距应答器 | DME transponder | 地面指挥进近系统 | ground controlled approach system, GCA |
| 操纵期望参数 | control anticipation parameter, CAP | 地形跟随雷达 | terrain following radar, TFR |
| 操作测试程序 | operation test program, OTP | 地形回避雷达 | terrain avoidance radar, TAR |
| 操作飞行程序 | operation flight program, OTP | 电子对抗/干扰 | electronic counter-measures, ECM |
| 超视距空空导弹 | beyond visual range air-to-air missile, BVRAAM | 电子反对抗/反干扰 | electronic counter counter-measures, ECCM |
| 超障高 | obstacle clearance height, OCH | 电子战 | electronic warfare, EW |
| 超障高度 | obstacle clearance altitude, OCA | 电子支援措施 | electronic support measures, ESM |
| 车间可换件 | shop replaceable unit, SRU | 动态响应指数 | dynamic response index, DRI |
| 道面等级号 | pavement classification number, PCN | 防核生化服 | nuclear biological and chemical protective suit, NBC protective suit |
| 敌我识别系统 | identification of friend or foe, IFF | 飞机等级数 | aircraft classification number, CAN |

| 汉 语 | 英 语 | 汉 语 | 英 语 |
|---|---|---|---|
| 飞行前规定试验 | preliminary flight rating test，PFRT | 机载制氧 | on-board oxygen generation，OBOG |
| 飞行情报区 | flight information region，FIR | 技术标准规定 | technical standard order，TSO |
| 复飞点 | missed approach point，MAPt | 计算提前角的光学瞄准 | lead computing optical sight，LCOS |
| 复式挂弹架 | multiple ejection rack，MER | 加速任务试车 | accelerated mission test，AMT |
| 航空卫星通信网 | aviation satellite，AVSAT | 驾驶员操作程序 | pilot operation procedure，POP |
| 航路监视雷达 | aero-route surveillance radar，ARSR | 桨-涡干扰 | blade vortex interaction，BVI |
| 航线可换件 | line replaceable unit，LRU | 交叉极化反干扰 | cross polarization，ECCM |
| 航行情报服务 | aeronautical information services，AIS | 接口控制文件 | interface control document，ICD |
| 合成孔径雷达 | synthetic aperture radar，SAR | 近程增益控制 | sensitivity-time control，STC |
| 横向操纵偏离参数 | later control departure parameter. LCDP | 精密伏尔 | precision VOR，PVOR |
| 红外导引头 | IR homing head | 精密进近雷达 | precision approach radar，PAR |
| 红外搜索跟踪器 | infrared search and track device，IRST device | 抗干扰 | electronic counter countermeasures，ECCM |
| 机场监视雷达 | airport surveillance radar，ASR | 抗 G 紧张动作 | anti-G strain maneuver，AGSM |
| 机场自检 | built-in test，BIT | 空中交通服务 | air traffic service，ATS |
| 机载动目标检测雷达 | airborne MTD radar | 空中交通管理 | air traffic management，ATM |
| 机载动目标指示雷达 | airborne MTI radar | 空中交通管制 | air traffic control，ATC |
| 机载警戒与控制系统 | airborne warning and control system，AWACS | 空中交通管制雷达信标系统 | secondary surveillance radar，SSR |

续表 3.14

| 汉　语 | 英　语 | 汉　语 | 英　语 |
|---|---|---|---|
| 联合战术信息分发系统 | joint tactical information distribution system, JTIDS | 甚高频全向信-测距器 | VHF omnidirectional radio range/distance measuring equipment, VOR/DME |
| 连续计算命中点 | continuously computed impact, CCIP | 湿球黑体温度指数 | wet bulb globe temperature index, WBGTI |
| 连续计算命中线 | continuously computed impact line, CCIL | 数字式航空电子信息系统 | digital avionics information system, DAIS |
| 连续计算投放点 | continuously computed release point, CCRP, | ［双曲线］远程导航系统-C | long range aid to navigation system C, LORAN-C |
| 罗兰-C | long range aid to navigation system C, LORAN-C | 搜索现场 | FOV of search |
| 瞄准线 | line of sight, LOS | 塔康系统/战术空中导航系统 | tactical air navigation system, TACAN system |
| 目标飞行规则 | visual flight rules, VFR | 通信、导航和识别综合系统 | integrated communication navigation and identification, ICNI |
| 目标飞行规则的直线进近 | straight-in approach-VFR | 通信、指挥、控制和情报系统 | communication, command, control and intelligence system, C³I |
| 逆合成孔径雷达 | inverse synthetic aperture radar, ISAR | 郑投式干扰机 | expendable jammer, EJ |
| 跑道视程 | runway visual range, RVR | 外场可换件 | line replaceable unit, LRU |
| 平均无障碍工作时间 | mean time between failures, MTBF | 握杆控制 | hands-on throttle and stick, HOTAS |
| 平均修复时间 | mean time to repair, MTTR | 无刷直流发电机 | brushless DC generator |
| 平视显示器/平视仪 | head-up display, HUD | 线性调频/啁啾技术 | liner FM |
| 前视红外系统 | forward-looking infrared system, FLIR | 寻的导弹反干扰 | homing missile ECCM |
| 晴空颠簸 | clear air turbulence, CAT | 仪表飞行规则 | instrument flight rules, IFR |
| 全球定位系统 | global positioning system, GPS | 仪表飞行规则的直线进近 | straight-in approach-IFR |
| 全球轨道卫星导航系统 | global orbiting navigation satellite system, GLONASS | 仪表进近程序 | instrument approach procedure, IAR |
| 甚高频全向信标 | VHF omnidirectional radio range, VOR | 仪表着陆系统关键/临界区 | instrument landing system critical area, ILS critical area |

续表 3. 14

| 汉 语 | 英 语 | 汉 语 | 英 语 |
|---|---|---|---|
| 仪表着陆系统基准高 | ILS reference datum height, ILS RDH | 自动机动攻击系统 | automatic maneuvering attack system, AMAS |
| 仪表着陆系统敏感区 | ILS sensitive area | 自动目标数据交接系统 | automatic target handoff system, ATHS |
| 雨回波衰减补偿技术 | rain echo attenuation compensation technique, REACT | 自动终端情报服务 | automatic terminal information service, ATIS |
| 载荷等级数 | load classification number, LCN | 综合化电子战系统 | integrated EW system, INEWS |
| 终端伏尔 | terminal VOR, TVOR | 综合火力飞行控制系统 | integrated fire/flight control system, IFFCS |
| 转换字符 | hand-over-word, HOW | 最低扇区高度 | minimum sector altitude, MSA |
| 自动测试设备 | automatic test equipment, ATE | 最低下降高 | minimum descent height, MDH |
| 自动充气调节伞 | automatic inflation modulation parachute, AIM parachute | 最低下降高度 | minimum descent altitude, MDA |

## 2. 航天术语缩写

在此,选取了部分航天术语缩写,见表 3.15。

表 3.15　部分航天术语缩写

| 汉 语 | 英 语 | 汉 语 | 英 语 |
|---|---|---|---|
| 岸船通信系统 | shore-ship communication system, S-S communication system | 差分 | GPS differential GPS, DGPS |
| 舱内活动服 | intravehicular activity clothing, IVA | 初样[星] | engineering model, EM |
| 舱外活动 | extravehicular activity, EVA | 大气质量 | air mass, AM |
| 侧视雷达 | side-looking radar, SLR | 单个脉冲的最小冲量 | minimum impulse bit at MEPW |
| 测控 | tracking telemetry and command, TTC | 单粒子烧毁事件 | single event burnout, SEB |

续表 3.15

| 汉 语 | 英 语 | 汉 语 | 英 语 |
|---|---|---|---|
| 单粒子锁定事件 | single event latchup, SEL | 电火花加工 | spark-erosion machining, electrical discharge machining, EDM |
| 地面支持设备 | ground support equipment, GSE | 电器电子机电零件 | electrical, electronic and electromechanical part, EEE part |
| 地球同步对地观测系统 | geosynchronous earth observation system, GEOS | 叠氮聚合物推进剂 | glycidyl azide polymer propellant, GAP propellant |
| 电磁干扰诊断技术 | EMI diagnosing technology | 动力调谐陀螺仪 | dynamically tuned gyro, DTG |
| 电磁测量 | electromagnetic measurement, EM measurement | 动式机器人服务系统 | mobile robot servicing system, MSS |
| 电磁干扰 | electromagnetic interference, EMI | 端羟基聚丁二烯推进剂 | hydroxyl terminated polybutadiene propellant, HTPB propellant |
| 电磁干扰测量 | electromagnetic interference measurement, EMI measurement | 端羧基聚丁二烯推进剂 | carboxyl terminated polybutadiene propellant, CTPB propellant |
| 电磁兼容性 | electromagnetic compatibility, EMC | ［二进制编码的］十进制时间码 | binary coded decimal time code, BCD time code |
| 电磁兼容性测量 | electromagnetic compatibility measurement, EMC measurement | 非聚束合成孔径雷达 | unfocused SAR |
| 电磁敏感度测量 | electromagnetic sensitivity measurement, EM sensitivity measurement | 非振荡非自由参量耗散差分格式 | non-oscillatory and non-free parameter dissipation difference scheme, NND scheme |
| 电荷传输效率 | charge transfer efficiency, CTE | 复合改性双基推进剂 | composite modified double-base propellant, CMDB propellant |
| 电荷耦合器件 | charge-coupled device, CCD | 跟踪测控系统 | tracking telemetering and control system, TTC system |
| 电荷耦合器件星敏感器 | charge coupled device star sensor, CCD star senor | 跟踪视场 | tracking field of view, TFOV |
| 电荷注入器件星敏感器 | charge injection device star sensor, CID star senor | 跟踪与数据中继卫星系统 | tracking and data relay satellite system, TDRSS |

续表 3.15

| 汉 语 | 英 语 | 汉 语 | 英 语 |
|---|---|---|---|
| 工具中心点 | tool center point，TCP | 净正抽吸压头 | net positive suction head，NPSH |
| 固定基[训练]仿真器 | fixed base training simulator，FBTS | 静压气浮脱落加速度计 | hydrostatic gas bearing，PIGA |
| 故障树分析 | fault tree analysis FTA | 局域差分 | GPS local area differential GPS，LADGPS |
| 惯性测量系统 | inertial measurement system，IMS | 聚[氨基甲酸]酯泡沫塑料 | polyurethane-foam plastic，PUR-foam plastic |
| 惯性测量装置 | inertial measurement unit，IMU | 聚氨酯推进剂 | polyurethane propellant，PU propellant |
| 惯性导航系统 | inertial navigation system，INS | 聚丁二烯丙烯腈推进剂 | polybutadiene acrylonitrile propellant，PBAN propellant |
| 光纤陀螺仪 | fiber optic gyro，FOG | 聚丁二烯丙烯酸共聚物推进剂 | polybutadiene acrylonitrile acid copolymer propellant，PBAA propellant |
| 光学传递函数 | optical transfer function，OTF | 聚硫推进剂 | polysulfide propellant，PS propellant |
| 国际标准化组织 | International Organization for Standardization，ISO | 聚四氟乙烯 | polytetrafluoroethylene，PTFE |
| 过载引起的意识丧失 | G-induced loss of consciousness，G-LOC | 聚酰胺 | polyamide，PA |
| 航天员选拔训练中心 | astronaut selection and training center，ASTC | 克努森数 | Knudsen number，Kn |
| 化学气相沉积 | chemical vapor infiltration，CVD | 空间数据系统协商委员会建议 | Recommendations of Consultative Committee for Space Data System，CCSDS |
| 机器人技术试验装置 | robot technology experiment device，ROTEX | 空间站遥控机械手系统 | space station remote manipulator system，SSRMS |
| 计算机辅助测量和控制 | computer aided measurement and control，CAMAC | 控制力矩陀螺 | control moment gyroscope，CMG |
| 交会对接 | rendezvous and docking，RVD | 快速傅里叶变化 | Fast Fourier transform，FFT |
| 结构试验模型 | structure model，SM | 宽域差分 | GPS wide area differential GPS，WADGPS |

| 汉 语 | 英 语 | 汉 语 | 英 语 |
|---|---|---|---|
| 宽带增强系统 | wide area augmentation system, WAAS | 任务专家 | mission specialist, MS |
| 雷达波吸收结构 | radar absorbing structure, RAS | 扫描视场 | scanning field of view, SFOV |
| 连续波测量雷达 | continuous wave instrumentation radar, CW instrumentation radar | 扫描微波频谱仪 | scanning microwave spectrometer, SCAMS |
| 连续波多普勒引信 | continuous wave Doppler fuze, CW Doppler fuze | 失效报告、分析与纠正措施系统 | failure reporting, analysis and corrective action system, FRACAS |
| 连续波激光雷达 | continuous wave laser radar, CW laser radar | 失效模式、影响与危害度分析 | failure mode, effect and criticality analysis, FMECA |
| 连续波激光引信 | continuous wave laser fuze, CW laser fuze | 时间带宽[乘]积 | time-bandwidth product, BT [product] |
| 美国标准协会感光度 | American Standards Association film speed, ASA speed | 时间延迟积分器件 | time delay integration device, TDI device |
| [美国]靶场间测量小组标准 | Inter-Range Instrumentation Group standards, IRIG standards | 识别字副帧同步 | identification subframe synchronization, ID subframe synchronization |
| 面积加权平均分辨率 | area weighted average resolution, AWAR | 使神号机械臂 | Hermes robot arm, HERA |
| 模数转换 | analogue to digital conversion, A/D conversion | 视场 | field of view, FOV |
| 喷气发动机[叶片]调制效应 | jet engine modulation effect, JEM effect | 寿命初期 | beginning of lifetime, BOL |
| 平均失效发生时间 | mean time to failure, MTTF | 寿命末期 | end of lifetime, EOL |
| 平流层紫外成像光谱仪 | ultraviolet stratospheric imaging spectrometer, USIS | 太阳电池阵初期功率 | solar array power at the BOL |
| 全变差下降格式 | total variation decreasing scheme, TVD scheme | 太阳电池阵末期功率 | solar array power at the EOL |
| 全球定位系统 | global positioning system, GPS | 数字电路终接设备 | data circuit terminating equipment, DCTE |
| 热力抑制压头 | thermodynamic suppression head, TSH | 瞬时视场 | instantaneous field of view, IFOV |

续表 3.15

| 汉 语 | 英 语 | 汉 语 | 英 语 |
|---|---|---|---|
| 太阳电池阵驱动结构 | solar array drive, SAD | 下体负压 | low body negative pressure, LBNP |
| 探测器量子效率 | detective quantum efficiency, DQE | 响应量子效率 | responsive quantum efficiency, RQE |
| 天线定向系统 | antenna pointing system, APS | 像移补偿 | image motion compensation, IMC |
| 调频边带引信 | frequency modulation sideband fuze, FM sideband fuze | 硝酸酯增塑聚醚推进剂 | nitrate ester plasticized polyether propellant, NEPP propellant |
| 调频测距引信 | frequency modulation ranging fuze, FM ranging fuze | 星基多普勒轨道和无线电定位组合系统 | Doppler orbitography and radiopositioning integrated system by satellite, DORIS |
| 调频记录 | frequency modulation recording, FM recording | 选择利用性 | selective availability, SA |
| 调频无线电引信 | frequency modulation radio fuze, FM radio fuze | 运动基[训练]仿真器 | motion base training simulation, MBTS |
| 调制传递函数 | modulation transfer function, MTF | 运输起竖发射车 | transporter-erector-launcher, TEL |
| 统一 S 波段 | unified S-band, USB | 载荷专家 | payload specialist, PS |
| 统一 S 波段测控系统 | USB tracking telemetering and control system | 噪声等效反射比差 | noise equivalent reflectance difference, NERD |
| 头低位倾斜 | head down tilt, HDT | 噪声等效功率 | noise equivalent power, NEP |
| 头高位倾斜 | head up tilt, HUT | 噪声等效曝光量 | noise equivalent exposure, NEE |
| 推进剂利用系统 | propellant utilization system, PUS | 噪声等效温差 | noise equivalent temperature difference, NETD |
| 推力矢量控制 | thrust vector control, TVC | 正检[星] | flight and engineering model, FEM |
| 卫星专用测试设备 | special checkout equipment for satellite, SCOE | 正样[星] | flight model, FM |
| 卫星总测设备 | overall checkout equipment for satellite, OCOE | 质量功能展开 | quality function deploy, QFD |
| 无刷直流力矩电机 | Brushless DC torque motor | 质量和可靠性 | quality and reliability, Q and R |
| 析像管星敏感器 | image dissector tube star sensor, IDT star sensor | 轴承和功率传输组件 | bearing and power transfer assembly, BAPTA |

续表 3.15

| 汉　语 | 英　语 | 汉　语 | 英　语 |
|---|---|---|---|
| 专题制图仪 | thematic mapper, TM | 自由度 | degree of freedom, DOF |
| 紫外臭氧光谱仪 | ultraviolet ozone spectrometer, UOS | 综合产品小组 | integrated product team, IPT |
| 紫外太阳光谱仪 | ultraviolet solar spectrometer, USS | 最小电脉冲宽度 | minimum electrical pulse width, MEPW |
| 自差分 | GPS self-differential GPS, SDGPS | 最小可分辨温差 | minimum resolvable temperature difference, MRTD |
| 自动测试设备 | automatic test equipment, ATE | 最小可探测温差 | minimum detectable temperature difference, MDTD |

## 九、特殊译法

特殊译法指的是一些航空航天术语,相对而言没有规则的译法,这些术语需要译者或读者进行单独记忆。例如,测角系统 $\theta-\theta$ system、测距系统 $\rho-\rho$ system、测向系统 $\theta-\theta$ system、极坐标系统 $\rho-\theta$ system、角角系统 $\theta-\theta$ system、距离方位系统 $\rho-\theta$ system、圆圆系统 $\rho-\rho$ system、母线电压 bus voltage 等。在航空航天领域中,此类术语较为特殊,译者在翻译这些术语时,需要查阅专业资料,遵循权威译法。

本章主要讨论航空航天领域内的术语英译问题。可以得知,术语翻译在科技知识传播与交流的过程中发挥重要作用。术语翻译有既定的原则,包括专业性、科学性、系统性、简洁性、单义性、理据性、确定性(准确性、正确性、规范性)、可读性、透明性、能产性、约定俗成性、可辨性,译者在翻译中要将这些原则切记于心。航空航天术语英译方法主要有九种:直译、意译、音意兼译、拆译、还原、形译、释译、缩写与特殊译法,译者需要采用适当的方法译出术语。需要注意,专业性是术语翻译的根本原则,在翻译过程中,译者需要参考权威译法,包括权威机构颁布的行业标准、权威专家编撰的双语词典等,以确保翻译的专业性和准确性。

## 练　习

### 一、基本练习

(1) 航空、航天术语英译方法有哪些?

(2) 尝试翻译以下术语,并说明使用的翻译方法是什么。

机载雷达、超温试车、超速警告、超塑性成形、非对称飞行、非相似余度、单脉冲天线、单晶铸造、自动导航仪、过夜维护、航空工效学、马赫数、多普勒跟踪、麦科马克格式、欧拉方程、作业时间、空中交通管制、点火器、压缩机、运输类飞机、导引头一体化引信、航行测量、Π-定理、热 X 射线、PC 遥测站、角角系统

## 二、拓展练习

翻译下列航空、航天术语。

毕奥-萨伐尔公式、比例导引法、单晶高温合金、多功能雷达、悬停回转、I-G 仿真试验、CCD 相机、道面等级号、前后轮距、航向信标

# 第4章 数字、公式和图表的英译

数字、公式和图表是科技文本中的重要元素。这些元素的翻译必须准确和规范，这样才能忠实地传达原文的信息，并且符合科技领域的表达和行文规范。本章将对数字、公式和图表的英译进行详细讲解，并列举丰富的例句以供参考。

## 4.1 数字的英译

数字是科技文本中的重要元素之一。在翻译数字时，要充分考虑汉英语言数字表达方式的差异，依照相应的规则进行调整和转换，以确保数字翻译的准确性，保障翻译质量，达到顺利沟通的目的。

### 一、汉英数字表达方式比较

汉语和英语是差异较大的语言，两种语言中数字的表达方式也不例外。在数字计数习惯方面主要有数字计位、倍数表达、计量单位的不同，[①]书写规则和习惯用法也有差异。

**1. 数字计位的不同**

在汉语中，每四位数为一级，即个、十、百、千；万、十万、百万、千万；亿、十亿、百亿、千亿；万亿、十万亿、百万亿、千万亿等。而在英语中，每三位数为一级，百位以上分别是：hundred，thousand，million，billion，trillion。不难发现，汉英两种语言的数字计数方式有很大的不同，翻译的时候要进行转换。例如，汉语的"一万"要转换成"十个千"(ten thousand)，"一亿"要转换成"一百个百万"(a hundred million)，等等。此外，在数字的写法上也有差别。在汉语中，数字的书写是连续的，而在英语中则每三位用逗号隔开。例如，汉语中的一百万写作 1 000 000，在英语中是 1,000,000。

**2. 倍数表达不同**

表达 A 与 B 的大小倍数关系，在汉语中通常说"A 的大小是 B 的 N 倍"或"A 比 B 大（N-1）倍"，英语中对应的表达可以是"A is N times as large as B""A is N times larger than B"等。同样地，在表达倍数增加时，也有类似的差异。例如，汉语中的

---

① 徐铭悦，周晓凤. 论数字翻译的难点及对策[J]. 吉林省教育学院学报，2016，32(7)：165-166.

"增加了 $N$ 倍"用英语表达则要将数字加 1，即"increase $N+1$ times""increase to $N+1$ times"等。

**3. 计量单位不同**

虽然很多单位已经统一使用国际标准单位，但仍有一些汉英语言中传统的单位名称在沿用，如汉语中的斤、两、亩、里等，英语中的 ounce、acre、foot、inch 等。这些单位并不是相互对应的，因此在翻译时要将数字进行换算或进行注释，以确保准确且便于读者理解。

**4. 书写规则的不同**

在英语中，数词用单词或阿拉伯数字表示，要遵循下列规则：[1,2]

**(1) 必须使用单词表示的情况**

① 小于 10 的基数词和序数词，如八、九、第一、第五的译文是 eight，nine，first，fifth[3]。

② 取整的数，如三百、一千的译文是 three hundred，one thousand。

③ 简分数[4]，如三分之一，五分之四的译文是 one-third，four-fifths。

④ 普遍接受的用法，如世界七大奇迹的译文是 Seven Wonders of the World。

⑤ 句子、标题起首的数字，如 Twenty of the forty-five samples were used as the testing data[5]。

⑥ 近似数、表示正时、半小时、一刻钟的数，如大约半数、六点整、九点半的译文是 about half，six o'clock，half past nine。

**(2) 必须使用阿拉伯数字表示的情况**

① 大于 10 的基数词和序数词，如 1,200 books，the 12th in the list 等。

② 货币、度量衡等带有单位的数词，如 100 dollars，$10 million，40 degrees centigrade，5 cm 等。

③ 百分数，如 5% 或 5 percent。

④ 分数和小数，其中分数既可以用单词表示，也可以用阿拉伯数字表示，但要保持上下文统一。用单词表示时，要在分子分母间使用连字符（hyphen），如 2/3 或

---

① Numbers in Academic Writing[EB/OL]. [2022-08-08]. https://www.une.edu.au/__data/assets/pdf_file/0003/392124/WC_Numbers-in-academic-writing.pdf.

② Sheldon Smith. Writing numbers [EB/OL]. (2022-01-16) [2022-08-08]. https://www.eapfoundation.com/writing/skills/numbers/#checklisthc.

③ 一般情况下应用数字表示 0～10 的整数，但有时候要根据格式规范调整，如 APA（American Psychological Association）格式要求 10 以下的数词用阿拉伯数字表示；MLA（Modern Language Association）和 Chicago（The Chicago Manual of Style）格式要求 100 以下的数词用单词表示。

④ 分子和分母均为整数的分数。

⑤ 朱岩，陈培颖，欧彦，等. 英文科技期刊中的数字表达[J]. 编辑学报，2016，28(1)：38.

two-thirds,0.45 等。

⑤ 调查样本,如 A survey of participants revealed that 4 out of 5 students worked。

⑥ 得分和比分,如 Students scored from 8 to 75 out of 100。

⑦ 统计数据,如 The survey focused on 90 teachers, 10 principals, and 24 auxiliary staff from 20 different schools。

⑧ 时代(时间跨度),要用数字表示世纪和时间跨度,如 21st century,from the 1990s to the 2020s,during the 2010s,in 800 BC 等。

⑨ 日期和时间。日期一般按由大到小(年月日)或由小到大(日月年)的格式,如 2008 August 8,8 August 2008,2008/08/08,2008-08-08 等都是正确的。要尽量避免月日年的写法,确有必要时,可在月日和年之间用逗号分隔,如 August 8, 2008。时间表示方式有多种,要求上下文统一,如 9 am,9:00 am 或 9 o'clock 等,要注意 am 和 pm 不能与 o'clock 连用,如 9 o'clock am 就是错误的。

⑩ 数值范围,如 pages:101-115,years:2001-2022 等;数值范围也可用 to 或 through 连接两个数字,即 pages:101 to 115,years:2001 through 2022,但不能对范围第二个数字与第一个数字相同的部分进行省略,即 pages:101-15 和 years:2001-22 是错误的写法。[1] 另外,如果数值范围首末位值的附加符号或计量单位相同时,"在不造成歧义的情况下,前一个数值的附加符号或计量单位可省略。如果省略数值的附加符号或计量单位会造成歧义,则不应省略。"[2] 如 100 to 120 km,25-30℃,9 million to 10 million 是正确的写法;而 9 to 10 million 则会造成歧义。

⑪ 系列编号,包括书籍卷号、戏剧场次、学校年级、图表编号等,如 Volume 6,Chapter 6,page 45;Act 2,Scene 4 等。

**(3) 其他情况**

① 当数字特别大且精度要求不高时,可用阿拉伯数字和数词相结合的形式表示[2],如 1 billion people。但有单位符号时,则不能用这种形式,如 38 万千米可以译成 380,000 km 或 3.8×10⁵ km,但不能译成 380 thousand km。

② 句子中数字出现较多时应用阿拉伯数字。如:

**例 4.1.1** 他们计划建造一个长 6 米、宽 2.5 米、高 3 米的大集装箱。

**译文**:They plan to build a big container of 6 meters in length, 2.5 meters in breadth and 3 meters in height. [3]

---

① 朱岩,陈培颖,欧彦,等. 英文科技期刊中的数字表达[J]. 编辑学报,2016,28(1):37-38

② 中华人民共和国国家质量监督检验检疫总局,中国国家标准化管理委员会. 出版物上数字用法:GB/T 15835-2011[S/OL]. (2011-07-29)[2022-08-08]. http://c.gb688.cn/bzgk/gb/showGb? type=online&hcno=F5DAC3377DA99C8D78AE66735B6359C7.

③ 崔涛,周淼. 英文数词和阿拉伯数字用法点滴[J]. 英语知识,1998(5):27.

③ 表示外国君主名称中的数词，要使用罗马数字，如 Napoleon Ⅰ，Elizabeth Ⅱ。①

## 二、数字的英译方法

### 1. 多位数的翻译

多位数的汉译英方法主要用到方框模型译法。②

在中译英时，可以将多位数对应地填入到如下的方框模型中，从而较便捷地产出译文。

前面提到，英语的数字是每隔三位分一级，与汉语的四位数一级有差异。因此，可以用上面的方框表示数字，并且把分节符号缩小一位，即把从右至左第一个分节号 th(thousand)看成百位，其左边的三个方框是千位、万位、十万位；把第二个分节号 m(million)看成十万位，其左边的分别是百万、千万、亿；把第三个分节号 b(billion)看成亿，其左边的分别是十亿、百亿、千亿；把第四个分节号 tr(trillion)看成千亿，其左边的分别是万亿、十万亿、百万亿。

**例 4.1.2** 中国航空工业第一集团公司(简称"中国一航")成立于 1999 年 7 月 1 日，是国有特大型企业集团，拥有大中型工业企业 47 家，科研院所 31 个，直属专业公司及事业单位 26 个；共有员工 23 万余人，资产总额 1500 多亿元。③

**译文**：China Aviation Industry Corporation I (AVIC I), established on July 1, 1999, is an ultra-large state-owned enterprise. Under AVIC I, there are 47 large and medium-sized manufacturing facilities, 31 research and development institutes, 26 affiliated specialized companies and institutions. The total employment is 230,000 and total assets are worth of more than RMB 150 billion yuan. ④

原文中较小的数字有 47、31 和 26，可以直接使用。较大的数字有 23 万和 1500(多)亿。按照方框模型译法，我们可以两个数字放入模型中，分别是：

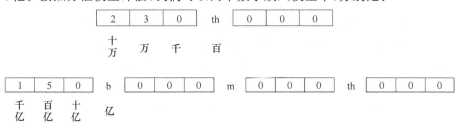

---

① 刘红. 英语数词的书写形式[J]. 陕西教育(教学版),2008(12):56.

② 崔晓霞. 试论经济翻译中多位数的中英对译法[J]. 中国翻译,1994(6):18-19.

③ 中国航空工业经济技术研究院. 中国航空工业要览(2008)[M]. 北京:航空工业出版社,2008:6.

④ 中国航空工业经济技术研究院. 中国航空工业要览(2008)[M]. 北京:航空工业出版社, 2008:7.

根据方框模型,23 万可译为 230 thousand,1 500 亿则是 150 billion。参考译文将 23 万译为 230,000 也是可以的,但结合上下文,应译为 230 thousand 更好,以与后面的 150 billion 统一。

采用方框模型法,需要把每个分节号缩小一位再翻译,经过一段时间练习,熟练之后则不必再画框图了。

**2. 倍数的翻译**

**(1) 表示倍数比较的句型**
英语中表达倍数的比较常用的句型有:[①]

① *A* is *N* times as large (long, heavy…) as *B*.

② *A* is *N* times larger (longer, heavier…) than *B*.

③ *A* is larger (longer, heavier…) than *B* by *N* times.

这些表达的汉语意思都是指"*A* 的大小(长度、重量等)是 *B* 的 *N* 倍"或"*A* 比 *B* 大(长、重等)*N*-1 倍"。

**例 4.1.3** 这个样品的体积是那个样品的 5 倍。[②]
**译文①**:The volume of this sample is five times that one.
**译文②**:This sample is five times the volume of that one.
**译文③**:The volume of this sample is five times as big as that one.
**译文④**:The volume of this sample is five times bigger than that one.

**(2) 表示倍数增加的句型**
英语中表示倍数增加的常用句型有:[③]

① increase *N* times

② increase to *N* times

③ increase by *N* times

④ increase *N* fold

⑤ increase by a factor of *N*

用 times 表示倍数,从汉语翻译成英语时,应当在原有数字上加 1。

**例 4.1.4** 这种整体轴承的产量比 2007 年增加了三倍。

**译文**:The production of this kind of solid bearings has been increased four times as against 2017.[③]

这里原文中"增加了三倍",在译文中变成了"four times",就是加 1 的结果。

---

① 傅勇林,唐跃勤. 科技翻译[M]. 北京:外语教学与研究出版社,2011:126.

② 关于"倍数"的地道翻译(表达)[EB/OL]. [2022-08-07]. https://lib. xust. edu. cn/info/5880/4425. html.

③ 傅勇林,唐跃勤. 科技翻译[M]. 北京:外语教学与研究出版社,2011:126.

当用 times 表示倍数时,increase to $N$ times 和 increase by $N$ times 的意思相同,都表示"增加到 $N$ 倍"或"增加了 $N$-1 倍"。

**例 4.1.5** 结果表明:与 ERA 相比,ERA/DC 的阻尼识别精度在 10%和 30%噪声下可以提高 6~60 倍;FERA 的识别速度可以比 ERA 提高 4~10 倍,且精度较高,而 FERA/DC 的识别速度可以比 ERA/DC 提高 3~5 倍,并且精度不会降低。[①]

**译文**:Results suggest that identification quality of the two DC algorithms is clearly superior to the others, with the accuracy of the identified modal damping improved by 6-60 times, and that FERA accelerates the process of ERA 4-10 times and likely renders more accurate results. As to FERA/DC, its speed is 3-5 times that of ERA/DC, while the accuracy has not deteriorated.[①]

在这个例句中,原文中有三处提到倍数的数字,分别是"提高 6~60 倍""提高 4~10 倍"和"提高 3~5 倍",对应的译文是"improved by 6-60 times""accelerates…4-10 times"和"is 3-5 times that of…"。根据上述汉英语言中倍数表达的差异,此处将汉语中的倍数增加的表达译成英语时应当将数字加 1,因而对应的译文应当是"improved by 7-61 times""accelerates…5-11 times"和"is 4-5 times"。当然,61 倍和 11 倍这样的倍数看起来似乎不太正常,需要原文作者进一步确认,若原文本意是想表达"提高到 6~60 倍""提高到 4~10 倍"和"提高到 3~5 倍",那原本的英文译文是没有问题的。另外,当增加的倍数较大,一倍之差不影响结果时,在译文中也不必加 1[②]。

需要注意的是,用百分比表示倍数时,指的是净增数[③]。这一点与用 times 表示倍数增加不同。

**例 4.1.6** 与 1949 年相比,大学生人数增加了 63%,中学生增加了 1.5 倍,小学生增加了 1.1 倍.[④]

**译文**:Compared with 1949, the number of university students increased by 63 percent, that of secondary school students by 1.5 times, and that of primary school pupils by 1.1 times.

**例 4.1.7** 数值结果显示,单 GPU 并行计算可以获得 37~46 倍的加速比,极大地提高了计算效率;4 块 GPU 并行计算加速比从 47 倍增加到 143 倍,并行效率维持

① 秦仙蓉,王彤,张令弥. 模态参数识别的特征系统实现算法:研究与比较[J]. 航空学报,2001,22(4):340.

② 韩守余. 科技英语中倍数增减的汉译处理[J]. 中国翻译,1982(2):25.

③ 郑建祥. 论英语倍数两种常用句型的理解与翻译[J]. 大学英语(学术版),2006(2):178.

④ 郑建祥. 论英语倍数两种常用句型的理解与翻译[J]. 大学英语(学术版),2006(2):177.

在70%以上,说明并行算法具有良好的可扩展性。①

**译文:**The numerical results show that for single GPU, parallel computing can get a speedup ratio of 37 to 46 times, greatly improving computational efficiency. For four GPUs, the speedup ratio increases from 47 to 143 times and parallel efficiency maintains above 70%, demonstrating good scalability of the solver.①

在这个例句中,对倍数是进行描述,不存在比较关系,因此译文不需要对数字进行加1的处理。

**例4.1.8** 违反本法第六十二条的规定,未取得机场使用许可证开放使用民用机场的,由国务院民用航空主管部门责令停止开放使用;没收违法所得,可以并处违法所得一倍以下的罚款。①

**译文:**Where a civil airport is opened to traffic without obtaining an airport operating licence in violation of the provisions of Article 62 of this Law, the competent civil aviation authority under the State Council shall order it to stop its opening to traffic, confiscate its unlawful earnings, and may impose a fine of not exceeding 100% of the unlawful earnings.②

上面的例句出自《中华人民共和国民用航空法》,法律条文的描述通常十分严谨规范,这里的"一倍"译成"100%"就显得比较精准。下面的例句同样也用百分数表示倍数。

**例4.1.9** 违反本法第三十七条的规定,民用航空器无适航证书而飞行,或者租用的外国民用航空器未经国务院民用航空主管部门对其原国籍登记国发给的适航证书审查认可或者另发适航证书而飞行的,由国务院民用航空主管部门责令停止飞行,没收违法所得,可以并处违法所得1倍以上5倍以下的罚款;没有违法所得的,处以10万元以上100万元以下的罚款。③

**译文:**Where in violation of the provisions of Article 37 of this Law, a civil aircraft flies without the certificate of airworthiness, or a foreign civil aircraft on lease flies without having its certificate of airworthiness, issued by the State in which the nationality of the aircraft was originally registered, examined and rendered valid by the State Council, or without having a new certificate of airworthiness issued therefor by the said

① 赖剑奇,李桦,张冉,等. 多GPU并行可压缩流求解器及其性能分析[J]. 航空学报,2018,39(9):121944.

② 全国人民代表大会常务委员会法制工作委员会. Civil Aviation Law of the People's Republic of China [Z/OL]. [2022-08-07]. http://www.caac.gov.cn/en/ZCFG/MHFL/201509/P020150901511659239730.pdf.

③ 全国人民代表大会常务委员会法制工作委员会. 中华人民共和国民用航空法[Z/OL]. [2022-08-07]. http://www.caac.gov.cn/XXGK/XXGK/JGGLL/XGFG/201603/P020160304418125592878.pdf.

authority, the competent civil aviation authority under the State Council shall order it to stop flying, confiscate the unlawful earnings, and may also impose a fine of more than 100% but not exceeding 500% of the unlawful earnings; in case there is no unlawful earnings, a fine of not less than 100,000 yuan but not more than 1,000,000 yuan shall be imposed.[①]

### 3. 带单位的数字的翻译

翻译带单位的数字时，一般有两种情况：一种是汉语和英语使用国际统一的计量单位，在译文中要采用阿拉伯数字加单位译文的形式；另一种是汉语使用其特有的计量单位，可直接音译，也可酌情进行单位换算，或增加注释。

**（1）使用国际统一计量单位的情况**

在这种情况下，在译文直接使用原文的数字即可。

**例4.1.10**　"长征五号"运载火箭将完全采用无毒无污染推进剂，并具备近地轨道 25 吨、地球同步转移轨道 14 吨的运载能力。"长征六号"运载火箭是新型快速发射运载火箭，具备 700 千米高度太阳同步轨道不小于 1 吨的运载能力。"长征七号"运载火箭将具备近地轨道 13.5 吨、700 千米太阳同步轨道 5.5 吨的运载能力。[②]

**译文：**The Long March-5 will use non-toxic and pollution-free propellant, and will be capable of placing 25 tons of payload into the near-Earth orbit, or placing 14 tons of payload into the GEO orbit. The Long March-6 will be a new type of high-speed response launch vehicle, which will be capable of placing not less than 1 ton of payload into a sun-synchronous orbit at a height of 700 km. The Long March-7 will be capable of placing 5.5 tons of payload into a sun-synchronous orbit at a height of 700 km.[③]

**例4.1.11**　中国最大运载能力新一代运载火箭"长征五号"成功首飞，实现中国液体运载火箭直径从 3.35 米到 5 米的跨越，大幅提升"长征"系列运载火箭运载能力，低轨运载能力达到 25 吨级，高轨运载能力达到 14 吨级，成为中国运载火箭升级换代的重要标志。[②]

**译文：**The Long March 5 (CZ-5), China's newest generation of carrier rockets with a maximum carrying capacity, made its maiden flight, and increased the diameter of liquid fuel rocket from 3.35 m to 5 m, with a

---

① 全国人民代表大会常务委员会法制工作委员会. Civil Aviation Law of the People's Republic of China [Z/OL]. [2022-08-07]. http://www.caac.gov.cn/en/ZCFG/MHFL/201509/P020150901511659239730.pdf.

② 中华人民共和国国务院新闻办公室. 2011 年中国的航天[R/OL]. (2011-12-29)[2022-08-07]. http://www.scio.gov.cn/zxbd/nd/2011/Document/1073255/1073255_4.html.

③ 中华人民共和国国务院新闻办公室. China's Space Activities in 2011[R/OL]. (2011-12-29)[2022-08-07]. http://www.scio.gov.cn/zxbd/nd/2011/Document/1073727/1073727_3.html.

maximum payload capacity of about 25 tons to low earth orbit and about 14 tons to geostationary transfer orbit, significantly improving the carrying capacity of the Long March rocket family and becoming a symbol of the upgrading of China's carrier rockets.[1]

上面两个例句中出现了多个带单位的数字,如 25 吨、14 吨、700 千米、3.35 米、5 米等,译文中均是直接用原有数字加上英文中的单位缩写或单词来表示,即使数字小于十也要用阿拉伯数字表示。值得商榷的是,译文中的 m、km 为英文单词 meter、kilometer 的缩写形式,而 ton 则未进行缩写,统一为一种格式更好。

有时候也有特殊情况,要灵活处理,如下面的例句:

**例 1.4.12** 在千年以上的长时间尺度上,达到地球的太阳辐射变化与地球气候有密切的关系。但在百年和百年以下的时间尺度上,人们尚不清楚太阳活动对气候是否有明显的影响。[2]

**译文:** The variation of solar radiation reaching the Earth is closely related to the Earth's climate on a long time scale, such as thousands years. But on time scales of hundreds years and less, it is not clear whether solar activity has a significant impact on climate.

这里的原文中的"千年"和"百年"表面上是"数词+单位"的结构,实际上表示的是一个数量级,因而"千"和"百"仍然要用单词表示,而不能译成阿拉伯数字。

**(2) 汉语使用其特有计量单位的情况**

在这种情况下,要以便于读者理解、准确传递信息为首要原则,适当地进行单位换算。

**例 4.1.13** 国家深海基地管理中心坐落于青岛即墨,占地 390 亩,征用海域 62.7公顷。[3]

**译文:** [...]the center will cover about 26 hectares of land and 62.7 hectares of sea in Jimo county.

上面这条例句摘自中国日报网双语新闻,并非为原原本本照着原文翻译,而是进行了编译。原文中使用了汉语中特有的"亩"这个市制面积单位,在译文中已将 390 亩换算为 26 公顷,而公顷是公制单位,这样转换后的数字对读者来说就更容易理解了。

**例 4.1.14** 防己一两,黄芪一两一分,白术三分,甘草半两(炙)

**译文:** 1 liang stephania, 1 liang and 1 fen astragalus, 3 fen atractylodes,

① 中华人民共和国国务院新闻办公室. China's Space Activities in 2016[R/OL]. (2016-12-27)[2022-08-07]. http://www.scio.gov.cn/zfbps/ndhf/34120/Document/1537022/1537022.html.

② 肖子牛. 太阳活动对地球气候的影响[J]. 自然杂志,2021,43(6):408.

③ 王茜. 国家深海基地将成为面向国际的开放平台[EB/OL]. (2013-04-15)[2022-08-07]. http://language.chinadaily.com.cn/news/2013-04/15/content_16401361.html.

0.5 liang fried licorice①

我们知道,"两"是汉语中的重量单位,这里的"分"也是古时候的重量单位,四分为一两。译者将这两个单位进行了音译,原汁原味地保留了原文的意思,但英语读者对这两种重量仍然没有概念,无法形成较具体的认知。一两在现在对应的是 50 克,而在古代不同的朝代对应不同的重量,中医典籍中的"两"也是如此。就《金匮要略》等汉代经方而论,其中的一两相当于现在的 15 克。② 另外,译文句首是阿拉伯数字,不太符合规范,应当进行修改。

### 4. 涉及书写规则的数字的翻译

要根据前文介绍的英语中数词的书写规则来确定英语译文中数词的形式。

**例 4.1.15** 全面实施"北斗"卫星导航区域系统建设。该系统由 5 颗地球静止轨道卫星、5 颗倾斜地球同步轨道卫星和 4 颗中圆地球轨道卫星组成,2007 年 4 月以来已成功发射 10 颗卫星,具备了向服务区(亚太地区)用户提供试运行服务的条件。③

**译文:** China has comprehensively launched the building of a Beidou regional navigation system, consisting of five GEO satellites, five inclined geosynchronous orbit (IGSO) satellites and four medium-Earth-orbit (MEO) satellites. Since April 2007, China has launched 10 such satellites and has been able to provide trial services for Asia-Pacific users.④

**例 4.1.16** 2020 年左右,建成由 5 颗地球静止轨道卫星和 30 颗非地球静止轨道卫星组成的覆盖全球的"北斗"卫星导航系统。③

**译文:** China aims at completing the global Beidou satellite navigation system by 2020, comprising five GEO satellites and 30 non-GEO satellites.④

在上面两个例子中,原文中的 5、4 在译文中用单词表示,而 30 则仍然用阿拉伯数字表示。当然,也有例外的情况。

**例 4.1.17** 托运行李或者货物发生损失的,旅客或者收货人应当在发现损失后向承运人提出异议。托运行李发生损失的,至迟应当自收到托运行李之日起 7 日内提出;货物发生损失的,至迟应当自收到货物之日起 14 日内提出。托运行李或者货

---

① 冉芯易,姚欣. 阐释学理论视角下中医典籍中计量单位英译研究——以中医典籍《金匮要略》"分"与"钱"为例[J]. 英语广场,2021(23):26-30.

② 中医一两等于多少克[EB/OL]. (2019-06-13)[2022-08-08]. https://m. baidu. com/bh/m/detail/qr_17633667757644746137.

③ 中华人民共和国国务院新闻办公室. 2011 年中国的航天[R/OL]. (2011-12-29)[2022-08-07]. http://www. scio. gov. cn/zxbd/nd/2011/Document/1073255/1073255_2. html.

④ 中华人民共和国国务院新闻办公室. China's Space Activities in 2011[R/OL]. (2011-12-29)[2022-08-07]. http://www. scio. gov. cn/zxbd/nd/2011/Document/1073727/1073727_1. html.

物发生延误的,至迟应当自托运行李或者货物交付旅客或者收货人处置之日起 21 日内提出。①

**译文**:In case of damage to checked baggage or cargo, the passenger or consignee must complain to the carrierforthwith after the discovery of the damage, and at the latest, within seven days from the date of receipt in the case of checked baggage and fourteen days from the date of receipt in the case of cargo. In the case of delay the complaint must be made at the latest within twenty-one days from the date on which the checked baggage or cargo have been placed at the disposition of the passenger or consignee. ②

在上面这个例句中,由于是法律条文,所以在译文中仍用单词表示数词,即使是小于十的也用数词,这样比较正式。

**例 4.1.18** 如此惊人巨大的能量向太空辐射,其中约 22 亿分之一到达地球大气层外表面。③

**译文**:With so whacking energy radiating to space, about one over 2.2 billion of the energy reaches earth atmosphere's outer surface.

根据英语中的一些书写规则的要求,一般要将日期、百分比、带单位的数词用阿拉伯数字表示,切不可贸然翻译成单词。

**例 4.1.19** 2011 年以来,截至 2016 年 11 月,长征系列运载火箭共完成 86 次发射任务,将 100 多个航天器成功送入预定轨道,发射成功率达到 97.67%,运载火箭的可靠性和高密度发射能力持续增强。④

**译文**:From 2011 to November 2016 the Long March carrier rocket series completed 86 launch missions, sending over 100 spacecraft into target orbit with a success rate of 97.67 percent, indication of increasing effectiveness and high-density launching capability of carrier rockets. ⑤

在一些飞行器型号或是工程项目的名称中含有数字,如"神舟十四号""天宫二号"等,译文中的这些数字一般用阿拉伯数字代替即可。

**例 4.1.20** 6 月 5 日,"神舟十四号"载人飞船成功发射。陈冬、刘洋、蔡旭哲 3 名航天员顺利进驻空间站组合体,自此开启了为期 6 个月的飞行任务。

① 全国人民代表大会常务委员会法制工作委员会. 中华人民共和国民用航空法[Z/OL]. [2022-08-07]. http://www. caac. gov. cn/XXGK/XXGK/JGGLL/XGFG/201603/P020160304418125592878. pdf.

② 全国人民代表大会常务委员会法制工作委员会. Civil Aviation Law of the People's Republic of China [Z/OL]. [2022-08-07]. http://www. caac. gov. cn/en/ZCFG/MHFL/201509/P020150901511659239730. pdf.

③ 夏云,夏葵. 建筑科学基础[M]. 北京:中国建材工业出版社,2005:2.

④ 中华人民共和国国务院新闻办公室. 2016 中国的航天[R/OL]. (2016-12-27)[2022-08-07]. http://www. scio. gov. cn/zfbps/ndhf/34120/Document/1537008/1537008. html.

⑤ 中华人民共和国国务院新闻办公室. China's Space Activities in 2016[R/OL]. (2016-12-27)[2022-08-07]. http://www. scio. gov. cn/zfbps/ndhf/34120/Document/1537022/1537022. html.

**译文：**China launched the Shenzhou-14 spaceship on June 5, sending three astronauts to its space station combination for a six-month mission.[①]

**例 4.1.21** 发射"天舟一号"货运飞船，与在轨运行的"天宫二号"空间实验室进行交会对接，突破和掌握货物运输和补给等关键技术，为空间站建造和运营积累经验。[②]

**译文：**China plans to launch the Tianzhou-1 cargo spacecraft to dock with the earth-orbiting Tiangong-2 space laboratory, and research and master key technologies for cargo transport and replenishment to accumulate experience in building and operating a space station.[③]

**例 4.1.22** 研制发射"实践十三号""实践十七号""实践十八号"全球二氧化碳监测等技术试验卫星，开展新型电推进、激光通信、新一代通信卫星公用平台等关键技术试验验证。[②]

**译文：**China will develop and launch technology experiment satellites, including the Shijian-13, Shijian-17 and Shijian-18, and a global carbon dioxide monitoring satellite, and conduct experiments on key technologies for new electric propulsion, laser communications and common platforms of new-generation communications satellites.[③]

根据英语中的数词书写规则，序数词应当用阿拉伯数字表示。

**例 4.1.23** 2008 年 9 月 25 日至 28 日，成功发射"神舟七号"载人飞船，首次顺利实施航天员空间出舱活动，完成舱外空间材料试验、小卫星释放与伴飞试验，标志着中国成为世界上第三个独立掌握航天员空间出舱关键技术的国家。[④]

**译文：**From September 25 to 28, 2008, China successfully launched the Shenzhou-7 (Divine Ship-7) manned spaceship. China also became the third country in the world to master the key technology of astronaut space extravehicular activity, completing a space material test outside the spaceship and an experiment on deploying and accompanying flight of a small satellite.[⑤]

---

① 神舟十四号乘组圆满完成首次出舱任务[EB/OL].（2022-09-02）[2022-09-03]. https://language. chinadaily. com. cn/a/202209/02/WS6311aca2a310fd2b29e75aad. html.

② 中华人民共和国国务院新闻办公室. 2016 中国的航天[R/OL].（2016-12-27）[2022-08-07]. http:// www. scio. gov. cn/zfbps/ndhf/34120/Document/1537008/1537008. html.

③ 中华人民共和国国务院新闻办公室. China's Space Activities in 2016[R/OL].（2016-12-27）[2022-08-07]. http://www. scio. gov. cn/zfbps/ndhf/34120/Document/1537022/1537022. html.

④ 中华人民共和国国务院新闻办公室. 2011 年中国的航天[R/OL].（2011-12-29）[2022-08-07]. http:// www. scio. gov. cn/zxbd/nd/2011/Document/1073255/1073255_2. html.

⑤ 中华人民共和国国务院新闻办公室. China's Space Activities in 2011[R/OL].（2011-12-29）[2022-08-07]. http://www. scio. gov. cn/zxbd/nd/2011/Document/1073727/1073727_1. html.

**例 4.1.24** 成功举办第 31 届空间与重大灾害宪章理事会、第 32 届机构间空间碎片协调委员会等国际会议。①

**译文**：It hosted the 31st Council of the International Charter on Space and Major Disasters, the 32nd Meeting of the IADC and other international conferences.②

# 练 习

## 一、基本练习

请将下面的句子翻译成英语，注意数字的译法。

(1) 185 人在上星期的那次飞机失事中丧生。③

(2) 航空运输的诉讼时效期间为二年，自民用航空器到达目的地点、应当到达目的地点或者运输终止之日起计算。④

(3) 中国航天事业自 1956 年创建以来，已走过 60 年光辉历程，创造了以"两弹一星"、载人航天、月球探测为代表的辉煌成就，走出了一条自力更生、自主创新的发展道路，积淀了深厚博大的航天精神。为传承航天精神、激发创新热情，中国政府决定，自 2016 年起，将每年 4 月 24 日设立为"中国航天日"。①

(4) 到 1998 年，全国从事科技活动人员已达 281.4 万人，其中科学家工程师 149 万人，均比 1991 年增长 23.1％和 12.8％。⑤

(5) 1998 年财政对科技的拨款已达 466.5 亿元，是 1978 年 52.9 亿元的 8.8 倍。⑤

## 二、拓展练习

下列句子的译文中，数字的翻译是否恰当？如有不恰当的地方，请改正。

(1) 原文：太阳质量为 $2.2 \times 10^{27}$ 吨，约为地球质量的 33 万倍，占太阳系总质量的 99.86％，最主要的成分是氢占 78％，氦占 20％。⑥

**译文**：Solar mass is $2.2 \times 10^{27}$ t, about 0.33 million times that of the earth, occupies 99.86％ of the total mass of the solar system. Hydrogen and helium

---

① 中华人民共和国国务院新闻办公室. 2016 中国的航天[R/OL]. (2016-12-27)[2022-08-07]. http://www.scio.gov.cn/zfbps/ndhf/34120/Document/1537008/1537008.html.

② 中华人民共和国国务院新闻办公室. China's Space Activities in 2016[R/OL]. (2016-12-27)[2022-08-07]. http://www.scio.gov.cn/zfbps/ndhf/34120/Document/1537022/1537022.html.

③ 崔涛,周淼. 英文数词和阿拉伯数字用法点滴[J]. 英语知识,1998(5):26-27.

④ 全国人民代表大会常务委员会法制工作委员会. 中华人民共和国民用航空法[Z/OL]. [2022-08-07]. http://www.caac.gov.cn/XXGK/XXGK/JGGLL/XGFG/201603/P020160304418125592878.pdf.

⑤ 翟立功. '99 今日中国：汉英对照[M]. 北京：中国统计出版社,1999:43.

⑥ 夏云,夏葵. 建筑科学基础[M]. 北京：中国建材工业出版社,2005:2.

are by far the most abundant, representing over 78 and 20 percent of the solar mass, respectively.

（2）对每名旅客的赔偿责任限额为 16 600 计算单位；但是，旅客可以同承运人书面约定高于本项规定的赔偿责任限额。[①]

**译文**：The liability of the carrier for each passenger is limited to the sum of 16,600 units of account. Nevertheless, the passenger may agree with the carrier inwriting to a limit of liability higher than that prescribed by this sub-paragraph.[②]

# 4.2 公式的英译

在科技文本中，常用公式和相关语句表示专业的运算和转换过程，在翻译时要注意使用准确的词句表达。下面介绍基本运算和运算过程表达词句的英译形式。

## 一、基本运算

常见的运算有加法运算、减法运算、乘法运算、除法运算、幂运算、开方运算、比较运算等。

### 1. 加法运算

可以用 and、plus、added to 等表示，如：

**例 4.2.1** $1+2=3$

**译文**：One and two is three. / One plus two is three. / One added to two equals three. / One and two makes three. / If you add one to two, you get three.

### 2. 减法运算

可以用 minus、taken from、subtracted from 等表示，如：

**例 4.2.2** $3-1=2$

**译文**：Three minus one is two. / Three minus one is equal to two. / One

---

① 全国人民代表大会常务委员会法制工作委员会. 中华人民共和国民用航空法[Z/OL]. [2022-08-07]. http://www.caac.gov.cn/XXGK/XXGK/JGGLL/XGFG/201603/P020160304418125592878.pdf.

② 全国人民代表大会常务委员会法制工作委员会. Civil Aviation Law of the People's Republic of China [Z/OL]. [2022-08-07]. http://www.caac.gov.cn/en/ZCFG/MHFL/201509/P020150901511659239730.pdf.

taken from three leaves two. / One subtracted from three leaves two. / Take one from three and the remainder is two.

### 3. 乘法运算

可以用 multiply…by…、multiplied by、time 等表示,如:

**例 4.2.3** $2 \times 3 = 6$

**译文**:Multiply two by three is/gives six. / Two multiplied by three is six. / Multiply two by three, you get six. / Two times three is/makes/will be/ equals six. / Two times three is equal to six.

### 4. 除法运算

可以用 divided…by…、divided by、divide into…、into 等表示,如:

**例 4.2.4** $6 \div 2 = 3$

**译文**:Six divided by two makes/is/equals three. / Six divided by two is equal to three. / Two into six goes three times. / Divide two into six, and you get three. / Divide six by two, and you get three.

### 5. 幂运算

可以用 square、cube、power 等表示,如:

**例 4.2.5** $3^2 = 9$

**译文**:Three squared is nine.

**例 4.2.6** $2^3 = 8$

**译文**:Two cubed is eight.

**例 4.2.7** $2^4 = 16$

**译文**:The fourth power of two is sixteen.

### 6. 开方运算

可以用 square root、cubic root 等表示,如:

**例 4.2.8** $\sqrt{4} = 2$

**译文**:The square root of four is two.

**例 4.2.9** $\sqrt[3]{8} = 2$

**译文**:The cubic root of eight is two.

### 7. 比较运算

比较运算用于表达两个表达式的大小关系,常用的符号及其英语表达如表 4.1 所列。

表 4.1　比较运算符中英文表达对照表①

| 序　号 | 符　号 | 中文表达 | 英文表达 |
|---|---|---|---|
| 1 | $\neq$ | 不等于 | does not equal / not equal |
| 2 | $<$ | 小于 | be less than |
| 3 | $\leqslant$ | 小于等于 | be less than or equal to |
| 4 | $<<$ | 远小于 | be much less than |
| 5 | $>$ | 大于 | be greater than |
| 6 | $\geqslant$ | 大于等于 | be greater than or equal to |
| 7 | $>>$ | 远大于 | be much greater than |

我们看下面的例句。

**例 4.2.10**　$3+5>7$

**译文:** Three plus five is greater than seven.

**例 4.2.11**　假设每个整数为偶数,并且大于或等于4,小于2的15次方。②

**译文:** You may assume that each integer is even, and is greater than or equal to 4 and less than 2^15.

### 8. 括号

常用的括号有小括号(parenthesis)、中括号(bracket)、大括号(brace),它们是成对出现的,左边的读作左括号(left/open parenthesis/bracket/brace),右边的则读作右括号(right/close parenthesis/bracket/brace)。

## 二、运算过程表达词句

科技文本中表述运算过程时,要按照各学科的规范使用一些固定的表达词句和符号,它们的英语表达见表 4.2。

---

① 超全数学符号、公式英语表达方法汇总[EB/OL]. (2022-07-13)[2022-08-10]. https://www.sohu.com/a/567128568_121124720.

② 大于或等于[EB/OL]. (2022-07-13)[2022-08-10]. http://dictall.com/st/45/92/45920681C65.html.

## 表 4.2　常见运算表达词句中英对照表①

| 序号 | 中文语句 | 英文表达 |
| --- | --- | --- |
| 1 | 已知 | given… |
| 2 | 求…… | find/determine… |
| 3 | 由……给出 | be given by… |
| 4 | 需求出…… | … to be obtained |
| 5 | 求……的公式是…… | the formula for… is… |
| 6 | 解 | procedure/solution |
| 7 | 有……的解 | have a solution for… |
| 8 | ……是……的唯一解 | … is the unique solution of… |
| 9 | 推导出…… | derive |
| 10 | ……忽略不计 | neglect… / … be negligible |
| 11 | 式中…… | … where… |
| 12 | 设……为…… | let… be… |
| 13 | 使……成为…… | allow… to be… |
| 14 | 利用……引入下列……方程式 | by using… , we introduce the following… equations |
| 15 | 在此引入……函数以保证…… | the functions… are introduced here to guarantee… |
| 16 | 将……赋予……;指定……到…… | assign… to… |
| 17 | 将数据代入公式 | plug the data into the formula |
| 18 | 令 | denote |
| 19 | 令……为…… | denote… by… |
| 20 | 正 | positive/plus |
| 21 | 负 | negative/minus |
| 22 | ……约为…… | an approximation for… is… |
| 23 | 大约是…… | approximate to… |
| 24 | 入、进 | round up |
| 25 | 舍 | round down |
| 26 | 因为(∵) | since/because |
| 27 | 所以(∴) | therefore |
| 28 | 包含于(⊆) | be contained in / be a subset of |
| 29 | 包含(⊇) | contain |

① 根据傅勇林、唐跃勤编《科技翻译》的相关内容和网络资料整理成表格,详见:傅勇林,唐跃勤. 科技翻译[M]. 北京:外语教学与研究出版社,2012:136;超全数学符号、公式的英语表达方法汇总[EB/OL]. (2022-07-13)[2022-08-10]. https://www. sohu. com/a/567128568_121124720.

续表 4.2

| 序　号 | 中文语句 | 英文表达 |
|---|---|---|
| 30 | 属于(∈) | be element of / belong to |
| 31 | 平行(∥) | be/run parallel to/with |
| 32 | 垂直(⊥) | be perpendicular to |
| 33 | 相似于(∽) | be similar to |

表 4.2 中是部分运算过程表达词句的汉英对照。不同的专业还会有特有的术语和表达方式,要不断地积累,认真查阅相关资料,以保证译文的准确性。

请看下面例子中运算过程的英文翻译,注意加粗部分的翻译,如"求"(find)、"解"(solution)、"因为"(because/since)、"所以"(so/therefore)、"如果……那么……"(if… then…)等。

**例 4.2.12** 例 1.4.1(根据图像找不连续点) 图 1.4.1 **给出了**函数 $f(x)$ 的图像。**求**函数 $f(x)$ 的不连续点。

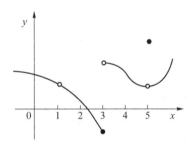

**图 1.4.1　$f(x)$ 的图像**

**解** 看上去,函数在 $a=1,a=3$,与 $a=5$ 不连续,因为图像在这几处间断。$f(x)$ 在 $x=1$ 不连续的理由为 $f(1)$ 没有定义。$f(x)$ 在 $x=3$ 不连续是**因为极限** $\lim\limits_{x\to 3} f(x)$ 不存在,尽管 $f(3)$ 有定义。虽然 $f(5)$ 有定义并且 $\lim\limits_{x\to a} f(x)$ **存在**,但是 $\lim\limits_{x\to a} f(x) \neq f(5)$,**所以** $f(x)$ 在 $x=5$ 不连续。①

**译文:** Example 1.4.1 (Discontinuity from a graph) Figure 1.4.1 shows that the graph of a function $f(x)$ . Find the numbers at which $f(x)$ has a discontinuity.

**Solution** It looks as if there are discontinuities at $a=1$ , $a=3$ and $a=5$, because the graph have breaks there. The official reason that $f(x)$ is discontinuous at 1 is that $f(1)$ is not defined. The reason for the discontinuity at 3 is that $\lim\limits_{x\to 3} f(x)$ does not exist though $f(3)$ is well defined.

---

① 平艳茹,姚海楼. 高等数学简明双语教程[M]. 北京:北京工业大学出版社,2014:48-49.

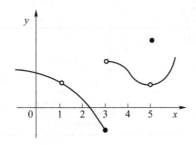

**Figure1.4.1　the graph of a funetion $f(x)$**

Although $f(5)$ is defined and $\lim\limits_{x\to a}f(x)$ does exist , $\lim\limits_{x\to a}f(x)\neq f(5)$, so $f(x)$ is discontinuous at 5.①

**例 4.2.13**　定理 1.4.2　如果 $f(x)$ 与 $g(x)$ 在 $x=a$ 处连续且 $c$ 是一个常数,那么下列函数在 $x=a$ 处也连续:

(1) $f(x)+g(x)$;

(2) $f(x)-g(x)$;

(3) $c \cdot f(x)$;

(4) $f(x)g(x)$;

(5) $\dfrac{f(x)}{g(x)}$, $g(a)\neq 0$。

**证明**　本定理的每一项都可以由对应的极限法则来证。这里,我们仅给出第一项的证明。因为 $f(x)$ 与 $g(x)$ 在 $x=a$ 连续,我们有

$$\lim\limits_{x\to a}f(x)=f(a), \quad \lim\limits_{x\to a}g(x)=g(a)$$

所以

$$\begin{aligned}
\lim\limits_{x\to a}(f+g)(x)&=\lim\limits_{x\to a}[f(x)+g(x)]\\
&=\lim\limits_{x\to a}f(x)+\lim\limits_{x\to a}g(x)\\
&=f(a)+g(a)\\
&=(f+g)(a)
\end{aligned}$$

这就证明了 $f(x)+g(x)$ 在 $x=a$ 处连续。②

**译文：**　Theorem 1.4.2 If $f(x)$ and g(x) are continuous at $a$ and $c$ is a constant, then the following functions are also continuous at $a$：

(1) $f(x)+g(x)$;

(2) $f(x)-g(x)$;

(3) $c \cdot f(x)$;

(4) $f(x)g(x)$;

---

①　平艳茹,姚海楼. 高等数学简明双语教程[M]. 北京：北京工业大学出版社,2014：16-17.

②　平艳茹,姚海楼. 高等数学简明双语教程[M]. 北京：北京工业大学出版社,2014：50.

(5) $\dfrac{f(x)}{g(x)}, g(a) \neq 0.$

**Proof** Each of the five parts of this theorem follows from the corresponding Limit Law. Here we just give the proof of part 1. Since f(x) and g(x) are continuous at a, we have

$$\lim_{x \to a} f(x) = f(a), \lim_{x \to a} g(x) = g(a)$$

Therefore

$$\lim_{x \to a}(f+g)(x) = \lim_{x \to a}[f(x)+g(x)]$$
$$= \lim_{x \to a} f(x) + \lim_{x \to a} g(x)$$
$$= f(a) + g(a)$$
$$= (f+g)(a)$$

This shows that $f(x)+g(x)$ is continuous at $a$.[1]

**例 4.2.14** 角动量是量子化的，以 $h/2\pi$ 为单位，因此

$$\Delta E = \gamma H_0 h/2\pi = h\nu, \text{ 则 } \nu = \gamma H_0/2\pi$$

对于在 1.4T(14100 高斯)外磁场中的原子($^1$H)要求的共振频率为 $\nu = 2.6738 \times 101.41/(2 \times 3.141) = 60 \times 106 s^{-1}$，即 $\nu = 60$ MHz。

一个质子产生跃迁所需能量

$$\Delta E = h\nu = 6.63 \times 10^{-34} \times 60 \times 10^6 = 4 \times 10^{-26} \text{ J}$$

每摩尔质子产生跃迁所需能量

$$4 \times 10^{-26} \times (6.02 \times 10^{23} \text{阿伏伽德罗数}) = 2.4 \times 10^{-2} \text{ J}$$

使用玻尔兹曼分布计算在 300K 时自旋状态的核子数 $N$

$$N_\beta/N_\alpha = \exp(-\Delta E/RT)$$
$$= \exp[-0.024/(1.98 \times 4.2 \times 300)]$$
$$= 0.999990$$

这表明，在常温下每百万 $\alpha$ 自旋状态的核子就有 999990$\beta$ 自旋状态的核子存在，说明NMR 的灵敏度很低。[2]

译文：

Angular momentum is quntized in units of $h/2\pi$, hence

$$\Delta E = \gamma H_0 h/2\pi = h\nu, \text{ then } \nu = \gamma H_0/2\pi$$

For proton ($^1$H) in an applied field of 1.4T (14100Gs), the required frequency is $\nu = 2.6738 \times 101.41/(2 \times 3.141) = 60 \times 106 s^{-1}$ i.e. $\nu = 60$ MHz.

The energy required to bring the transition of one proton is

① 平艳茹，姚海楼. 高等数学简明双语教程[M]. 北京：北京工业大学出版社，2014:18-19.

② 杜廷发，刘静宇，胡慎信. 汉英对照有机波谱分析纲要[M]. 长沙：国防科技大学出版社，2001:65.

$$\Delta E = h\nu = 6.63 \times 10^{-34} \times 60 \times 10^{6} = 4 \times 10^{-26} \text{J},$$

and pre mole is

$$4 \times 10^{-26} \times (6.02 \times 10^{23}, \text{Avogadro's number}) = 2.4 \times 10^{-2} \text{J}$$

Calculate the population of the spin states at 300K using the Boltzmann distribution

$$N_\beta / N_\alpha = \exp(-\Delta E/RT)$$
$$= \exp[-0.024/(1.98 \times 4.2 \times 300)]$$
$$= 0.999990.$$

This indicates that at normal temperature for every million nuclei in the $\alpha$ spin state there are 999990 in the $\beta$ state. It shows that the sensibility of NMR is lower.[1]

**例 4.2.15** 实际上各种类型的质子都是在稍许不同的磁场中共振的,因为所使用的外磁场被方向与之相反的局部诱导磁场所降低。这种降低可由下面方程中的屏蔽常数 $\sigma$ 反映出来。

$$\nu = \gamma H_0 (1-\sigma)/(2\pi)$$

因为以裸露质子为参比规定吸收频率差是不方便的,所以最常用的是以 TMS (视情况以其中的 $^1$H 或 $^{13}$C) 为参比来定义化学位移,即

$$\sigma = \frac{\nu(\text{样品}) - \nu(\text{参比})}{\text{工作频率}} \times 10^6 \text{ ppm}$$

当用 1.41T 磁场和 60 MHz 射频的波谱仪时,若—CH$_3$ 质子的吸收频率与 TMS 的吸收频率相距 228 Hz,则—CH$_3$ 的化学位移 $\sigma$ 为

$$\sigma = 228/(60 \times 10^6) = 3.8 \text{ ppm}[2]$$

**译文:**

In reality, each type of proton resonates under slightly defferent[3] magnetic fields since the applied magnetic field reduced by local induced magnetic field which are[4] opposite to the applied magnetic field. This reduction may be quantified as shielding conatant[5], $\sigma$, in the equation

$$\nu = \gamma H_0 (1-\sigma)/(2\pi)$$

Since it is inconvenient to define differences in absorption frequency by reference to a bare proton, most often by which to the TMS ($^1$H or $^{13}$C as the case may be) to define the chemical shift, i.e.

$$\sigma = \frac{\nu(\text{sample}) - \nu(\text{reference})}{\text{working frequency}} \times 10^6 \text{ ppm}$$

① 杜廷发,刘静宇,胡慎信. 汉英对照有机波谱分析纲要[M]. 长沙:国防科技大学出版社,2001:65.

② 杜廷发,刘静宇,胡慎信. 汉英对照有机波谱分析纲要[M]. 长沙:国防科技大学出版社,2001:200-201.

③ 原书拼写有误,应为 different.

④ 原书语法有误,应为 is.

⑤ 原书拼写有误,应为 constant.

If the $CH_3$ protons are separated by 228 Hz from the absorption frequency of TMS using a spectrometer with a field of 1.41 T and a radio frequency of 60 MHz, then the  of —$CH_3$ is

$$\sigma=228/(60\times10^6)=3.8 \text{ ppm}^①$$

在这个例子中,原文中的部分公式 $\sigma=\dfrac{\nu(\text{样品})-\nu(\text{参比})}{\text{工作频率}}\times10^6 \text{ ppm}$ 用中文注释,在译文中相应地转换成了英文。另外,容易被忽略的是部分标点符号的改动,原文中的标点符号,如全角逗号、括号应改为半角符号,以符合英文书写规范。

# 练 习

### 一、基本练习

请将下列算式用英文表达出来。

(1) $11+4=15$

(2) $33-12=21$

(3) $4\times5=20$

(4) $28\div4=7$

(5) $2^5+\sqrt[3]{27}=35$

### 二、拓展练习

请将下列运算过程翻译成英文。

(1) 解不等式 $3-2x\geqslant4x-9$,并将其解集标在数轴上。

解　$3-2x\geqslant4x-9$

　　$3-6x\geqslant-9$ 两边分别减去 $4x$

　　$-6x\geqslant-12$ 两边分别减去 $3$

　　$x\leqslant2$ 两边分别除以 $-6$(改变符号)。在数轴上的区间为 $(-\infty,2]$。②

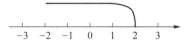

(2) 令 $\beta$ 为螺纹升角,即该角的正切值**等于**螺距与螺纹中心圆周长之比;令 $\phi$ 为摩擦角。上述两种情况的公式为:a)$M=Wr \tan(\phi+\beta)$,b) $M=Wr \tan(\phi-\beta)$。公式中 $r$ 是中心螺旋线的平均半径。③

---

① 杜廷发,刘静宇,胡慎信. 汉英对照有机波谱分析纲要[M]. 长沙:国防科技大学出版社,2001:206-207.

② 傅勇林,唐跃勤. 科技翻译[M]. 北京:外语教学与研究出版社,2011:138-139.

③ 傅勇林,唐跃勤. 科技翻译[M]. 北京:外语教学与研究出版社,2011:140.

# 4.3 图表的英译

图表能够更加直观地展示数据,更加简洁地描述作者想要表达的内容,甚至更清晰地呈现数据之间的关系,在科技文本中发挥着重要的作用。因此,对图表的翻译应当注重忠实原文,既完全反映原图内容,又要便于读者理解。

## 一、常见的图表类型

### 1. 二维表

二维表是被广泛应用的数据展示形式,由行和列组成,如图 4.1 所示[①]。

| 行 业 | Industry | 企业数（个）<br>Number of Enterprises(unit) | | | | | |
|---|---|---|---|---|---|---|---|
| | | 2000 | 2005 | 2008 | 2009 | 2010 | 2011 |
| 合计 | Total | 6767 | 11036 | 16521 | 17922 | 18905 | 14705 |
| 医药制造业 | Manufacture of Medicines | 2941 | 4381 | 5380 | 5663 | 5899 | 4975 |
| #化学药品制造 | Manufacture of Chemical Medicine | 1342 | 1650 | 1964 | 2009 | 2052 | 1760 |
| 中成药制造 | Manufacture of Finished Traditional Chinese Herbal Medicine | | 1096 | 1265 | 1302 | 1336 | 1233 |
| 生物，生化制品的制造 | Manufacture of Biological and Biochemical Chemical Products | 201 | 350 | 570 | 624 | 675 | 573 |
| 航空航天器制造业 | Manufacture of Aircrafts and Spacecrafts | 168 | 137 | 164 | 161 | 176 | 167 |
| 1.飞机制造及修理 | Manufacture and Repairing of Airplanes.I | 123 | 114 | 132 | 130 | 142 | 131 |
| 2.航天器制造 | Manufacture of Spacecrafts | 45 | 23 | 32 | 31 | 34 | 36 |
| 电子及通信设备制造业 | Manufacture of Electronic Equipment and Communication Equipment | 2162 | 3734 | 6853 | 6952 | 7538 | 5387 |
| 1.通信设备制造 | Manufacture of Communication Equipment | 509 | 734 | 973 | 1007 | 994 | 763 |
| #通信传输设备制造 | Manufacture of Communication Transmitting Equipment | 91 | 179 | 277 | 294 | 301 | 225 |
| 通信交换设备制造 | Manufacture of Communication Exchanging Equipment | 123 | 112 | 122 | 113 | 111 | 82 |
| 通信终端设备制造 | Manufacture of Communication Terminal Equioment | 73 | 125 | 146 | 147 | 140 | 112 |

（表标题：1-1-6内资企业分行业高技术产业生产经营情况 Statistics on Production and Management in High-tech Industry of Domestic Funded Enterprises by Industrial Sector）

图 4.1 二维表示例

---

① 国家统计局,国家发展和改革委员会,科学技术部. 中国高新技术产业统计年鉴. 2012;汉英对照[M]. 北京:中国统计出版社,2012:25.

**2. 数据图**

数据图实质上是对二维表数据内容的直观展示，也是数据"可视化"的手段，能够快速、有效地表达数据关系，让读者更方便地查看数据的差异，进行数据比较和预测数据变化趋势。常见的数据图有柱形图（直方图）、折线图、饼图、雷达图等。

**（1）柱形图**

柱形图又称长条图、柱状统计图（bar chart），亦称条图（bar graph）、条状图、棒形图，是一种用不同长度的长方形表示变量的统计图表，如图4.2所示。柱形图有竖向和横向两种排列方式。①

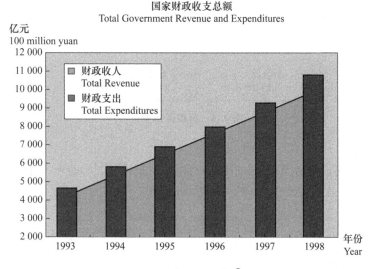

图 4.2　柱形图示例②

**（2）折线图**

折线图（line graph）"可以显示随时间（根据常用比例设置）而变化的连续数据，因此非常适用于显示在相等时间间隔下数据的趋势"，如图4.3所示。③

———————————

①　柱形图［EB/OL］.［2022-08-12］. https://baike. baidu. com/item/％E6％9F％B1％E5％BD％A2％E5％9B％BE/10816534? fr＝aladdin.

②　翟立功.'99今日中国：汉英对照［M］. 北京：：中国统计出版社，1999：510.

③　折线图［EB/OL］.［2022-08-12］. https://baike. baidu. com/item/％E6％8A％98％E7％BA％BF％E5％9B％BE/10816540? fr＝kg_general.

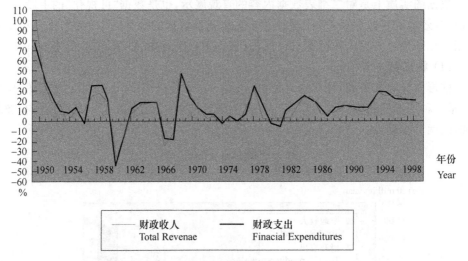

图 4.3　折线图示例①

## (3) 饼图

饼图(sector graph,又名 pie graph),常用于统计学模块,显示一个数据系列中各项的大小与各项总和的比例,如图 4.4 所示。②

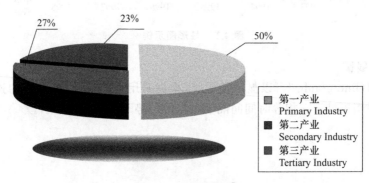

图 4.4　饼图示例③

---

① 翟立功. ′99 今日中国:汉英对照[M]. 北京:中国统计出版社,1999:513.

② 饼形图[EB/OL]. [2022-08-12]. https://baike. baidu. com/item/％E9％A5％BC％E5％9B％BE?fromModule＝lemma_search-box.

③ 翟立功. ′99 今日中国:汉英对照[M]. 北京:中国统计出版社,1999:509.

**(4) 雷达图**

雷达图也称为网络图、蜘蛛图、星图、蜘蛛网图、不规则多边形、极坐标图或 Kiviat 图,"是以从同一点开始的轴上表示的三个或更多个定量变量的二维图表的形式显示多变量数据的图形方法"①,如图 4.5 所示。

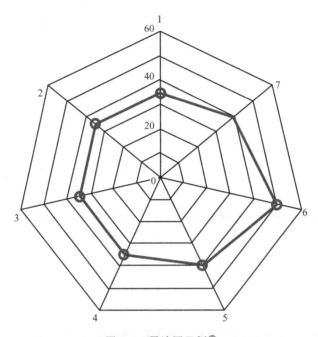

图 4.5　雷达图示例②

**3. 图　形**

图形由点、线、面组合而成,应用范围较广,包括数学、物理、化学等学科用于阐述原理的点、线、线段、角、三角形、多边形、平面、立体图形等,以及这些图形构成的更加复杂的图纸、仿真图、示意图、流程图等。

**(1) 图纸**

图纸是"用标明尺寸的图形和文字来说明工程建筑、机械、设备等的结构、形状、尺寸及其他要求的一种技术文件"③,如图 4.6 所示。

① 雷达图[EB/OL]. [2022-08-12]. https://baike.baidu.com/item/%E9%9B%B7%E8%BE%BE%E5%9B%BE? fromModule=lemma_search-box.

② 雷达图[EB/OL]. [2022-08-12]. https://baike.baidu.com/pic/%E9%9B%B7%E8%BE%BE%E5%9B%BE/3587592.

③ 图纸[EB/OL]. [2022-08-12]. https://baike.baidu.com/item/%E5%9B%BE%E7%BA%B8/6094072? fr=aladdin.

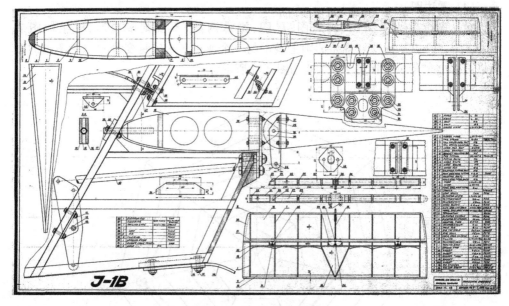

图 4.6  某型飞机图纸①

**(2) 仿真图**

仿真图是利用计算机建立仿真模型,复现实际系统中发生的本质过程而生成的模拟图。图 4.7 是飞机发动机的仿真图。②

在1.49 ms时飞脱一个叶片的风扇叶片飞脱

在t=3.69 ms时飞脱一个叶片的风扇叶片飞脱

在t=3.69 ms时破损叶片的轴测图

破损叶片和风扇机理

图 4.7  飞机发动机设计仿真图③

---

① J1-B 超轻型飞机图纸[EB/OL]. [2022-08-12]. https://www. wendangwang. com/doc/91fcb6ebb3bcd89515d3e766/2.

② 仿真图[EB/OL]. [2022-08-12]. https://baike. baidu. com/item/% E4% BB% BF% E7% 9C% 9F? fromModule=lemma_search-box.

③ 航空发动机:一个顶级现代工业造物的智能制造速写[EB/OL]. (2019-09-16)[2022-08-12]. https://www. sohu. com/a/341206296_816193.

**(3) 示意图**

示意图是大体上描述或表示物体的形状、相对大小、物体与物体之间的联系（关系）的简单图示。例如，描述某器材或某机械的大体结构和工作的基本原理，描述某个工艺过程。图4.8是火箭发动机线图与结构示意图。[①]

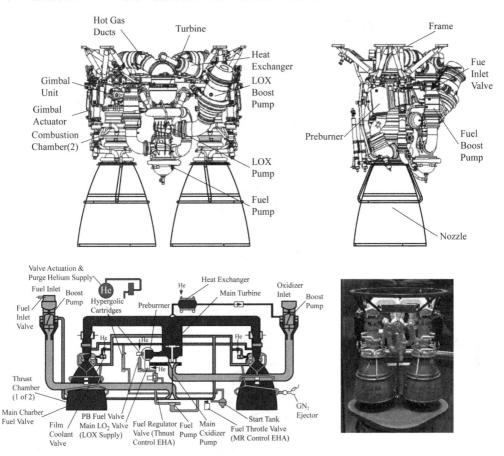

图4.8　火箭发动机线图与结构示意图[②]

**(4) 流程图**

流程图又叫框图，是"以特定的图形符号加上说明，表示算法的图"，可以用来表示某个零件的制造工序，甚至组织决策制定的程序。[③] 图4.9是数控加工机床开环控制图。

---

① 示意图[EB/OL]．[2022-08-12]．https：//baike．baidu．com/item/％E7％A4％BA％E6％84％8F％E5％9B％BE/10913112？fromModule＝lemma-qiyi_sense-lemma．

② 俄媒称中俄正就出口RD-180火箭发动机磋商 但俄不会转让技术[EB/OL]．(2017-11-29)[2022-08-12]．http：//mil．qianlong．com/2017/1129/2211455.shtml．

③ 流程图[EB/OL]．[2022-08-12]．https：//baike．baidu．com/item/％E6％B5％81％E7％A8％8B％E5％9B％BE/206961？fr＝aladdin．

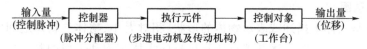

**图 4.9   数控加工机床开环控制方框图[①]**

## 二、图表相关翻译

### 1. 图题表题翻译

图题是一段简短的描述文字,用于说明图表的重要信息,这些信息被阅读的频率很高,一般比较简洁明了、内容翔实,翻译时宜采用直接翻译的方法。看下面的例子[②]:

**例 4.3.1**   请翻译 Fig. 9.1 的图题。

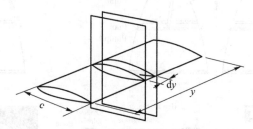

**Fig. 9. 1    Airfoil seetion of a wing or fin.** [③]

**译文:**

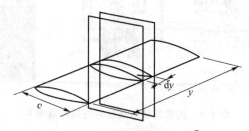

**图 9.1   机翼或垂尾的翼型**[④]

这两幅图中,英文图题是原文,中文图题是译文。题注翻译采用了直译法,同时根据中文行文规范,对图的编号格式进行了适当调整。

---

① 摆玉龙. 自动控制原理(双语教材)[M]. 北京:清华大学出版社,2013:7.
② 此处及后面几处用英汉翻译材料作例子说明。
③ 德雷尔. 直升机和倾转旋翼飞行器仿真引论:双语教学[M]. 孙传伟等,译. 北京:航空工业出版社,2014:4.
④ 德雷尔. 直升机和倾转旋翼飞行器仿真引论:双语教学[M]. 孙传伟等,译. 北京:航空工业出版社,2014:5.

## 2. 图表内容翻译

图表内容中的文字是对图表中的细节进行具体的说明，非常重要。翻译时要做到准确无误，特别是数字、文字指向的位置等。由于中英文占用排版空间大小不同，必要时需对译文排版进行调整。

**例 4.3.2** 请翻译 Fig.9.24 的图注及图上的内容。

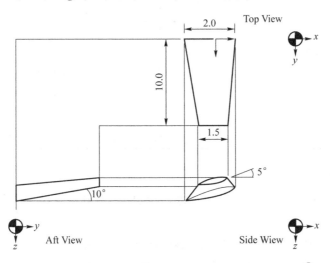

**Fig. 9. 24 Three view of the wing in the example problem.** [1]

译文：

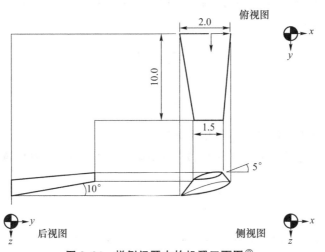

**图 9.24 样例问题中的机翼三面图** [2]

---

① 德雷尔. 直升机和倾转旋翼飞行器仿真引论:双语教学[M]. 孙传伟等,译. 北京:航空工业出版社,2014:48.

② 德雷尔. 直升机和倾转旋翼飞行器仿真引论:双语教学[M].孙传伟等,译. 北京:航空工业出版社,2014:5.

**3. 图表描述语句翻译**

描述图表常用到的语句及其翻译见表 4.3。

表 4.3　图表描述语句中英对照表

| 序 号 | 中文语句 | 英文表达 |
|---|---|---|
| 1 | 根据表/图…… | According to the table/chart/graph… |
| 2 | 如表/图所示…… | As is shown/indicated/demonstrated/revealed, etc. in the table/graph/chart… <br><br> 或 The table/graph/chart shows… |
| 3 | 从上述表/图中可以看出…… | From thetable/chart/graph above … |
| 4 | 表/图显示 | The table/chart/graph illustrates… |
| 5 | 表/图是关于……的表/图 | The table/chart/graph is an illustration/diagram of… |

请看下面的例句。

**例 4.3.3**　图 2-12 为烟道及通风道,图 2-13 为传统垃圾道,设计新式垃圾道可参考。①

**译文:**Fig.2-12 shows smoke flue and air flue, Fig. 2-13 showing conventional rubbish flue can be a reference for designing a new one.②

**例 4.3.4**　图 2-14 为墙身(以砖墙为例)防水防潮构造。③

**译文:**Fig.2-14 shows the construction of water-proof and damp-proof of a④ exterior wall.⑤

# 练 习

**一、基本练习**

请将下列对图表的描述语句翻译成英文。

(1) 尽管 B 的下降速度比 A 要慢得多,但从表中我们可以看出 A 和 B 的比例都在下降。⑥

---

① 夏云,夏葵. 建筑科学基础[M]. 北京:中国建材工业出版社,2005:35-36.

② 夏云,夏葵. 建筑科学基础[M]. 北京:中国建材工业出版社,2005:36.

③ 夏云,夏葵. 建筑科学基础[M]. 北京:中国建材工业出版社,2005:37.

④ 原书拼写有误,应为 an.

⑤ 夏云,夏葵. 建筑科学基础[M]. 北京:中国建材工业出版社,2005:37.

⑥ 傅勇林,唐跃勤. 科技翻译[M]. 北京:外语教学与研究出版社,2011:148.

(2) 图 2-6 新老基础关系[①]

(3) 更重要的吸收带是 E2 带,能用斯科特规则计算(见表 2.5)。[②]

(4) 图 9-4 表示翼型及其单个参考坐标系(IERA)和单个元素当地坐标系(IELA)。[③]

(5) 图表 1 描述了从 1996 到 2004 年间苏格兰注册婚姻数量的变化。[④]

## 二、拓展练习

请将下图内容翻译成英文。

(1)

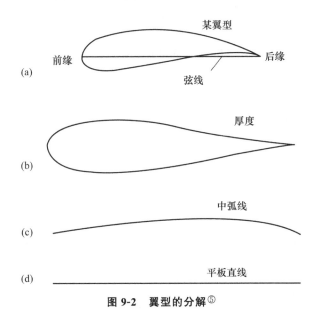

**图 9-2 翼型的分解**[⑤]

---

① 夏云,夏葵. 建筑科学基础[M]. 北京:中国建材工业出版社,2005:31.

② 杜廷发,刘静宇,胡慎信. 汉英对照有机波谱分析纲要[M]. 长沙:国防科技大学出版社,2001:49.

③ 德雷尔. 直升机和倾转旋翼飞行器仿真引论:双语教学[M]. 孙传伟等,译. 北京:航空工业出版社,2014:7.

④ 傅勇林,唐跃勤. 科技翻译[M]. 北京:外语教学与研究出版社,2011:149.

⑤ 德雷尔. 直升机和倾转旋翼飞行器仿真引论:双语教学[M]. 孙传伟等,译. 北京:航空工业出版社,2014:48.

（2）

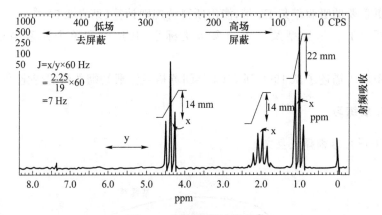

**图 4.2　核磁共振波谱图①**

① 杜廷发,刘静宇,胡慎信. 汉英对照有机波谱分析纲要[M]. 长沙:国防科技大学出版社,2001:69.

# 第 5 章　词组的英译

词组是汉语中一种常见的语言现象,也是汉语词汇的一大特点。在日常生活中词组随处可见:从生活用品到电视、手机、报刊、杂志以及文学作品,我们都可以看到大量汉语词组。词组在汉语中占据了重要的一席之地,其地位不容忽视。汉英翻译过程中译者常常会碰到词组的翻译,目前在这方面已经有了许多深入的研究和精彩的例子,但是针对航空航天中出现的汉语词组应该采取什么样的翻译策略,如何简洁准确地达意,还值得探讨。本章聚焦航空航天类文本中汉语词组的英译,阐释汉语词组及汉语词组的特点,讨论航空航天类汉语词组的翻译准则,并结合前人研究及收集到的一些翻译实例,探究翻译航空航天类汉语词组的方法。

## 5.1　汉语词组研究

从对语言的描述和解释看,当代语言学理论流派分为两大阵营:一是以结构主义为代表的形式主义语言学,二是以认知语言学为代表的功能主义语言学;二者与传统语法并列,是语言研究的三大体系。[①] 针对英汉句法单位的划分和命名,目前学界仍未有统一的观点,但是总体上都从四个层次来进行划分,从小到大排序依次为:词素、词、词组、句子。在汉语研究中,大量句法研究都主要从句子这个层面来探索,而在句子这个单位以下的相关研究文献则较少。在汉语里,词组是一个较为复杂的概念,对于词组的定义目前在学界还是争论不休,各有各的观点。这一特色也体现在其丰富多彩的名称上,先后有"读""仂语""词结""字群""短语""结构"及"词组"等。本节拟通过对已有研究的梳理,就汉语词组的研究现状及其特点进行总结归纳。

### 一、传统语法中的汉语词组研究

词组一开始并不算作一个独立的句法单位,直到奥托・叶斯柏森(Otto Jespersen)在他的文章中提出词组这一概念,它才作为一个单位出现于各研究中。他认为词组是由两个或多个词构成,主要包含两种类别:组合式和联系式。并且他提出各类词组之间的成分都以从属关系进行连接,所以在任何一个表示事物或人的词组中,总是有一个中心词,即最重要的一个词语,而其他词语则以从属的地位辅助于该词。由此他进一步区分了词组中词的品级(ranks),并提出了"三品说"这一概念。

---

① 何伟,李璐.英汉词组研究综述[J].中国外语,2019,16(4):65-72.

"三品"一般分为首品（primary）、次品（secondary）和末品（tertiary）。例如在"extremely hot weather"（非常炎热的天气）这一例子中，weather（天气）是主要的概念，为首品；hot（炎热的）是限制修饰 weather 一词的，为次品；extremely（非常）是限制 hot 的，为末品。[①] 有些中文语言学家将其用于汉语语法研究，用品级这一概念来解释词组中各个词的作用，如"高飞之鸟"和"鸟高飞"的结构之中，名词"鸟"是首品，动词"飞"是次品，形容词"高"是末品。

《马氏文通》中，词组以"读"的形式出现。"凡有起语两词而辞义未全者，曰读。"[②]在马建忠的书中，词组就是指没有成句的主谓短语，相当于主谓结构。由于主语有时可以省略，所以所谓的"读"实际上就是不做谓语的动词短语。"或用如句中起词者，或用如句中止词者，则与名、代诸字无疑；或兼附于起、止两词以表已然者，则视同静字；或有状句中之动者，则与状字同工。"[②]书中把"读"当作一个整体，将其视为一个与词构句功能相同的句法成分。随后，在前人研究的基础上，黎锦熙又提出"两个以上的词组合起来，还没有成句的叫'短语'"[③]，并明确反驳了前一观点，认为主谓结构并不能算作短语。同时，也有不少汉语学者受到叶斯柏森提出的概念的影响，将其引用到自己提出的概念描述中。例如吕叔湘就在书中提出，词与词的结合可以形成"词组"和"词结"两种，分别对应前文中提到的"组合式"和"联系式"这两个概念。在词组或者词结的各个成分中，每个词分别处于甲、乙、丙三个等级，其对应前文中提到的首品、次品和末品。[④] 王力在《中国现代语法》中[⑤]，对于词组的概念定义则全面采用了叶斯柏森的观点。

## 二、结构主义语言学的汉语词组研究

20 世纪初，弗迪南·德·索绪尔（Ferdinand de Saussure）学说的出现标志着结构主义的诞生。自此，结构主义语言学开始在世界范围内盛行。受结构主义的影响，汉语学家开始从一个崭新的角度探索研究汉语词组。王力提出一个新的概念，将词组称为"仿语"，并将其分为"主从仿语"和"等立仿语"两类。前者"仿语的品必与其中心词的品相同"[⑥]，即主从仿语必须有一个中心，其余的词都修饰这一中心。后者"仿语的品必与其所包含的实词的品相同"[⑥]，即等立仿语是同一品级的词相联结构成。从这里可以看出，王力受到了莱昂纳德·布龙菲尔德（Leonard Bloomfield）的影响，在之前提出的品级的基础上，进一步拓展加入由布洛姆菲尔德提出的"向心结构"和"离心结构"的概念，从而构造了汉语中新的"仿语"的概念。后来张志公给出定义为

---

① JESPERSEN O. The Philosophy of Grammar [M]. Chicago：The University of Chicago Press, 1924/1958.
② 马建忠. 马氏文通[M].北京：商务印书馆, 1983：28.
③ 黎锦熙. 新著国语文法[M].湖南：湖南教育出版社, 1924/2007：17.
④ 吕叔湘. 中国文法要略（上卷）[M].北京：商务印书馆, 1942.
⑤ 王力. 中国现代语法 [M].北京：商务印书馆, 1943/1985.
⑥ 王力. 中国语法理论（王力全集第 8 卷）[M].北京：中华书局, 1954/2015：30.

"词与词组合起来成为词组"①,主要包括主谓、述宾、偏正、述补和联合类别。此外,他还提出了特定实词构成的词组①,如方位及数量词组等。至此,词组作为句法单位的观点在全世界普遍得到认可。随后,在20世纪80年代学界还建立起"词组本位"的汉语语法体系。1982年,朱德熙发表了《语法分析和语法体系》,明确反对把一切句法结构的分析都用在句子模型上进行的"句本位"语法观。他在1985年出版的《语法答问》中再次明确表示:"由于汉语的句子的构造原则跟词组的构造原则基本一致,我们就有可能在词组的基础上来描写句法,建立一种以词组为基点的语法体系。"②后来大家将这一思想概括为"词组本位"。

## 三、认知语言学中的汉语词组研究

随后,在语言学研究的发展进程中,认知语言学逐步发展壮大。认知语言学抛弃了传统词类划分和句法分析方法,不主张区分词汇和狭义的句法结构。③ 在汉语研究中,越来越多的学者借鉴认知语言学中的思想概念,将其运用到汉语的研究中,从理论层级对词组或者个别词组进行研究。

吴为善从范畴层次视角对词组进行研究。在现实世界里,事物被划分为不同的范畴,而同一事物又同时隶属于多个范畴,构成范畴的不同等级。范畴系统最大的特点之一就是层次性,位于上层的范畴高度概括、相对抽象,而越向下的范畴层次越具体。在这些范畴层次中,有一个中间层次在人们的认知中具有极其重要的地位,在这一层次上观察区分事物是最容易、最直观的。此等级范畴定义为基本层次范畴,向上扩展为上位范畴,向下扩展为下位范畴。其具体示例可见表5.1。

表 5.1 范畴层次示例表

| 范畴层次 | 动 词 | 名 词 |
|---|---|---|
| 上位 | 种植/购买 | 树木/房屋 |
| 基本 | 种/买 | 树/房 |
| 下位 | 抢种/代买 | 松树/旧房 |

从范畴层次看,不同词类皆可划分为上位、基本和下位。吴为善指出:①同一层次范畴组合具有优越性。例如"种""买""树"和"房"都属于基本层次范畴,所以将其结合在一起后,如"种树""买房",两者就能构成一个合乎人们语感的"完形";②基本层次范畴向下组合具有合理性,如"种松树""卖旧房"中的动词均位于基本层次范畴,

① 张志公.汉语的词组(短语)[J].语言教学与研究,1982(2):7-12.
② 朱德熙.语法问答[M].北京:商务印书馆,1985:74-77.
③ LAKOFF G. Women, Fire, Dangerous Things. What Categories Reveal about the Mind [M]. Chicago:The University of Chicago Press, 1987:582.

名词属于下位层次范畴;③下位层次范畴向上组合具有限制性,如"代买"是"买"的下位范畴,"代买房"的接受程度就不如"买房"高;④基本层次与上位层次具有不可组合性,这是因为两者在本质上差异较大,因而它们的界限比较森严,其组合缺乏认知基础。① 熊岭从静态角度分析现代汉语名词短语的意义功能层级:(定位(量化(细化(类)))),文章详细分析了"定位"和"量化"两个环节,认为"定位"分为标识有定的语境定位和标识无定的语境定位,前者有具体的语言形式,以指示词为主,后者并没有语言形式。量化词与语境定位成分关系密切,数量词必有定位成分,不是显性的有定成分,就是隐性的无定成分,而全量词和分量词实际上也是一种有定定位成分。②

## 四、汉语词组特点及分类

汉语词组的学术研究从传统语法的视角发展到形式主义时期,再前进到功能主义语言学领域,并在学界渐渐得到认可获得广泛关注。汉语学者从多个角度对汉语词组的研究提出自己的看法与见解,却仍无法统一对其下定义。而在《现代汉语词典》中,其对词组定义为:"两个或多个词的组合(区别于单词),如'新社会,打扫干净,破除迷信'。也叫短语。"③本节根据前文对前人的研究,以及词典中对词组的解释阐述,将词组定义为比词大、比动态的句子小的、静态的语法单位。

根据以上定义,词组大致可以分为两大类:固定词组和自由词组。固定词组在结构上具有固定性,也是平时生活中较为惯用的词组,因此构成固定词组的词及其顺序一般不能变动,且其在意义上具备整体性,组成其成分的各词往往无法再分开作个别解释。而自由词组,顾名思义,则是在结构上具自由性,往往是两个或两个以上的词自由结合而形成的词组,在日常生活中使用也较多,但没有固定的顺序及用法,往往自由词组在拆开以后仍能单独使用,且能单独释义。而进一步对词组分类,则需注意"'向下看'和'向上看'两个角度。'向下看'的意思是看这个单位是怎样由下级单位组成的,例如把词分成简单词、复合词,又把复合词分成并列式、主从式等等。这叫做按结构分类。'向上看'则相反,是看这个单位在上级单位里担任什么角色。例如有一些词经常在句子里做谓语,算是一个类,称为动词;另有一些词经常跟动词发生施事、受事以及别种关系,算是另一个类,称为名词。这叫做按功能分类,也就是一般所说的分词类。词和短语是中间单位,都可以有两种分类法。语素是最低一级的单位,只能按功能分类。句子一般说是最高一级的单位,只能按结构分类,其实也还可以按功能分类……"④汉语词组可以根据其中心词的词性,大致划分为名词性、动词性及

---

① 吴为善.认知语言学与汉语研究[M].上海:复旦大学出版社,2011.
② 熊岭.现代汉语名词短语的意义功能层级及其与有定性的关系[J].汉语学习,2013(2):26-33.
③ 中国社会科学院语言研究所词典编辑室.现代汉语词典[M].5版.北京:商务印书馆,2005:222.
④ 吕叔湘.汉语语法论文集[M].商务印书馆,1984:486.

形容词性三类。在这三类词组中又可根据词组内部中心词与其他词的搭配关系分为若干个结构关系,如并列关系、偏正关系、主谓关系等,不同的词性、不同结构关系往往赋予词组不同的语法意义,制约着词组的用法。<sup>①</sup> 在此基础上,我们对汉语词组进一步分类,固定词组一般包含三大类:

① 结构对称的习惯语。这是一类在日常生活中经常使用的词组,其长度一般比较长,主要通过口口相传而得到大众的使用。一般多见于各类文学作品或日常写作中,较少用于公文类写作、学术类写作等。这类习惯语多用作状语来修饰动词,表示动作行为的方式。例如"你一言我一语""东一锒头西一棒槌"等。

② 四字熟语,包括四字构成的成语和习惯用语。这类词组长度固定,由四个字组成,并且该类词组所包含的意义固定,历史也源远流长,一般与历史典故等有较大的关联。该类词组广泛被用于各类文体中,属于汉语中最常见的形式之一。这类固定短语的语法功能比较多样而灵活,以每一个短语接近某类词而定,但又未必具有该类词的全部的语法功能。例如"喜笑颜开""背水一战""年富力强""百里挑一"等。

③ 专有词组。在本书第 3 章中已有较为详细的陈述,不再赘述。

针对自由词组,其分类主要包含以下几种<sup>②</sup>:

① 并列词组,由两个或两个以上的名词、动词、形容词组成。在范畴层次中一般属于同一层级,且在意义上一般相近或者相同。例如"兄弟姐妹""发展培养""美丽大方"等。

② 偏正词组,由名词中心语和定语组成,或者由动词、形容词中心语和状语组成。这类词组类似于前文中提到的"三品",在词组中往往有一个重要的中心词,其他词则从属于这个中心词。例如"崇高理想""逐步提升""极其美妙"等。

③ 动宾词组,由动词和宾语组成。这类词组中的词与词之间是支配与被支配的关系,宾语能回答动词"谁"或"什么"的问题。例如"盖房子""发现问题"等。

④ 补充词组,由动词、形容词和补语组成。该类词组中的补充成分能够说明完善中心词,回答中心词"怎么样"的问题,在结构上通常以"得"为标志。例如"吓得哭""大得多"等。

⑤ 主谓词组,由主语和谓语组成。两者之间是陈述与被陈述的关系,谓语能回答主语"是什么"或"怎么样"的问题。例如"心情激动""天气好"等。

词组作为汉语里不可或缺的一个重要部分,有几个较为鲜明的特点,这些特点也是英译过程中的主要困难。词组的特点可概括为:①简洁紧凑;②古朴典雅;③修辞多样;④音韵和谐。汉语词组往往能通过几个简简单单的字就展现出一个丰富多彩

---

① 张卫国. 汉语四字词组的结构与用法[J]. 语言与翻译,1996(4):69-72.

② 苏培成. 短语及其分类[J]. 语文建设,1995(11):29-31.

的画面,且包含多种含义。例如,"悲欢离合"一词中,仅仅只用了四个字,就包含了人生中经常遇到的悲伤、欢乐、离别、团聚四种境遇。如果我们试图去翻译这一词组,则需要通过大段的堆砌进行解释,无法达到汉语里简洁明了又内容丰富的效果。

大量的词组都出自名著,是历代杰出作家和语言学家的宝贵成果。这些词组通常极具表现力,富有古典优雅之美。例如,宋代李清照的词作《声声慢·寻寻觅觅》中,仅以"寻寻觅觅,冷冷清清,凄凄惨惨戚戚。乍暖还寒时候,最难将息"24 个字,就将诗人的心情以及环境气氛烘托到了极致;秋天的天气总是骤然变暖,又突转寒冷,最难在这个时候保养休息,苦苦地去寻觅,却又只见冷清,怎不让人凄惨悲戚呢。而另一个三字词也颇具优雅韵味。"邯郸梦"一词组指虚幻不能实现的梦想。虽然仅仅只有三个字,但是却包含了一个富有哲理性的小故事:从前有一个穷困潦倒的书生卢生,在邯郸一个客店遇见道士吕翁。吕翁送他一个枕头,这时店主正开始做黄粱饭,卢生小睡一会,在梦中他中进士做宰相娶美妻,儿孙满堂,生活美满。梦醒后,主人的黄粱饭都还没做熟。如若译者尝试对其进行翻译,只能抛弃其原有的古典韵味,通过解释的方式来进行阐释。

汉语词组拥有多种多样的修辞格也是其特点之一。明喻、隐喻、拟人、对比、比拟等等,在日常的阅读中,我们能够在各种各样的词组中发现这些修辞手法。例如"深一脚浅一脚"就运用了对比的修辞手法,生动形象地将一个人行动的模样刻画了出来。"畏敌如虎"则使用了比喻的修辞手法,将"敌"的形象更加具体化,从而让读者能从心理认知上更好地去感受词组里所包含的情绪。但是在翻译中,因为文化的差异,修辞的许多手法都无法进行平移,所以这些效果往往会丢失。

与此同时,汉语词组具有音韵之美,这也是汉语的一大特点。例如"外贼好挡,家贼难防"中就通过将最后一个字的音落在"ang"来押尾韵,在文中使用这一词组,则会更加朗朗上口,便于记忆。而在英语中,音韵优美也是极其重要的一点。虽然在翻译的过程中,无法达成两种语言押同一韵脚,但还是有许多翻译实践都实现了在两种语言中都体现出不同的音韵美。

汉语词组似变形金刚,可拆卸,可组装,变化多端,伸缩自如,是汉语语言中的好材料,①我们可以在不同的材料中看到各类汉语词组的应用。译者尤其需要注意词组的翻译。作为极具中国特色的一类词汇,它要求译者慎重细致地反复推敲其含义,不仅需要理解词组本身所包含的意义,还需要结合词组所在的上下文,才能最好地理解它所包含的所有意思。在航空航天类文本中,我们也发现了许多词组。作为科技类文本中的词组,其主要类别及翻译策略等将在下一节中进行详细阐述。

---

① 郑福良.浅谈汉语词组的特点及其教学[J].语言与翻译,1997(3):71-72.

# 练 习

## 一、基本练习

请翻译以下词组。

（1）固定词组翻译

① 我为人人，人人为我

② 与时俱进

（2）自由词组翻译

① 减灾救灾

② 社会各界

③ 平等互利

## 二、拓展练习

1. 请翻译以下语段，注意段落中词组的翻译。

（1）这里那里，螺号阵阵，渔歌声声；近近远远，红旗飘飘，白帆点点。好一派动人的渔乐图啊！

（2）上海桂花节上曾有一段这样的介绍："满树金花、芳香四溢的金桂；花白如雪、香气扑鼻的银桂；红里透黄、花多味浓的紫砂桂；花色似银，季季有花的四季桂；竞相开放，争妍媲美。进入桂林公园，阵阵桂香扑鼻而来。"

2. 思考题。

（1）除文中介绍的汉语词组分类，是否还有其他分类方式？

（2）汉语词组是否还有其他特点？请举例说明。

（3）文中介绍到"基本层次与上位层次具有不可组合性"，这一特点是否合理？请举例说明。

# 5.2 航空航天类汉语词组翻译准则

航空航天类文本属于科技类文本，科技翻译有其自身的特点，这主要体现在文本文体、功能和服务对象三个方面。姜岷山在《从解决"语言危机"方法的不同看科技语言与文学语言的区别》一文中指出："科技语言是以文字语言为主，辅以数学语言和工程图学语言，以运载科技思想为职能，以词汇含义量扩大、句型扩展、句子成分之间关系复杂、用词力求准确经济、语法结构严密和要表达的思想全部字面化为主要特点的一种语言。"所以，在对航空航天类文本进行翻译时，需注意以下几点原则：准确、灵活和行文风格。

## 一、准确性

准确性主要包括三个方面的含义:对原文内容的理解准确无误、能够将原文的信息精确地用另一种语言传达,同时在表达时能够选择无误。下面我们将在一段翻译实例中进行阐释。

**例 5.2.1** 突破大容量地球静止轨道卫星公用平台、天基数据中继与测控等关键技术,卫星技术性能明显提高,话音、数据和广播电视通信水平进一步提升。

**译文:**China has won successes in its high-capacity GEO satellite common platform, space-based data relays, tracking, telemetry and command (TT&C), and other key technologies, showing remarkable improvement in the technical performance of China's satellites and in voice, data, radio and television communications. [1]

在这一段中,可以发现许多词组的翻译。其中,我们聚焦一个四字词组"公用平台"的翻译。"公用平台"这个词组可以有不同的翻译,例如 public platform、public stage 等。但是在这一段里译者选择了 common platform。首先,我们需要注意到底什么是"公用平台"。中国航天科技集团五院"实践二十号"卫星总设计师李峰用了这样一个比喻,生动形象地解释了什么是卫星公用平台:"卫星公用平台就好比一辆公共汽车,通过搭载不同的乘客(载荷)来实现卫星的应用性能。"因此,这里的平台所包含的意义也就比较明确了:即一个用来盛放装载物体的平面,并不指代供人们施展才能的舞台这一隐含意义,故不采取 stage 来进行翻译。其二则在于 public 和 common 的区别。public 和 common 两个词语都有公用的这一个意思,但是 public 侧重于强调公众的概念,而 common 则大多指事情普遍的情况。在原文中的"公用"强调这个平台是用来搭载各种各样的载荷来实现卫星的应用性能,而不是一个与其他人或者国家共享共用的含义,所以在翻译时就需要有意识地进行筛选。在这一翻译实践案例中,需先弄清楚这个词组所代表的意义。因为在科技类文本中,译者或许无法仅从上下文中就能判断出词组的含义,所以在翻译的过程中需要译者多多使用工具,以便能够更好地掌握了解某一词组真实意义。在确定了原文意思后,译者需要在目标语中找到与之相匹配的表达方式,能够将其精准地表达出来。对于一个译者来说,也许难点不在于用目标语表达出来,而在于挑选最适合、最精准的目标词组。在本例中,同一词组对应的目标语词组就不止一个,我们将其都罗列出来之后,还需从目标语的角度来筛选,搞清楚目标语词组的最佳表达,从而找到最适配的一组来完成翻译工作。这是航空航天类汉语词组翻译中需要注意到的第一个准则,即准确无误。

---

① 中华人民共和国国务院新闻办公室. 2011 年中国的航天(全文)(英文版)[R/OL]. (2011-12-29) [2022-04-10]. http://www.scio.gov.cn/ztk/dtzt/69/3/index.html.

## 二、灵活性

在翻译的时候,译者常常会发现同一个词或者词组也许会出现多次,为了能够给目标语读者带来较好的阅读感受,需在保证语义不出现误差的前提下,尽可能灵活地将汉语词组的内容体现在目标语中。但是在这里需注意:①为了使翻译结构更加多样,也许需要放弃原文词组的形式,如何取舍需要好好把握。不同于文学类文本,科技类文本的主要目标还是有效传达信息,对原文一些形式的摒弃反而能达到更好的翻译效果。②译者不能为了减少重复,而直接任意地省略翻译。何时能够省略何时不能,也需译者在翻译的过程中不断推敲琢磨。下面,通过对比几个翻译案例来进一步叙述。

**例 5.2.2** "天链一号"数据中继卫星的成功发射,使中国初步具备天基数据传输能力和对航天器的天基测控服务能力。

**译文**:Similarly, the successful launch of the Tianlian (Space Chain)-1 data relay satellite demonstrated China' preliminary capability of both space-based data relays and space-based TT&C.①

**例 5.2.3** 对地观测卫星应用的领域和规模不断扩大,业务服务能力不断提升,初步形成对地观测卫星应用体系。

**译文**:The fields and scope in which Earth observation satellites are used have been constantly expanding;these satellites' capabilities in providing business services have also been growing and an Earth observation satellite application system has initially taken shape.①

**例 5.2.4** 重点构建由对地观测、通信广播、导航定位等卫星组成的空间基础设施框架,初步形成长期、连续、稳定的业务服务能力。

**译文**:China will build a space infrastructure frame composed of Earth observation satellites, communications and broadcasting satellites, plus navigation and positioning satellites, and will develop a preliminary long-term, sustained and stable service capability.①

这里重点关注"服务能力"这一词组的翻译。这 3 个实例分别以不同的方式进行处理:例 5.2.2 的段落中使用了 capability 来概括这个四字词组;例 5.2.3 采取 capabilities in providing business services 这样一个短语的方式来释义;例 5.2.4 则选择了简单地将两个单词进行并列:service capability。在选词的准确度上,这几段都选择了 service 和 capability 分别表示中文的服务和能力,因此从语义角度来看是没有问题的。在其表达的灵活性上,不难发现第二个例子选择省略服务这一词的翻

---

① 中华人民共和国国务院新闻办公室. 2011 年中国的航天(全文)(英文版)[R/OL]. (2011-12-29) [2022-04-10]. http://www.scio.gov.cn/ztk/dtzt/69/3/index.html.

译。在这里,可以采用略译这种方式主要取决于上下文。在这一段的翻译中,译者将前面的"传输能力"和最后的"服务能力"用一个词进行总括,主要是为了突出这两个词组中"能力"的含义,并且整句强调的是何种能力,所以在译为目标语的过程中,我们可以看到译者通过省略的处理,将句子的重心放到了 capability of 后面的内容上。而在例 5.2.3 和例 5.2.4 中,译者采取了不同的语言形式:一个是通过后置定语来修饰 capabilities,并通过一个介词短语来阐释原文的服务含义;另一个则按照词对词的方式逐个翻译,用一个英语词组将原文译出。汉语词组最常见的就是并列叠加,所以我们会发现许多词组在语言形式上都是相似的。但是在翻译的过程中,译者就需慎重选择翻译技巧,妥善运用英语多样的语法形式,从而能够更加生动形象地将汉语词组译出。在本案例中,还值得注意的是在例 5.2.3 的翻译中,译者在对"业务"这一词进行处理时,选择了 business,但是在例 5.2.4 中则没有将其译出。通过译文我们也能够进一步理解原文词语所暗含的意义。

## 三、行文风格

这里的风格强调的是译者在航空航天类文本翻译的过程中,需要体现科技文体的特点。袁崇章在《论科技译文的语体特征》中将科技语体的特征归纳为:"不追求语言的艺术性,而把适切性、准确性、客观性、逻辑性、严密性、连贯性、简明性和规格性作为它的基本特性。"①文学类文本往往具有极高的艺术性,其不仅体现在文本的内容含义中,也会体现在文本的语言使用中。这也是文学类文本一直是翻译的一大难点的原因,因为不同的语言体系是无法进行复刻的。而与文学类文本不同,科技类文本不强调艺术感,它强调的是简单明了,如何能把一个事情或者东西讲清楚是最重要的。所以在翻译的过程中,译者往往也需要摆脱文学类文本翻译的思维方式,更多注重语言意义的传递,而不是将重点放到词汇选择是否精彩等。在下面的实践案例中,就可看出这一准则。

**例 5.2.5** 对地观测卫星地面系统和应用体系不断完善,应用领域深化拓展,应用水平日益提升,应用效益持续提高。

**译文:** The ground system and applications of earth observation satellites are improving, the fields and levels in which these satellites are used are expanding and the application benefits are growing. ②

在这一段中,需要注意"不断完善""深化拓展""日益提升"以及"持续提高"这几个词组。这四个词组是前文中提过的偏正词组,以两个词并列组合形成词组,其中心

---

① 袁崇章. 论科技译文的语体特征[J]. 外语教学, 1987(4):70-76.

② 中华人民共和国国务院新闻办公室. 2016 年中国的航天(全文)(英文版)[R/OL]. (2017-12-27) [2022-04-10]. http://www.scio.gov.cn/ztk/dtzt/34102/35723/index.html.

词在第二个词语上,第一个词语则是在修饰后一个词语。对这几个词组进行翻译时,译者可以选择使用各种各样丰富多彩的词汇,例如 unceasingly、increasingly、continuously、comprehensively 等。但是我们发现这里译者在处理的时候,并没有将词组中的修饰词一一译出。相反,译者选择了 are improving、are expanding 以及 are growing 这三个词语,运用现在进行时展现原文中修饰部分的词语含义。这种处理方式极为巧妙,不仅极好地利用了英语语言中时态这一特色,还减少了译文可能出现的冗杂问题。如果我们不选择这样的处理方式,而是将更多的词汇放入译文里直译,过于丰富的词汇反而会让读者在阅读时拗口难懂,科技类文本本身简洁严密的特色也缺失不少。因此,在把握翻译风格这一方面,译者也需多多尝试。

本节就航空航天类文本的翻译准则进行简单阐释,在准确、灵活和风格这三个准则的指导下,希望译者能够更好地去审视自己的翻译,从而选择最佳的翻译方式。在下一节的讨论中,将举证不同的汉语词组翻译,更加细致地探讨汉语词组英译的方法选择。

# 练 习

## 一、基本练习

请翻译下列短句,注意词组的翻译处理方式。

(1) 研制发射多颗"实践"系列卫星和微小卫星,为空间环境探测、空间科学实验和新技术验证提供了支撑平台。

(2) 中国的地球空间探测双星计划与欧洲空间局的星簇计划互相配合,获得大量新的科学数据,在空间物理学研究方面取得重要成果。

## 二、拓展练习

请翻译下列语段。

(1) 2010 年 10 月 1 日,成功发射"嫦娥二号"月球探测器,获取了分辨率更高的全月球影像图和虹湾区域高清晰影像,并成功开展环绕拉格朗日 L2 点等多项拓展性试验,为深空探测后续任务的实施奠定了基础。

(2) 完善了地面测控站和远洋测量船,建立了由 4 个观测站和 1 个数据处理中心组成的甚长基线干涉测量网,初步具备了天基测控能力,基本建成天地一体、设备齐全、任务多样的航天测控网。目前,中国航天测控网正在逐步实现由陆基向天基、由地球空间测控向深空测控的拓展,不仅能满足卫星测控需求,还能为载人航天和深空探测等任务提供测控支持。

# 5.3 汉语词组的翻译

本节主要以"民航机场标识中英文对照""2011 中国的航天"和"2016 中国的航天"三个中英文对照文本为基础,挑选提炼文本中具有代表性的词组,并将这些词组分类,再进一步剖析译者在词组翻译时选择的不同翻译手段,以案例分析的方式,更加明了清晰地同读者一起探讨航空航天类汉语词组的翻译。前文已对汉语词组的分类及特点进行了详尽的阐释,而在航空航天类文本中,结构对称的习惯语和四字熟语使用几乎为零,专有名词也在本书之前的章节已进行了探讨,故本节不再讨论固定词组的翻译。自由词组中,补充词组类在航空航天类文本中使用篇幅极少,所以将不在本节做进一步的介绍。本节主要就并列词组、偏正词组、动宾词组和主谓词组这四类词组进行讨论。

## 一、并列词组的翻译

并列词组是由两个或两个以上的名词、动词、形容词组成,广泛应用于汉语类的各种文本。此类词组简洁干练,所包含的内容意义丰富,用于科技类文本中有利于读者直观简单地读取信息。在翻译并列词组时主要采取的翻译方法就是直译。

**例 5.3.1** 检验检疫。

**译文:**Inspection and Quarantine.[①]

**例 5.3.2** 卫星环境应用中心、卫星减灾应用中心和卫星测绘应用中心等对地观测卫星应用机构,促进了对地观测卫星数据的推广应用。

**译文:**China has established centers for environmental satellite application, satellite disaster-relief application, satellite mapping application and other application institutes for Earth observation satellites, promoting the spread and utility of Earth observation satellite data.[②]

我们在航站楼内能够发现各种各样的并列词组。在航站楼里,该类词组一般都是独立存在,虽然占据的空间较小,却有很强的指示意义。而且为了达到更好的审美效果,需要将译文和原文的长短尽量保持一致。在这样的情况下进行翻译时,务必注意译文的简洁性。有利于译者的是,类似于航站楼这样的现代化设施全球覆盖率高,该类词组在不同的语言中几乎都有直接对应的词语,选择准确的词组直译即可。同时,许多并列词组也广泛运用句子中,例 5.3.2 则展示了名词性并列词组在句子中的

---

① 民航机场标识中英文对照[EB/OL]. [2022-04-10]. https://www.docin.com/p-716646745.html.
② 中华人民共和国国务院新闻办公室. 2011 年中国的航天(全文)(英文版)[R/OL]. (2011-12-29)[2022-04-10]. http://www.scio.gov.cn/ztk/dtzt/69/3/index.html.

一种运用方式。译者在处理这种情况时，注意准确选择词语即可。自由词组一般没有固定的对应词汇，所以译者也许会面临前后词语搭配的问题。例 5.3.2 中将"推广应用"译为"spread and utility"，不仅很好地表达了原文含义，也能与句子中上文的"promoting"相搭配。

**例 5.3.3** 宾馆/旅行社柜台。

**译文**：Hotel/Travel Agency Counter.①

并列词组中还有一类需要译者注意的情况：词组中会隐含其他意思。在例 5.3.3 中，译者在译文中加入了 agency（代理商）一词。我们作为中文母语者，在阅读中文标识时，能够很明晰地获取到一个信息：即这个宾馆或者旅行社柜台并不隶属于飞机场，其并不属于飞机场直接管理支配，仅仅是机场与代理商的合作以给旅客提供便利。但是这样的中国文化并不全球通行，如果直接将其译为"Hotel/Travel Counter"，英语母语者首先可能无法理解这个柜台所提供的究竟是什么服务，可能会将其误认为该柜台处于宾馆附近或者这是一个移动的柜台；其次他们可能也会认为这是隶属于飞机场职权范围内的服务，从而可能会带来一些不必要的麻烦。因此，在面对这些标识类语的翻译时，译者还需多从读者的角度思考，以便能够达到更好的翻译结果。

**例 5.3.4** 主要航天国家相继制定或调整航天发展战略、发展规划和发展目标。

**译文**：Leading space-faring countries have formulated or modified their development strategies, plans and goals in this sphere.②

**例 5.3.5** 积极推进"北斗"卫星导航系统的应用工作，"北斗"卫星导航系统已在交通运输、海洋渔业、水文监测、通信授时、电力调度和减灾救灾等领域得到应用。

**译文**：China strives to promote the application of its Beidou satellite navigation system, and the system has been used in transportation, sea fishing, hydrological monitoring, communications and timing service, power dispatching, and disaster reduction and relief.②

在例 5.3.4 和例 5.3.5 中我们选取了两段不同的中英对照翻译，这两个例子也聚焦于并列词组在句子中的翻译。在例 5.3.4 中，需关注"航天发展战略、发展规划和发展目标"这几个词组的翻译。译者将其译为"development strategies, plans and goals"。我们能够很直观地发现译者主要采取的手段为直译，通过寻找目的语中与原语相对应的词汇，直接并列组合翻译。但是当把词组放入一个句子中进行翻译时，译者的处理则需更加灵活。在这一翻译实践中，可以看到译者在翻译时直接省略了"航天"这个词语。之所以能够选择这样的方法，主要是因为该词组所处的上文里已

---

① 民航机场标识中英文对照[EB/OL]. [2022-04-10]. https://www.docin.com/p-716646745.html.

② 中华人民共和国国务院新闻办公室. 2011 年中国的航天（全文）（英文版）[R/OL]. (2011-12-29) [2022-04-10]. http://www.scio.gov.cn/ztk/dtzt/69/3/index.html.

经涵盖了航天这个意义,所以译者在这里的选择是合理且高效的。如果译者再次将该词译出,反而会造成译文意思冗杂重复。而例 5.3.5 这一案例在汉语行文中十分常见,多个词组并列出现在一个句子中。在处理此类情况时,译者需要尤其注意词组的词性、其在句中的位置以及词组含义。在该例中,交通运输、海洋渔业、水文监测、通信授时、电力调度和减灾救灾这 6 个词组分别都能在英语中找到对应的词汇,所以也降低了翻译难度。但是在有些时候,译者或许会碰到无法找到对应词汇的情况,这时就需要译者对词语进行转变。本例的译文为"transportation, sea fishing, hydrological monitoring, communications and timing service, power dispatching, and disaster reduction and relief",在语义方面,译者完美处理,但是在语言形式方面,是否能够有更进一步的改善呢? 原文均为四字词组,那么译文的处理是否也能通过某一种方式展现原文的形式呢? 或许这里还有一些修改空间值得我们进一步探索。

**例 5.3.6**　2016 年 6 月,文昌航天发射场首次执行航天发射任务,标志着中国自主设计建造、绿色生态环保、技术创新跨越的新一代航天发射场正式投入使用。

**译文**: In June 2016 the Wenchang Launch Site held its first launch, marking a new-generation launch site designed and built by China. The site is environmentally friendly and made breakthroughs in innovation. [1]

例 5.3.6 则是前文提到的无法通过词语对应直接翻译的情况。该句中出现了"自主设计建造、绿色生态环保、技术创新跨越"这几个多词并列的词组情况,即使在翻译的过程中能找到分别与词组中的词语对应的目的语词汇,但无法找到一个符合目的语语法的方式将其并列。在面对该类译文时,译者需要通过一些不同的方式以求达到更好的翻译效果:化词为句。译者将原文中的几个词组分别拆开,将他们揉合于句子之中,选择了意译的方式体现原文含义。

## 二、偏正词组的翻译

在并列词组之后,使用十分频繁的便是偏正词组。偏正词组由名词中心语和定语组成,或者由动词、形容词中心语和状语组成。该类词组形式多样,它的翻译也要求有更高的灵活度。除了直译外,在翻译偏正类词组时,译者需要多加思考,采取更多样的翻译方法,从而译出更好的译文。

**例 5.3.7**　国内/国际出发/到达。

**译文**: Domestic/International Departures/Arrivals. [2]

**例 5.3.8**　中国政府把发展航天事业作为国家整体发展战略的重要组成部分,

① 中华人民共和国国务院新闻办公室. 2016 年中国的航天(全文)(英文版)[R/OL]. (2017-12-27)[2022-04-10]. http://www.scio.gov.cn/ztk/dtzt/34102/35723/index.html.

② 民航机场标识中英文对照[EB/OL]. [2022-04-10]. https://www.docin.com/p-716646745.html.

始终坚持为了和平目的探索和利用外层空间。

**译文**：The Chinese government makes the space industry an important part of the nation's overall development strategy, and adheres to exploration and utilization of outer space for peaceful purposes.①

**例 5.3.9** 空间技术整体水平大幅跃升，空间应用的经济与社会效益显著提高。

**译文**：Space technology has been generally upgraded remarkably; the economic and social benefits of space applications have been noticeably enhanced.①

例 5.3.7 出自航站楼的标识类词组，与之前的并列词组相似。面对该种语境下的偏正词组翻译时，首选的翻译手段仍然是直译。找到合适的目标词，再检查语法的正确性以及形式上的相似性，便能得到较好的翻译效果。例 5.3.8 与例 5.3.9 则展现了偏正词组在句子中翻译的方式。例 5.3.8 的"和平目的"和例 5.3.9 的"大幅跃升、显著提高"分别属于定语＋名词中心词和状语＋动词中心词的偏正词组，译者在文中也将其分别译为"peaceful purposes"和"upgraded remarkably、noticeably enhanced"，选择了直译的方式，简洁明了，意思准确。译者在这里需要注意的则是词组在句子中所处的成分。有时译者为了句子的多样性，或许会在译文中改变词组的位置，这时就需要相应地改变中心词的词性，与之对应的修饰词也需要有所转变。

**例 5.3.10** 港澳台出发/到达。

**译文**：HKG/MFM/TWN DEP/ARR.②

**例 5.3.11** 自动柜员机。

**译文**：ATM.②

在机场的标识语中，我们也会发现如例 5.3.10 和例 5.3.11 的偏正词组。汉语词组并不长，但是如果将其按照目标语逐词翻译，译文就会过长，不利于标识牌制作。面临这种问题时，需多使用缩略词。例 5.3.10 中，就将"港澳台"灵活地处理为"HKG/MFM/TWN"这三个地名的缩略词，后面的出发和到达也选择缩略的方式来代表 departure 和 arrival，极大地缩短了译文长度，从而能与原文能很好地匹配。例 5.3.11 的处理则选择了国际通用的缩略语"ATM"。如果在这里不进行缩写，原本的 automatic teller machine 就会过长，降低了美观性。并且，直接使用几个大写的英文字母也更加醒目，更有利于旅客查询。但是，在这里需注意的是，不能为了词组的形式而盲目使用缩略语，如果旅客无法从缩略语中获取应有的信息，那么这样的翻译也是无效的。如例 5.3.7 中的汉语词组就不能直接译为 DP 或者 DA。

---

① 中华人民共和国国务院新闻办公室. 2011 年中国的航天（全文）（英文版）[R/OL]. (2011-12-29). http://www.scio.gov.cn/ztk/dtzt/69/3/index.html.

② 民航机场标识中英文对照[EB/OL]. [2022-04-10]. https://www.docin.com/p-716646745.html.

**例 5.3.12**　向上/向下自动扶梯。

**译文**：Escalator Up/Down.①

**例 5.3.13**　2011 年以来，中国航天事业持续快速发展，自主创新能力显著增强，进入空间能力大幅提升，空间基础设施不断完善，载人航天、月球探测、北斗卫星导航系统、高分辨率对地观测系统等重大工程建设顺利推进，空间科学、空间技术、空间应用取得丰硕成果。

**译文**：Since 2011 China's space industry has witnessed rapid progress manifested by markedly enhanced capacity in independent innovation and access to outer space, constant improvement in space infrastructure, smooth implementation of major projects such as manned spaceflight, lunar exploration, the Beidou Navigation System and high-resolution earth observation system, and substantial achievements in space science, technology and applications.②

在偏正词组的翻译中，还有一种比较常见的翻译手段就是改变词组的词性。例 5.3.12 中，译者并没有选择直接将"向上"和"向下"译为 upward 或者 downward 这样的形容词，而是选择在名词后面直接添加 up 和 down，使译文更加紧凑，也能够更加明显地达意。例 5.3.13 也选择了相同的手段，译者在翻译"快速发展、显著增强、大幅提升、不断完善、顺利推进"这几个词组时，并没有拘泥于词组原来本身的词性。这些词组本都是状语＋动词中心词，但是为了译文的顺畅与可读性，译者灵活处理了这些词组，以定语＋名词中心词或者状语＋形容词中心词的方式译出，增强了译文的可读性，更符合英语母语者的使用习惯。

**例 5.3.14**　急救室/医务室。

**译文**：First Aid.③

**例 5.3.15**　免税店。

**译文**：Duty Free.③

**例 5.3.16**　继续推进载人航天工程建设，加强关键技术攻关，为载人航天后续任务的圆满完成奠定基础。

**译文**：China will push forward human spaceflight projects and make new

---

① 民航机场标识中英文对照[EB/OL]. [2022-04-10]. https://www.docin.com/p-716646745.html.
② 中华人民共和国国务院新闻办公室. 2016 年中国的航天（全文）（英文版）[R/OL]. (2017-12-27) [2022-04-10]. http://www.scio.gov.cn/ztk/dtzt/34102/35723/index.html.
③ 民航机场标识中英文对照[EB/OL]. [2022-04-10]. https://www.docin.com/p-716646745.html.

technological breakthroughs, creating a foundation for future space flight.①

　　例5.3.14～例5.3.16则展示了另一种常用于偏正词组的翻译方式：省略。例5.3.14和例5.3.15都省略了"室"和"店"的翻译，一方面是为了能使标识简短易懂，另一方面是这类词组在机场使用频繁，较为普遍，其意思已经是全球通识，所以省略的方式会更优。而在例5.3.16中，译者省略了对"圆满完成"这一词组的翻译，这主要源于中文和英文两种语言的不同。中文会通过添加词组来进一步阐释或者重复某一含义，但是英文中则不常出现这种用法，所以在译文中省略了该词组也是为了更符合读者的习惯。译者在使用省略的翻译技巧时一定要谨慎，避免造成漏译的失误。

　　**例5.3.17**　2007年10月24日，成功发射中国第一个月球探测器——"嫦娥一号"，实现"精确变轨，成功绕月"的预定目标，获取大量科学数据和全月球影像图，并成功实施"受控撞月"任务。

　　**译文：**On October 24, 2007, China successfully launched its first lunar probe, Chang'e-1, and achieved its objectives of "accurate orbital transfer and successful orbiting," also retrieving a great deal of scientific data and a complete map of the moon, and successfully implementing a controlled crash onto the lunar surface.①

　　在例5.3.17中，我们发现译者选择使用了解释的翻译技巧。原文的"精确变轨、成功绕月、受控撞月"无法在英文中找到相应的词汇：因为这是自由词组的一种的特色，通过自由组合词语构成新词组，在使用时会更加简短，也便于记忆。此类词组出现的时候，译者只能通过解释的方式表达原文含义。如果译者在这个时候选择直译的方式，就有可能导致原文意思无法传达。

　　**例5.3.18**　全面实施高分辨率对地观测系统重大科技专项，基本形成全天候、全天时、多谱段、不同分辨率、稳定运行的对地观测体系。

　　**译文：**It will initiate a high-resolution Earth observation system as an important scientific and technological project and establish on the whole a stable all-weather, 24-hour, multi-spectral, various-resolution Earth observation system.①

　　例5.3.18是多个偏正词组并列出现于一个句子中的案例。"全天候、全天时、多谱段、不同分辨率、稳定运行"，多个不同类型的偏正词组集中出现在一句里，在处理这类译文时一定要多思考，灵活翻译，结合多样的翻译手段，以最符合读者习惯的方式诠释原文。在此案例中，译者处理"稳定运行"这一词组的翻译时就较为自由，仅仅用了一个单词stable(稳定的)就表达了其含义，不仅传达了原文意思，也为译文句子

---

　　①　中华人民共和国国务院新闻办公室. 2011年中国的航天（全文）（英文版）［R/OL］.（2011-12-29）. http://www.scio.gov.cn/ztk/dtzt/69/3/index.html.

的连贯性作出贡献。

### 三、动宾词组的翻译

动宾词组是由动词和宾语组成的一类词组,更多使用于标识中。该类词组的翻译注重原文风格的体现,并不拘泥于某种特定的翻译方式,往往通过改变词性、化词为句等方式来进行翻译。具体翻译手段可见以下案例。

**例 5.3.19** 请勿吸烟。

**译文**:No Smoking.[①]

**例 5.3.20** 请勿携带宠物。

**译文**:No Pets.[①]

**例 5.3.21** 请保持安静。

**译文**:Quiet.[①]

在这一组案例中,可以看到这些都属于机场内标识类的话语。在处理该类词组时,方式比较多,主要考虑词组所使用的语境以及原文的风格。这些词组都属警示类,所以在翻译时选择了英语中的祈使句,意在起到警告劝导类作用。然而即使都译为了祈使句句型,还是可以看到不同的翻译技巧。例 5.3.19 使用了动名词,例 5.3.20 将动宾词组改为了名词,例 5.3.21 则直接只用了一个单词来表达原文。这些翻译形式都是可接受的,一方面能够准确传达原文信息,另一方面也考虑了目标语使用人群的习惯。

**例 5.3.22** 普及航天知识,宣传航天文化,吸引更多的优秀人才投身航天事业。

**译文**:To publicize space knowledge and culture, and attract more outstanding personnel into the space industry.[②]

在这一段的案例中,将"普及航天知识、宣传航天文化"这两个词组以句子的方式译出,并且将两个词组杂糅为一个句子,用一个 publicize 表达了普及和宣传者两个含义。该案例中,为使译文更加顺畅,仅用一个单词就概括译出了两个词的意思。尽管这种方式是否可行还有待进一步考证,但译者的思考过程仍是值得借鉴的。

### 四、主谓词组的翻译

主谓词组就是由主语和谓语构成的词组。因为句子本身就是有主谓成分的一个完整单位,所以这一类词组不会出现在句子或者段落中,只会在标识类语言中出现。其翻译方式仍是以直译为主,译者需要注意的则是选择最佳词汇。

---

① 民航机场标识中英文对照[EB/OL]. [2022-04-10]. https://www.docin.com/p-716646745.html.
② 中华人民共和国国务院新闻办公室. 2011 年中国的航天(全文)(英文版)[R/OL]. (2011-12-29)[2022-04-10]. http://www.scio.gov.cn/ztk/dtzt/69/3/index.html.

**例 5.3.23**  行李检查/提取/查询。

**译文**:Baggage Check/Claim/Inquires.①

**例 5.3.24**  行李托运。

**译文**:Baggage Check-in.①

**例 5.3.25**  行李寄存。

**译文**:Left Baggage.①

在这三个案例中,均以直译为主要手段,简单明了地诠释原文。值得注意的是对动词的选择。案例 5.3.23 中各个动词的翻译这里不再多做赘述,译者的选择准确无误。例 5.3.24 中的动词翻译法则十分巧妙。Check in 本用在旅客用机票进入机场时,本身并没有"托运"这一意味。托运还有许多其他的词汇或者表达方式,但这里将 check in 与行李 baggage 相结合,生动形象地表现了行李托运时的情景,能让旅客很好地明白其含义,同时也控制了语言形式上的长短,与原文相似。而例 5.3.25 中,译者翻译灵活,抛弃原文主谓的形式,采用形容词+名词的形式,也达到了较好的翻译效果。针对主谓词组的翻译,因在航空航天类文本中案例较少,故在翻译时可以多加积累,按照一些约定俗成的方式完成翻译,这样不仅便利,也能更贴近读者思维模式。

本章主要讨论了航空航天文本中词组的翻译。5.1 节探究了汉语词组研究的历史发展及汉语词组的分类和特点,将汉语词组分为固定词组和自由词组两大类,在两个大类下又再分别细化。同时,5.1 节还进一步深入地将汉语词组的特点归纳为简洁紧凑、古朴典雅、修辞多样和音韵和谐四点。随后,在 5.2 节就航空航天类词组应遵循的翻译准则进行了探讨,5.3 则选取航空航天类文本中的实例来分析研究译者可采取的翻译方式。在航空航天类汉语词组英译的实践过程中,还有许多译者会碰到的问题值得大家进一步发现解决,也期待更多的译者学者能提出多样观点深入讨论。

# 练 习

## 一、基本练习

1. 请翻译下列词组。

(1) 机场大巴等候区。

(2) 乘客止步。

2. 请翻译下列短句,注意词组的翻译处理方式。

(1) 中国发展航天事业坚持科学发展、自主发展、和平发展、创新发展、开放发展的原则。

(2) 卫星导航系统的应用技术合作、终端设备研发、增强设施建设、特定行业服务等。

---

① 民航机场标识中英文对照[EB/OL]. [2022-04-10]. https://www.docin.com/p-716646745.html.

**二、拓展练习**

请翻译下列语段,注意段落中词组的翻译。

(1)全面推进固定通信、移动通信、数据中继卫星系统建设。"亚太""中星"等系列通信卫星成功发射,固定业务卫星通信保障体系基本建成,覆盖中国国土及全球重点地区。首颗移动通信卫星"天通一号"成功发射。建成由三颗"天链一号"卫星组成的第一代数据中继卫星系统。星地激光链路高速通信试验取得圆满成功。"东方红五号"超大型通信卫星平台研制进展顺利。

(2)空间碎片监测、预警、减缓及防护技术体系逐步完善,标准规范体系不断健全。空间碎片监测预警实现业务化运行,为在轨航天器安全运行提供有力保障;防护设计技术取得突破,开展航天器空间碎片防护工程应用;全面实施"长征"系列运载火箭末级钝化,对废弃航天器采取有效离轨处置措施,切实保护空间环境。

# 第6章 句子的英译

汉语和英语的语言层级均有词(word)、短语(phrase)、句子(sentence)、段落(paragraph)和篇章(text)。在航空航天汉英翻译实践中,我们已梳理了术语和词组的英译,接下来要考虑下一个语言层级,在汉语和英语中都被当作语言"基本使用单位"①——句子。

句子是语言的基本运用单位,由词或短语构成,具有特定的语调,能表达一个相对完整的意思。在连续说话中,句子与句子之间有隔离性停顿;在书面上,句末有句末标点——句号、问号或叹号。② 从意义层面上讲,句子能表达相对完整的意思;从功能层面上讲,句子可分为陈述句、疑问句、祈使句和感叹句;从结构层面上讲,句子中因单句或复句的句式结构存在不同的逻辑关系;从形态层面上讲,句末有标点符号:句号、问号或叹号为标志。由词或者短语在意义表达层面不够完整,段落存在复杂的句子或句间复杂的逻辑关系,以及篇幅长度的不易操作性,因此句子是语言层级中较理想的翻译单位。本章将对航空航天文本中的无主句英译、存现句英译、否定句的英译以及长句的英译进行阐释,并附以丰富的例句以供参考。

## 6.1 无主句的英译

无主句又称"绝对句"或"无主语句",是指汉语中一部分句子,其并不是把主语省略掉,而是没有或者不需要指出主语的句子③,说不出或者不必说出主语的句子,一般由谓词或者谓词性短语构成。④ 例如:

黄昏时下雨。⑤

让我们也努力散布几点星光去照耀那和过去一般漆黑的未来!⑥

欣赏之前要有了解。⑦

① 潘文国. 汉英语对比纲要[M]. 北京:北京语言文化大学出版社,1997:189.

② 高名凯. 汉语语法论[M]. 北京:商务印书馆,2011:422.

③ 高名凯. 汉语语法论[M]. 北京:商务印书馆,2011:454.

④ 董绍克,同俊杰. 汉语知识词典[M]. 北京:警官教育出版社,1996:535.

⑤ 谢冰心. 往事[M]//大一国文编撰委员会. 西南联大国文课. 南京:译林出版社,2015:155.

⑥ 朱光潜. 谈美[M]. 上海:华东师范大学出版社,2012:007.

⑦ 朱光潜. 谈美[M]. 上海:华东师范大学出版社,2012:039.

标序盛德,必见清风之华;昭纪鸿懿,必见峻伟之烈;此碑志之制也。①
阅乔岳以形培墣,酌沧波以喻畎浍。②
以上诸句虽没有主语,但是都可以表达完整的意思。

## 一、汉语无主句的特征

汉语句子主要采用"话题—评论"结构。"话题"是说话人想要说明的对象,一般放在句子开头,注重语义的传递;"评论"是述说话题的成分,多将其置于话题之后,对话题进行说明、解释。无主句是汉语中较常见的句式,在汉语中大量存在。汉语中的无主句语义简洁明了、不拖沓。虽然没有主语,但其主语或者是不言而喻的,或者是语境中已经明确表达的,或者是泛指的人或物。汉语无主句在公文或科技文等文体中大量使用,书面语的无主句常常具有严肃性、权威性的特点③。

## 二、无主句的英译

汉语属于主题显著语言,注重意合,其语义表达的完整性依赖于语义的贯通与句子内在的逻辑关系,而非句子成分的完整性。而英语属于主语显著语言,注重形合,除了祈使句和一些惯用语里的主语可以省略,英语句子通常具有严谨的主谓结构,主语不可或缺。因此,汉语无主句在英译时要根据语境增补、选择主语,改变语态或变换句式。通常采用的翻译方法有如下几种。

### 1. 增补主语

翻译无主句时,最直接的方法就是增补主语以符合英语的表达习惯。在翻译时,须结合语境,准确理解原文并分析逻辑关系,增补适当的名词或代词作主语,以形成英语句子主谓齐备的格局。④ 然而,翻译无主句过程中补充恰当的主语并非易事。译者需要根据具体语境,增补一个适切的主语。例如:

**例 6.1.1** 坚持创新在航天事业发展中的核心地位,建强航天领域国家战略科技力量,实施航天重大科技工程,强化原创引领的科技创新,持续优化创新生态,加快产品化进程,不断提升航天自主发展能力和安全发展能力。⑤

**译文:**China puts innovation at the core of its space industry. It boosts state strategic scientific and technological strength in the space industry, implements major space programs, strengthens original innovation, optimizes the environment

① 刘勰. 文心雕龙[M]. 北京:作家出版社,2017:213.
② 刘勰. 文心雕龙[M]. 陈书良,整理. 北京:作家出版社,2017:409.
③ 司显柱. 汉英科技翻译教程[M]. 上海:上海外语教育出版社,2020:126.
④ 司显柱. 汉英科技翻译教程[M]. 上海:上海外语教育出版社,2020:130.
⑤ 中华人民共和国国务院新闻办公室. 政府白皮书:2021年中国的航天[R/OL]. (2022-01-28)[2022-06-10]. http://www.scio.gov.cn/zfbps/ndhf/47675/Document/1719949/1719949.html.

for innovation, achieves industrial production as early as possible, and grows China's independent capacity to build a safe space industry.①

译文采用分译法,译文中第一个句子,增添"China"作为句子主语。第二句为避免重复,增添代词"It"作为主语。

**例 6.1.2**　为进一步增进世人对中国航天事业的了解,这里对 2006 年以来中国航天活动的主要进展、未来五年的主要任务以及国际交流与合作等,作一简要介绍。②

**译文**:In order to help people around the world gain a better understanding of the Chinese space industry, we herewith offer a brief introduction to the major achievements China has made since 2006, its main tasks in the next five years, and its international exchanges and cooperation in this respect.③

**例 6.1.3**　面向智能手机、车载终端、穿戴式设备等大众市场,实现北斗产品小型化、低功耗、高集成,重点推动北斗兼容其他卫星导航系统的定位功能成为车载导航、智能导航的标准配置,促进在社会服务、旅游出行、弱势群体关爱、智慧城市等方面的多元化应用。④

**译文**:The goal is to produce miniaturized, low power-consuming and highly-integrated BDS-related products, oriented to the mass market in the sectors of smart phones, vehicle-borne terminals and wearable devices. The focus is on pushing forward the adoption of satellite navigation and positioning functions based on the BDS and other compatible systems as a standard configuration in the fields of vehicle-borne and intelligent navigation, and promoting diversified applications in social services, transportation, caring for vulnerable groups, and smart cities.⑤

译文采用分译法和逆序法,将原文长句拆分为两个句子,通过分析句子逻辑关系,挖掘句子隐含意义,两个译句分别增添"the goal"和"the focus"作为句子主语。

① 中华人民共和国国务院新闻办公室. 政府白皮书:2021 年中国的航天(英文版)[R/OL]. (2022-01-28) [2022-06-10]. http://www.scio.gov.cn/zfbps/ndhf/47675/Document/1719948/1719948. html.

② 中华人民共和国国务院新闻办公室. 政府白皮书:2011 年中国的航天[R/OL]. (2011-12-29)[2022-06-10]. http://www.scio.gov.cn/zfbps/ndhf/2011/Document/1073256/1073256. html.

③ 中华人民共和国国务院新闻办公室. 政府白皮书:2011 年中国的航天(英文版)[R/OL]. (2011-12-29)[2022-06-10]. http://www.scio.gov.cn/zfbps/ndhf/2011/Document/1073720/1073720. html.

④ 中华人民共和国国务院新闻办公室. 政府白皮书:中国北斗卫星导航系统[R/OL]. (2016-06-16)[2022-06-12]. http://www.scio.gov.cn/zfbps/ndhf/34120/Document/1480602/1480602. html.

⑤ 中华人民共和国国务院新闻办公室. 政府白皮书:China's BeiDou Navigation Satellite System[R/OL]. (2016-06-17)[2022-06-12]. http://www.scio.gov.cn/zfbps/ndhf/34120/Document/1480623/1480623. html.

### 2. 选择主语

汉语是重意会的语义型语言,汉语造句少用甚至不用形式连接手段,注重隐性连贯(implicit coherence),注重时间和事理顺序,注重功能、意义,注重以意役形。① 句子的语法意义和逻辑关系隐含在字里行间,语义的传递不受主谓结构的约束。汉语无主句虽然没有主语,却有明确的主题。在翻译部分无主句时,为保证译文逻辑通顺、行文流畅,可以将句子的主题或语义重心转换为句子主语。例如:

**例6.1.4** 通过月球探测工程任务的实施,获取了高分辨率全月球影像图和虹湾区域高清晰影像,开展了月球形貌、月球结构构造、月面物质成分、月表环境和近月空间环境等研究以及月基天文观测等。②

**译文:**The Lunar Exploration Program helped mankind to acquire a high-resolution map of the moon and a high-definition image of Sinus Iridum, and conducted research of lunar surface morphology, lunar structure, elemental composition of the lunar surface, lunar surface environment, lunar space environment and moon-based astronomical observation.③

例句围绕"月球探测工程"这一主题,说明了其在月球探测中取得的成果及开展的工作,为人类探索月球做出了新的贡献。在理解句意之后,将"月球探测工程"这一主题转换为译文主语,增添"mankind"作为直接宾语,取得的成果处理为间接宾语,开展的工作处理为并列谓语结构,这使得译文逻辑清晰、主题突出且句式平衡。

**例6.1.5** 设计民用航空器及其发动机、螺旋桨和民用航空器上设备,应当向国务院民用航空主管部门申请领取型号合格证书。经审查合格的,发给型号合格证书。④

**译文:**Application shall be filed with the competent civil aviation authority under the State Council for type certificate for the designing of civil aircraft and its engines, propellers and on-board equipment. A type certificate shall be issued accordingly if found qualified through examination.⑤

例句围绕"型号合格证书申请"这一主题,说明了《中华人民共和国民用航空法》规定设计民用航空器及其部件和设备须向主管部门提出申请。明确本句语义重心之

① 连淑能. 英汉对比研究[M]. 北京:高等教育出版社,2010:78.

② 中华人民共和国国务院新闻办公室. 政府白皮书:2016年中国的航天[R/OL]. (2016-12-27)[2022-06-15]. http://www.scio.gov.cn/zfbps/ndhf/34120/Document/1537008/1537008.html.

③ 中华人民共和国国务院新闻办公室. 政府白皮书:China's Space Activities in 2016[R/OL]. (2016-12-27)[2022-06-15]. http://www.scio.gov.cn/zfbps/ndhf/34120/Document/1537022/1537022.html.

④ 中国民用航空局. 中华人民共和国民用航空法(第四章,第三十四条)[EB/OL]. (1995-10-30)[2022-06-15]. http://www.caac.gov.cn/XXGK/XXGK/JGGLL/XGFG/201603/P020160304418125592878.pdf.

⑤ 中国民用航空局. Civil Aviation Law of the People's Republic of China(Chapter IV, Article 34)[EB/OL]. (1995-10-30)[2022-06-15]. http://www.caac.gov.cn/en/ZCFG/MHFL/201509/P020150901511659239730.pdf.

后,在翻译时,为保证译文逻辑通顺,并符合英语表达习惯,选择"申请"作为本句主语。

　　**例 6.1.6**　规定航线上载运旅客、行李、货物所征收的运价,应制定在合理的水平上,并适当地照顾到一切有关因素,包括经营的成本、合理的利润和其他空运企业的运价。①

　　**译文:** The tariffs to be charged for the carriage of passengers, baggage and cargo on the specified routes shall be fixed at reasonable level, due regard being paid to all relevant factors, including cost of operations, reasonable profit and tariffs of other airlines.②

　　例句围绕"运价"这一主题,说明了征收运价的主体,及制定运价须考虑的因素。译文选择"运价"作为主语,主题突出、逻辑清晰。

### 3. 用被动句翻译无主句

　　汉语无主句由于没有主语,形式上通常没有施事者,但动作和受事者却很明显。这恰好契合英语被动句的特征,且被动语态在英语中普遍使用。尤其是科技文体,具有非主体性(impersonality),语义上尽量突出"客观性",具体表现是,施事者常以被动语态等语法手段被"隐藏"起来。③ 航空航天文本主要涉及科学发现或科技事实,在表达时采用被动句是体现其客观性和规范性的重要手段之一。在翻译该类无主句时,须分析该无主句的核心观点,采用被动句翻译以突出核心观点。使用英语被动句来翻译汉语无主句是尤为常用且十分重要的一种翻译方法。例如:

　　**例 6.1.7**　建成由三颗"天链一号"卫星组成的第一代数据中继卫星系统。④

　　**译文:** The first-generation data relay satellite system composed of three Tianlian-1 satellites has been completed.⑤

　　例句主要介绍"第一代数据中继卫星系统"的组成及建设情况。在翻译中,只需阐明系统的组成及建设完成的情况,因此将"第一代数据中继卫星系统"转换为译文主语,采用被动句翻译,客观陈述这一科技成果。

　　**例 6.1.8**　禁止在依法划定的民用机场范围内和按照国家规定划定的机场净空

---

　　① 中华人民共和国政府和巴基斯坦政府航空运输协定(中文版)[EB/OL]. (1963-08-29)[2022-06-15]. http://www.caac.gov.cn/XXGK/XXGK/SBGX/YZDQ/BJST/YSXD/201511/P020151120403946687492.pdf

　　② 中华人民共和国政府和巴基斯坦政府航空运输协定(英文版)[EB/OL]. (1995-10-30)[2022-06-15]. http://www.caac.gov.cn/XXGK/XXGK/SBGX/YZDQ/BJST/YSXD/201602/P020160203496176139489.pdf

　　③ 邵志洪. 汉英对比翻译导论[M]. 上海:华东理工大学出版社, 2013:300.

　　④ 中华人民共和国国务院新闻办公室. 政府白皮书:2016年中国的航天[R/OL]. (2016-12-27)[2022-06-16]. http://www.scio.gov.cn/zfbps/ndhf/34120/Document/1537008/1537008.html.

　　⑤ 中华人民共和国国务院新闻办公室. 政府白皮书:China's Space Activities in 2016[R/OL]. (2016-12-27)[2022-06-16]. http://www.scio.gov.cn/zfbps/ndhf/34120/Document/1537022/1537022.html.

保护区域内从事下列活动。①

**译文**：The following activities <u>are prohibited</u> within the limits of civil airport defined according to law and within the airport obstacle clearance protection zone defined according to State regulations. ②

例句主要介绍民用航空法所规定的范围和区域内所禁止从事的活动。在翻译中，将"活动"转换为译文主语，突出所禁止的活动。采用被动语态可以体现法律法规的客观性和严肃性。

**例 6.1.9** 为了加强公共航空运输旅客服务管理，保护旅客合法权益，维护航空运输秩序，根据《中华人民共和国民用航空法》《中华人民共和国消费者权益保护法》《中华人民共和国电子商务法》等法律、行政法规，制定本规定。③

**译文**：In order to strengthen the management of public air transport services for passengers, protect the legitimate rights and interests of passengers and maintain the order of air transport, Regulation on the Management of Public Air Transportation Services for Passengers (hereinafter referred to as the Regulation) <u>are developed</u> in accordance with the Civil Aviation Law of the People's Republic of China, the Law of the People's Republic of China on the Protection of Consumer Rights and Interests, the E-commerce Law of the People's Republic of China and other laws and administrative regulations. ④

例句是典型的无主句，主要介绍了《公共航空运输旅客服务管理规定》制定的目的和依据。在翻译中，将"规定"转换为译文主语，把制定规定的依据后置，以达到句式平衡的效果。由于此条约为规定的第一章第一条，所以补充规定的全称，以保证信息传递的完整性。

采用英语被动句翻译汉语无主句通常分为三种情况：表示事物存在、出现的无主句；表示要求、规定的无主句；一部分句子突出宾语，在英译时使用汉语原句的宾语充当译文主语。运用英语被动句翻译汉语无主句，把汉语无主句中的宾语转换成英语被动结构中的主语，这是汉语无主句英译的一个重要方法。更多例句如下：

---

① 中国民用航空局. 中华人民共和国民用航空法(第六章，第五十八条)[EB/OL]. (1995-10-30)[2022-06-16]. http://www.caac.gov.cn/XXGK/XXGK/JGGLL/XGFG/201603/P020160304418125592878.pdf.

② 中国民用航空局. Civil Aviation Law of the People's Republic of China(Chapter Ⅵ, Article 58)[EB/OL]. (1995-10-30)[2022-06-15]. http//www.caac.gov.cn/en/ZCFG/MHFL/201509/P020150901511659239730.pdf.

③ 中国民用航空局. 公共航空运输旅客服务管理规定(第一章，第一条)[EB/OL]. (2021-03-03)[2022-06-16]. http://hd.caac.gov.cn/HD_XXGK/HD_ZCFG/202103/t20210322_206882.html.

④ 中国民用航空局. Regulation on the Management of Public Air Transportation Services for Passengers. (Chapter 1, Article 1)[EB/OL]. (2021-03-03)[2022-06-16]. http://www.caac.gov.cn/en/ZCFG/MHFG/202104/P020210824381663401505.pdf.

**例 6.1.10** 必须突破重陆轻海的传统思维，高度重视经略海洋、维护海权。①

**译文：**The traditional mentality that land outweighs sea must be abandoned, and great importance has to be attached to managing the seas and oceans and protecting maritime rights and interests. ②

**例 6.1.11** 禁止客舱乘务员使用影响执行任务能力的药物，因许多常用药物会影响飞行能力，因此客舱乘务员应该询问医生所开的任何药物是否会有这些作用。③

**译文：**Flight attendant is not permitted to take any medicine which may have any harmful impact on work. Considering that much regular medicine may be harmful to cultivation of work ability, flight attendant shall consult doctor to decide whether any medicine they will take may have any side effect. ④

**例 6.1.12** 1993 年，制定新时期军事战略方针，以打赢现代技术特别是高技术条件下局部战争为军事斗争准备基点。2004 年，充实完善新时期军事战略方针，把军事斗争准备基点进一步调整为打赢信息化条件下的局部战争。⑤

**译文：**In 1993 the military strategic guideline of the new era was formulated, which took winning local wars in conditions of modern technology, particularly high technology, as the basic point in making preparation for military struggle (PMS). In 2004, the guideline was further substantiated, and the basic point for PMS was modified to winning local wars under conditions of informationization. ⑥

### 4. 用英语祈使句翻译无主句

当汉语无主句表示请求、建议、命令、号召、敦促、禁止和劝阻等时，可仿照英语中同类句式来翻译。英语祈使句与汉语祈使句句式结构相近，主语均没有出现。在科技文体中，祈使语气多用于产品说明书、操作规程、作业指导、程序建议以及注意事项

---

① 中华人民共和国国务院新闻办公室. 政府白皮书：中国的军事战略［R/OL］. (2015-05-26)［2022-06-18］. http://www.scio.gov.cn/zfbps/ndhf/2015/Document/1435161/1435161.html.

② 中华人民共和国国务院新闻办公室. 政府白皮书：China's Military Strategy［R/OL］. (2015-05-26)［2022-06-18］. http://www.scio.gov.cn/zfbps/ndhf/2015/Document/1435159/1435159.html.

③ 客舱乘务员手册［Z］. 北京：中国国际航空股份有限公司，2021：1-20.

④ Flight Attendants Manual［Z］. Beijing：Air China Limited，2021：1-20.

⑤ 中华人民共和国国务院新闻办公室. 政府白皮书：中国的军事战略［R/OL］. (2015-05-26)［2022-06-18］. http://www.scio.gov.cn/zfbps/ndhf/2015/Document/1435161/1435161.html.

⑥ 中华人民共和国国务院新闻办公室. 政府白皮书：China's Military Strategy［R/OL］. (2015-05-26)［2022-06-18］. http://www.scio.gov.cn/zfbps/ndhf/2015/Document/1435159/1435159.html.

等资料中。<sup>①</sup> 英译时多借用实义动词原形＋其他成分的句式来表达。例如：

**例 6.1.13** （1）"一踩"：迅速踩刹车；

（2）"二蹲"：就近入座或原地迅速下蹲，重心下移；

（3）"三固"：系好安全带或抓紧附近物体固定自己；附近物体：客舱的乘务员：座椅下方行李挡杆、座椅扶手等；厨房的乘务员：厨房面板把手、餐饮车门把手等；门区附近的乘务员：附近乘务员座椅、安全带等；

（4）"四提醒"：广播通知旅客，大声提醒周围旅客在座位上坐好系好安全带，提醒正在使用卫生间的旅客抓住身边物件固定自己。<sup>②</sup>

**译文**：a. Brake the cart rapidly;

b. Takethe nearest seat or lower gravity center;

c. Fasten seat belt or grasp nearest items to fix themselves, crew in cabin：nearest empty seat, restrictive bar under the seat, armrest; crew in galley：galley assisting handle, service cart, door handle, nearest crew jump seat, harness etc;

d. PA to passengers, ask them remain seated with seatbelt fastened and hold the handle firmly. For passengers using lavatories, ask them to hold the neatest object to fix themselves. <sup>③</sup>

译文中 PA 的英文全称是 Public Address,中文意思为有线广播。

**例 6.1.14** 旅客登机期间,认真清点旅客人数,避免因数客原因造成航班延误,确保旅客人数与舱单一致。<sup>④</sup>

**译文**：During passengers boarding, count the quantity of passengers carefully to prevent flight delay caused by headcounts, and ensure that the headcounts is identical with the load sheet. <sup>⑤</sup>

**例 6.1.15** 符合公司对新雇初始客舱乘务员岗位的任职要求,达到乘务员素质模型中对新雇初始客舱乘务员的要求。<sup>⑥</sup>

**译文**：Comply with the company's requirements for the newly hired initial flight attendant position, and meet the requirements for the newly hired initial flight attendant in the flight attendant competence model. <sup>⑦</sup>

---

① 傅勇林,唐跃勤. 科技翻译[M]. 北京:外语教学与研究出版社,2012:78.

② 客舱安全生产规则[Z]. 北京:中国国际航空股份有限公司,2021:3.

③ Safety Operations Guide[Z]. Beijing:Air China Limited, 2021:4.

④ 傅勇林,唐跃勤. 科技翻译[M]. 北京:外语教学与研究出版社,2012:4.

⑤ 客舱安全生产规则[Z]. 北京:中国国际航空股份有限公司,2021:6.

⑥ 客舱乘务员手册[Z]. 北京:中国国际航空股份有限公司,2019:1-6.

⑦ Flight Attendants Manual[Z]. Beijing:Air China Limited, 2019:1-6.

### 5. 用"there be"句型存现句翻译无主句

"there be"句型在英语中广泛使用,通常表示某地有某人某物。汉语无主句如果表示某时某地存在、出现或消失了某人某物,可以采用此句型来翻译。例如:

**例6.1.16** 当仅有两名驾驶员在驾驶舱执勤时,其中一名在执勤岗位的驾驶员由于工作或生理原因需离开驾驶舱,机长应指定不在执勤岗位的飞行机组成员进入驾驶舱,或要求乘务长安排一名乘务员或安全员进入驾驶舱,直至该名驾驶员返回。①

**译文:** When there are only two pilots on duty in cockpit, and one pilot needs to leave the cockpit for working or physiological causes, the captain should assign a flight crew member who is not in shift to enter the cockpit, or require chief/purser to arrange one cabin crew or a security officer to enter the cockpit until this pilot returns. ②

**例6.1.17** 如客舱乘务员飞行中发生人为责任原因的差错及以上不安全事件需进行相应的安全训练。③

**译文:** If there is an error and more serious occurrence caused by human responsibility of flight attendant in flight, corresponding safety training is required. ④

**例6.1.18** 处置客舱内各种不正常情况,当出现危及人身安全和财产安全等应急情况时,及时进行处置,降低风险,尽可能减少机上乘员的伤亡,包括发生事故时组织旅客撤离飞机。⑤

**译文:** Handle various abnormal conditions in the cabin, when there are emergency situations that endanger personal safety and property safety, timely handle, reduce risks, and minimize the casualties of the occupants, including organizing passengers to evacuate the aircraft in the event of an accident. ⑥

### 6. 用"it"作主语的句型翻译无主句

汉语无主句在翻译时可以采用"it"作其主语,或者以"it"作形式主语,以不定式

① 傅勇林,唐跃勤. 科技翻译[M]. 北京:外语教学与研究出版社,2012:26.
② Safety Operations Guide[Z]. Beijing:Air China Limited, 2021:38-39.
③ 客舱乘务员手册[Z]. 北京:中国国际航空股份有限公司,2019:1-6.
④ Flight Attendants Manual[Z]. Beijing:Air China Limited, 2019:1-6.
⑤ 客舱乘务员手册[Z]. 北京:中国国际航空股份有限公司,2019:1-26,27.
⑥ Flight Attendants Manual[Z]. Beijing:Air China Limited, 2019:1-26,27.

或者"that从句"作真实主语,即用"It is…(to do)或 It is…that…"句型来翻译。尤其当汉语无主句表示"必须……""需要……""做……有必要"的意思时,通常采用"It is necessary/required ＋to do/that…"句型翻译。例如:

**例 6.1.19** 增强现役运载火箭的可靠性和发射适应性,发展新一代运载火箭和运载火箭上面级,实现"长征五号""长征六号""长征七号"运载火箭首飞。①

**译文**:It will enhance the reliability and adaptability of launch vehicles in service, and develop new-generation launch vehicles and their upper stages, implement the first flight of the Long March-5, Long March-6 and Long March-7 launch vehicles. ②

**例 6.1.20** 逐步建立卫星导航产品检测和认证机构,强化产品采信力度,促进北斗导航产品核心竞争力的全面提升,推动北斗导航应用与国际接轨。③

**译文**:It aims to gradually establish satellite navigation product test and authentication institutions, strengthen admissibility of third-party certification, promoting the upgrading of the core competitiveness of BDS products on all scales, and pushing forward BDS applications in line with international conventions. ④

**例 6.1.21** 在国家层面建立军民融合发展的统一领导、军地协调、需求对接、资源共享机制,健全军地有关部门管理职责,完善军民通用标准体系,探索构建政府投入、税收激励、金融支持政策体系,加快推进军地统筹建设立法工作进程,逐步形成军地统筹、协调发展的整体格局。⑤

**译文**:At the state level, it is necessary to establish a mechanism for CMI development, featuring unified leadership, military-civilian coordination, abutment of military and civilian needs, and resource sharing. Furthermore, it is necessary to improve the management responsibilities of relevant military and civilian institutions, improve the general standards for both the military and the civilian sectors, make studies on the establishment of a

---

① 中华人民共和国国务院新闻办公室. 政府白皮书:2011 年中国的航天[R/OL]. (2011-12-29)[2022-06-18]. http://www. scio. gov. cn/zxbd/nd/2011/Document/1073255/1073255_4. html.

② 中华人民共和国国务院新闻办公室. 政府白皮书:2011 年中国的航天(英文版)[R/OL]. (2011-12-29)[2022-06-18]. http://www. scio. gov. cn/zxbd/nd/2011/Document/1073727/1073727_3. html.

③ 中华人民共和国国务院新闻办公室. 政府白皮书:中国北斗卫星导航系统[R/OL]. (2016-06-16)[2022-06-18]. http://www. scio. gov. cn/zfbps/ndhf/34120/Document/1480602/1480602. html.

④ 中华人民共和国国务院新闻办公室. 政府白皮书:China's BeiDou Navigation Satellite System[R/OL]. (2016-06-17)[2022-06-18]. http://www. scio. gov. cn/zfbps/ndhf/34120/Document/1480623/1480623. html.

⑤ 中华人民共和国国务院新闻办公室. 政府白皮书:中国的军事战略[R/OL]. (2015-05-26)[2022-06-18]. http://www. scio. gov. cn/zfbps/ndhf/2015/Document/1435161/1435161. html.

policy system in which the government makes the investment, offers tax incentives and financial support, and expedites legislation promoting military-civilian coordinated development, so as to form a pattern featuring overall military-civilian planning and coordinated development.[①]

译文中"It is necessary to do"结构，其中"It"为形式主语，不定式结构引导真正的主语。CMI英文全称是 Civil-Military Integration，中文意思为军民融合。

# 练 习

## 一、基础练习

请将下列汉语无主句翻译成英语。

（1）始终坚持走独立自主、自力更生的发展道路，主要依靠自身力量，根据国情和国力，自主发展航天事业，满足国家现代化建设的基本需求。

（2）出差期间严格管理好自己的箱包，以防被违法分子利用。

（3）建立空间碎片减缓设计评估系统，对任务后的航天器和运载火箭积极采取空间碎片减缓措施。

（4）优化军委总部领导机关职能配置和机构设置，完善各军兵种领导管理体制，坚持需求牵引规划、规划主导资源配置。

（5）为了维护国家的领空主权和民用航空权利，保障民用航空活动安全和有秩序地进行，保护民用航空活动当事人各方的合法权益，促进民用航空事业的发展，制定本法。

## 二、拓展练习

请思考并采用恰当的翻译方法将下列无主句翻译成英语。

（1）生产、维修民用航空器及其发动机、螺旋桨和民用航空器上设备，应当向国务院民用航空主管部门申请领取生产许可证书、维修许可证书。经审查合格的，发给相应的证书。

（2）根据国家安全和发展战略，适应新的历史时期形势任务要求，坚持实行积极防御军事战略方针，与时俱进加强军事战略指导，进一步拓宽战略视野、更新战略思维、前移指导重心，整体运筹备战与止战、维权与维稳、威慑与实战、战争行动与和平时期军事力量运用，注重深远经略，塑造有利态势，综合管控危机，坚决遏制和打赢战争。

① 中华人民共和国国务院新闻办公室. 政府白皮书：China's Military Strategy［R/OL］. （2015-05-26）［2022-06-18］. http://www.scio.gov.cn/zfbps/ndhf/2015/Document/1435159/1435159.html.

## 6.2　存现句的英译

存现句表示某时某地存在、出现或消失了某人某物的句型,句首不能出现施事或受事名词,而时地名词有时可以隐去。[1] 存现句在汉语句子里占有相当的比例,是一个既重要又特殊的句型。了解此句型,对汉英翻译多有裨益。

### 一、汉语存现句

存现句的特殊性主要表现在它的结构上。存现句结构上一般有三段,即处所段＋存现动词＋人或物段;语用上用来描写景物或处所的一种特定句式。[2] 汉语中大部分句子语序为:主语(名词、代词等)＋谓语(动词)＋宾语(名词、代词等);而存现句则不同,常见的语序为:处所词语(或方位词语)＋动词＋名词,处所词语在一般句中常常作为状语,此处却处于主语的位置上。存现句可分为两种类型:存在句和隐现句。存在句表示何处存在何人何物的句式。例如:

**例 6.2.1**　远处隐隐有两个铜盏相击的声音,使人忆起酸梅汤,依稀感到凉意,可是那懒懒的单调的金属音的间作,却使那寂静更其深远了。[3]

**例 6.2.2**　你如爱儿童,这乡间到处是可亲的稚子。你如爱人情,这里多的是不嫌远客的乡人,你到处可以"挂单"借宿,有酪浆与嫩薯供你饱餐,有夺目的鲜果恣你尝新。你如爱酒,这乡间每"望"都为你储有上好的新酿,黑啤如太浓,苹果酒、姜酒都是供你解渴润肺的。[4]

**例 6.2.3**　夜里她曳着白衣蓝裳,头上插着新月的梳子,胸前挂着明星的璎珞;翩翩地飞行于海波之上……[5]

**例 6.2.4**　地上落满了梨花,斜阳照在地上,却是"翠色和烟老"。[6]

**例 6.2.5**　在书房里写了两封信。[7]

以上多为静态存在句。隐现句表示何地出现或消失了何人何物的句型。基本结构为:处所词(或方位词)＋动词＋了/趋向动词＋施事名词,突出动作行为,分为进行体动态存现句(V＋着)和完成体动态存现句(V＋了)。例如:

① 董绍克,闫俊杰. 汉语知识词典[M]. 北京:警官教育出版社,1996:83.
② 黄伯荣,廖序东. 现代汉语(增订五版)[下册][M]. 北京:高等教育出版社,2011:96.
③ 鲁迅. 示众[M]//大一国文编撰委员会. 西南联大国文课. 南京:译林出版社,2015:117.
④ 徐志摩. 我所知道的康桥(节录)[M]//大一国文编撰委员会. 西南联大国文课. 南京:译林出版社,2015:135.
⑤ 谢冰心. 往事(节录)[M]//大一国文编撰委员会. 西南联大国文课. 南京:译林出版社,2015:153-154.
⑥ 王国维. 人间词话[M]. 北京:北京联合出版公司,2015:035.
⑦ 丁西林. 一只马蜂[M]//大一国文编撰委员会. 西南联大国文课. 南京:译林出版社,2015:164.

**例6.2.6** 听戏听到了第三出,外边忽而起了呜呜的大风,戏园的屋顶也有些儿摇动。①

**例6.2.7** 地下很清楚地现出扫除了的小径。②

并非表示存现的都是存现句,需要符合存现句的句型结构前、中、后段,即处所段＋存现动词＋人或物段。需要强调的是中段动词是不及物动词或"有""是"。其中存在句动词常带助词"着"、"了",如例6.2.3和例6.2.5。隐现句的动词常带有趋向补语,如"出(来)""下(去)"等,和动态助词"了",如例6.2.6和例6.2.7。

## 二、英语存现句

Existential clauses represent that something exists or happens，as in In the caves around the base of Ayers Rock，there are aboriginal paintings that tell the legends of this ancient people；In Bihar，there was no comparable political campaign；There was confusion，shouting and breaking of chairs.③韩礼德认为英语存现句尽管在语篇中所占比例不大（仅有 3％～4％）,但对各种各样的文本却有着重要而特殊的贡献。③由于存现句在英语中亦十分常见,此处对英语存现句作简要介绍。韩礼德指出英语存现句的典型句式结构是 THERE＋VP＋NP＋PP,该构式表达的意义是:某时/某地存在着或出现了某人/某物。与汉语的存现句不同,英语存现句不表达"消失"义。VP 是不及物动词,即所谓的非宾格动词,因英语是综合型为主的语言,有较丰富的形态变化来表达时态语态;NP 所指称的人或事物往往是需要传达的新信息;PP 所表达的时间/处所往往在听话者可辩识的范围内。

（1）There's always a first time. You don't want to be sick，child，do you? It's terrible hot day. ④

（2）But literature implies books and books imply bookshops，and there are more bookshops to the square mile in Paris than in any other city with which I am acquainted. ⑤

（3）And perhaps there was something too mannered and too self-conscious in the face. ⑥

（4）To reach it was easy as climbing stairs；there were footholds of gnarled bark and tough vines to grip；even Catherine，who was heavy around the hips and

---

① 郁达夫. 薄奠[M]//大一国文编撰委员会. 西南联大国文课. 南京:译林出版社, 2015:137.

② 谢冰心. 往事(节录)[M]//大一国文编撰委员会. 西南联大国文课. 南京:译林出版社, 2015:150.

③ HALLIDAY M A K. Introduction to Functional Grammar[M]. London:Anold, 2004:256-257.

④ 夏济安. 现代英文选评注[M]. 北京:外语教学与研究出版社, 2013:150.

⑤ HALLIDAY M A K. Introduction to Functional Grammar[M]. London:Anold, 2004:177.

⑥ HALLIDAY M A K. Introduction to Functional Grammar[M]. London:Anold, 2004:44.

complained of rheumatism, had no trouble. ①

(5) Yes, there had been a time, and she was forgetting it on purpose… ②

(6) Whenever we went back to the hotel, there would be letters on the table, but there would never be anything for Miss Henley. ③

(7) Well, the other night was one of those mysterious nights we've had lately when there seems to be a pale light coming form nowhere, and the sky has a pure washed look. ④

通过以上例句可见,VP 有丰富的形态变化,英语需要通过句法手段和语义手段来传达信息,相较而言汉语缺乏形态变化,语法成隐性。在"there + be"句型中除"be"外,还可以是含以下三类语义的动词:表示存在或位置的动词,如 exist、live、dwell、stand、lie 和 remain 等;表示运动或方向的动词,如 come、go、walk、run、fly 和 approach 等;描述某事件发生、发展或实现的事件动词(event verbs),如 develop、arise、appear、emerge、ensue、happen、occur 等。例如:

(1) In his face there came to be a brooding peace that is seen most often in the faces of the very sorrowful or the very wise. ⑤

(2) There comes a time in our lives, as nations and as individuals, when we are pervaded by the spirit of early autumn, in which green is mixed with gold and sadness is mixed with joy, and hope is mixed with reminiscence. ⑥

## 三、存现句的英译

因汉语存现句与英语存现句并不完全对应,所以在汉译英中并不能简单套用英语存现句句型。但两者之间有许多相似之处,尤其在翻译静态存现句时,主要采用"there be"句型。此外,因存现句在语用意义上是用来描写景物或处所的一种特定句式,所以科技文体中存现句相对有限。其翻译方法主要采用"there + be"句型,其他常见的翻译方法还有:采用英语倒装句翻译或使用"with"介词短语,将汉语的施事、受事宾语译为英语的主语,汉语处所词语(方位词语/表时间词语)作英语主语等。在翻译存现句时,须认真分析汉英两种语言的异同,选择最适切的翻译方法,以获得与原文相似的表达效果。

---

① HALLIDAY M A K. Introduction to Functional Grammar[M]. London:Anold, 2004:49.
② HALLIDAY M A K. Introduction to Functional Grammar[M]. London:Anold, 2004:84.
③ HALLIDAY M A K. Introduction to Functional Grammar[M]. London:Anold, 2004:127.
④ 夏济安. 现代英文选评注[M]. 北京:外语教学与研究出版社, 2013:163.
⑤ 夏济安. 现代英文选评注[M]. 北京:外语教学与研究出版社, 2013:69.
⑥ 陈福田. 西南联大英文课[M]. 罗选民,等,译. 北京:中译出版社, 2019:64-65.

### 1. 采用"there＋be"句型翻译

由于"there＋be"句型的英语存现句与汉语存现句中的一些句子有某种吻合现象,这也是人们首先想到的存现句英译句式。"there＋be"句型还可使用其他动词,如 exist、lie、come、go、appear、develop 等表示存在、运动方向、描述事件发生发展的词。"there＋be"句型主要用来翻译静态存现句,原文的动词大多为"有""是""无"之类表示存在的词。例如:

**例 6.2.8** 如果飞机加油期间机上有旅客,采取下列措施。①

**译文**:If there are passengers on board during a/c refueling, the following measures should be taken.②

译文中"a/c"指 aircraft.

**例 6.2.9** 截至 2019 年,民航机场地面保障车辆设备中,共有电动车辆 2 700 台,充电设施 1 400 个,电动车辆占比约 7.5%.③

**译文**:By the end of 2019, among the ground support vehicles at civil airports, <u>there were</u> 2,700 electric ones, accounting for 7.5% of the total vehicles. Also, <u>there were</u> 1,400 recharging facilities.④

**例 6.2.10** 试图再造莫德纳疫苗的科学家表示,在公共领域有更多关于这种疫苗的信息,据认为它比辉瑞疫苗的研制难度稍微低一点。

**译文**:Scientists attempting to make Moderna's vaccine say there is more information about that shot in the public domain and it's believed to be slightly easier to manufacture than the one made by Pfizer-BioNTech.⑤

### 2. 采用英语倒装句翻译或使用"with"介词短语

从形态学角度讲,汉语是分析型为主的语言,缺乏形态变化,语序相对固定。英语是综合型为主的语言,有较丰富的形态和语法手段,语序也比较灵活,有许多倒置现象。⑥ 汉语存现句翻译成英语时可采用倒装句,汉语存现句的处所主语被译为英语的介词短语,置于句首作状语,而汉语存现句的宾语被译为英语的主语,置于谓语动词之后,句子语序与汉语原句相似。例如:

---

① 客舱安全生产规则[Z]. 北京:中国国际航空公司,2021:37.

② Safety Operations Guide[Z]. Beijing:Air China Limited,2021:53.

③ 中国民用航空局.2019 年民航行业发展统计公报[EB/OL]. (2020-06-05)[2022-07-02]. http://www. caac. gov. cn/XXGK/XXGK/TJSJ/202006/P020200605630677965649. pdf

④ 中国民用航空局. Statistical Bulletin of Civil Aviation Industry Development in 2019[EB/OL]. (2020-11-23)[2022-07-02]. http://www. caac. gov. cn/en/HYYJ/NDBG/202011/W020201123499246549689. pdf.

⑤ WHO works to spread COVID vaccine technology to more nations[EB/OL]. (2022-02-24)[2022-07-02]. https://language. chinadaily. com. cn/a/202202/24/WS62174514a310cdd39bc88bc9. html.

⑥ 秦洪武,王克非. 英汉比较与翻译[M]. 北京:外语教学与研究出版社,2016:117.

**例 6.2.11** "深潜迪拜"泳池里有一个"水下世界"。

**译文:**Below its surface lies an entire underwater world.①

**例 6.2.12** 这个原型口罩外观类似于标准的 N95 口罩,前面有一个呼吸阀,并用带子固定在头部。

**译文:**The prototype looks like a standard N95 face mask, with a valve at the front and bands to hold it in place around the head.②

**例 6.2.13** 该团队在《自然通讯》杂志上发表文章,描述了他们如何利用上下两块镜片创造出这个设备的,在两块镜片之间的边缘夹着雪花状压力传感器和无线电力传输装置。

**译文:**Writing in the journal Nature Communications, the team describe how they created the device using an upper and lower lens, with a snowflake-shaped pressure sensor and wireless power transfer device sandwiched between them around the rim of the lenses.③

**3. 将汉语的施事、受事宾语译为英语的主语**

汉语存现句英译时,可以将施事宾语提前,译为英语的主语,句子为主动语态;英译时亦可将受事宾语提前,译为英语的主语,句子则采用被动结构。例如:

**例 6.2.14** 客舱中的厨房里至少有一个易于取用的手提灭火器。④

**译文:**At least one equivalent fire extinguishing agent shall be equipped in cabin.⑤

**例 6.2.15** 在河北省张家口发现了 4 300 多个恐龙脚印。

**译文:** More than 4,300 dinosaur footprints have been discovered in Zhangjiakou.⑥

**4. 汉语处所词语(方位词语/表时间词语)作英语主语**

以汉语原文的处所词语,即汉语存现句的主语为译文主语,存在的人或事物为宾语,使用适当的动词把二者结合起来,是存在句的又一译法。这种译文中词的顺序与

① Sunken city in deepest pool[EB/OL]. (2021-08-16)[2022-07-02]. https://language. chinadaily. com. cn/a/202108/16/WS611a2f36a310efa1bd6691c8. html.

② Self-cleaning mask can kill viruses with heat from phone charger, researchers say[EB/OL]. (2020-06-18)[2022-07-02]. https://language. chinadaily. com. cn/a/202006/18/WS5eeb09eba310834817253f27. html.

③ Contact lens that can release drug could be used to treat glaucoma[EB/OL]. (2022-05-19)[2022-07-03]. https://language. chinadaily. com. cn/a/202205/19/WS6285888aa310fd2b29e5d97a. html.

④ 客舱乘务员手册[Z]. 北京:中国国际航空股份有限公司, 2019:4-55.

⑤ Flight Attendants Manual[Z]. Beijing:Air China Limited, 2019:4-54.

⑥ Dinosaur footprints discovered in Hebei[EB/OL]. (2022-08-18)[2022-08-20] https://language. chinadaily. com. cn/a/202208/08/WS62f0dc38a310fd2b29e70f96. html.

原文相同,只是中间联系的动词有所变化。例如:

**例 6.2.16** 机上共有旅客 123 人、机组 9 人。

**译文:** The flight was carrying 123 passengers and nine crew members.[①]

**例 6.2.17** 月球土壤中充斥着微陨石冲击留下的小玻璃碎片,阿波罗登月飞行器上到处都是微陨石撞击的痕迹,微陨石给登月者的宇航服也造成了很多磨损。

**译文:** Moon dirt is full of tiny, glass fragments from micrometeorite impacts that got everywhere in the Apollo lunar landers and wore down the moonwalkers' spacesuits.[②]

**例 6.2.18** 这一地区以后每三年将会出现一次突破 2010 年高温纪录的热浪天气。

**译文:** The region should now expect a heatwave that exceeds the record temperatures seen in 2010 once every three years.[③]

# 练 习

## 一、基础练习

请将下列汉语存现句翻译成英语。

(1) 火星上曾有生命存在吗?

(2) 转动到 90 度时会有阻力,必须继续逆时针转动到 180 度,储藏箱盖板才会打开。

(3) 当取下滑梯救生船装饰盖板后,在每个滑梯救生船包上有转移方法和位置说明。

(4) 宽敞的休息舱里有冬奥村运动员同款智能床,用户可以用遥控器或手机调整高度。

(5) 迄今为止全世界共有超 5.5 亿例新冠肺炎确诊病例,这意味着分别有 1 500 万和 1 200 万患者在感染病毒至少 6 个月后可能面临长期的嗅觉和味觉功能障碍,其中一部分患者嗅觉味觉都会出现问题。

## 二、拓展练习

请思考并采用恰当的翻译方法将下列存现句翻译成英语。

(1) 月球土壤里真的能种出植物!

---

① Flight Attendants Manual[Z]. Beijing:Air China Limited,2019:4-67.

② 'Holy cow':scientists successfully grow plants in moon soil for the first time[EB/OL]. (2022-05-16)[2022-07-08]. https://language. chinadaily. com. cn/a/202205/16/WS62819e6ca310fd2b29e5cd8b. html.

③ Climate change swells odds of record India,Pakistan heatwaves[EB/OL]. (2022-05-20)[2022-07-08]. https://language. chinadaily. com. cn/a/202205/20/WS6286da09a310fd2b29e5ddc3. html.

（2）日本某博物馆内展示了各种形状独特的自然形成的岩石，岩石上好似有人的面孔。

# 6.3　否定句的英译

否定句指"对事物作出否定判断，表示否定语气的句子。"[①]在表达否定概念时，英语和汉语在表达形式方面有很大差异。汉语主要使用词汇手段，英语则词汇手段与句法手段并用。就否定结构形式而言，英语比汉语复杂、丰富，否定形式多样。上述差异给汉英转换带来一些问题，值得我们进行探讨。我们首先对汉语否定句和英语否定句的表达手段进行梳理。

## 一、汉语否定句

汉语中的否定概念通过词汇手段表达，一般要用表示否定的词语，否定句带有否定词的标记。如：不、无、否、非、没、莫、勿、未、毋、微、弗、忌等[②]，以及由以上单字组成的词语，如：绝不、不曾、毫无、并非、没有、未必等。例如：

（1）相看两不厌，只有敬亭山。[③]

（2）有孙母未去，出入无完裙。[④]

（3）莫等闲、白了少年头，空悲切。[⑤]

（4）我掉过头来，正望着父亲的眼睛，在那里面我看出一种爱的表情，这是我以前不曾注意到的。[⑥]

（5）到了今天，对于《论语》一书，实在还没有懂；也就是对于儒学没有懂。[⑦]

（6）况且这二十年来新文艺产量虽多，实质一方面确实瑕瑜互见，未必都是成熟的作品。[⑧]

汉语否定句通常分两类：一类是单重否定句，句中只用一个表示否定的词语，以上诸例均属此类。其中例句（5）中包含两个分句，每个分句中只有一个表示否定的词语"没有"。另一类是双重否定句，句中先后连用两个表示否定的单字或词语。例如：

（1）微夫人之力不及此。[⑨]

---

① 董绍克，闫俊杰. 汉语知识词典[M]. 北京：警官教育出版社，1996：156.
② 陈宏薇，李亚丹. 新编汉英翻译教程[M]. 上海：上海外语教育出版社，2004：160.
③ 周啸天. 唐诗鉴赏辞典[M]. 北京：商务印书馆国际有限公司，2018：476.
④ 周啸天. 唐诗鉴赏辞典[M]. 北京：商务印书馆国际有限公司，2018：647.
⑤ 唐圭璋，钟振振. 宋词鉴赏辞典[M]. 北京：商务印书馆国际有限公司，2018：763.
⑥ 巴金. 父与女[M]//大一国文编撰委员会. 西南联大国文课. 南京：译林出版社，2015：187.
⑦ 巴金. 父与女[M]//大一国文编撰委员会. 西南联大国文课. 南京：译林出版社，2015：313.
⑧ 巴金. 父与女[M]//大一国文编撰委员会. 西南联大国文课. 南京：译林出版社，2015：322.
⑨ 吴楚材，吴调侯. 古文观止：上[M]. 钟基，李先银，王身钢，译注. 北京：中华书局，2011：56.

（2）毛羽不丰满者不可以高飞，文章不成者不可以诛罚。①

（3）非我莫能为也。②

（4）清照亦方自赏其趣味之高，然而于暮齿流离之际，晚景萧瑟之时，回念昔日之所好，皆已散为云烟，则不容不发此感叹语。③

（5）总之，非读破万卷，不能为古文，亦并不能为白话。④

（6）每览昔人兴感之由，若合一契，未尝不临文嗟悼，不能喻之于怀。⑤

## 二、英语否定句

英语否定句中否定概念的表达通常有两种方式。第一种与汉语表达方式类似，采用词汇手段。英语中表示否定概念的词语通常包含三类：否定词、由否定词缀组成的派生词，以及具有否定意义的词语。

① 否定词包括 no、not、never、nor、neither 等。

② 构词法中由否定词缀（negative affixes）un-、in-、im-、il-、ir-、non-、dis-、mis-、mal-、-less 等组成的派生词。

③ 具有否定意义的词或词组，可按词性梳理如下。

名词：如 absence、exclusion、denial、failure、ignorance、lack 等；

动词（动词短语）：如 deny、exclude、fail、lack、miss、overlook、get rid of、run out of、keep/stop/prevent/refrain … from … 等；

形容词：如 absent、gone、ignorant、little、exclusive of、far from、short of 等；

副词：如 few、seldom、barely、hardly、rarely、scarcely 等；

介词（介词短语）：如 beyond、except、without、in vain 等；

代词：如 nobody、nothing；

连词（复合连词）：如 before、unless、other than、but that、in case that、except that、excepting that、for fear that、or（else）、save that、saving that 等。

例如：

（1）But the land told <u>nothing</u>, this year. There was <u>no</u> wheat on it, for the flood had covered it long after wheat should have been planted, and it lay there cracked and like clay but newly dried. ⑥

---

① 吴楚材，吴调侯. 古文观止：上[M]. 钟基，李先银，王身钢，译注. 北京：中华书局，2011：198.

② 吴楚材，吴调侯. 古文观止：上[M]. 钟基，李先银，王身钢，译注. 北京：中华书局，2011：312.

③ 浦江清. 李清照"金石录后序"[M]//大一国文编撰委员会. 西南联大国文课. 南京：译林出版社，2015：288-289.

④ 浦江清. 李清照"金石录后序"[M]//大一国文编撰委员会. 西南联大国文课. 南京：译林出版社，2015：318.

⑤ 吴楚材，吴调侯. 古文观止：上[M]. 钟基，李先银，王身钢，译注. 北京：中华书局，2011：470.

⑥ 陈福田. 西南联大英文课[M]. 罗选民，等，译. 北京：中译出版，2019：002.

(2) The buffalo was <u>gone</u>; <u>gone</u> also his plow and every implement of wood and bamboo, and what other had he?①

(3) They are good-natured faces and frank, you would have said, if it had <u>not</u> been drilled into you that the oriental is <u>inscrutable</u>. ②

(4) They are models, one is told, of calligraphy as well as of literary composition. Indeed, according to Chinese standards, they could <u>not</u> be the one <u>without</u> the other. ③

(5) The clouds had <u>failed</u> to gather in their season, and the time of showers had passed <u>without</u> rain. ④

(6) I am <u>far from</u> thinking, that all those, who have depreciated our species, have been enemies to virtue, and have exposed the frailties of their fellow creatures with any bad intention.

第二种是采用句法手段，比如采用一些句型，如 more(…)than…、other than、rather than、would rather than…、know better than…、too…to…、too…for…等。在上述结构中，"than""to"引出句中表示否定意义的部分。例如：

(1) An encyclopedia of a scholarly subject has a duty to open up <u>rather than</u> unduly restrict the scope of the discipline it sets out to describe. ⑤

(2) Most of us tend to take such incentives for granted, because they are often <u>too</u> close <u>to</u> home for us to realize that they are culture-and period-specific. ⑥

(3) Almost all languages <u>other than</u> English have now become minor languages in the translation research community. ⑦

## 三、否定句的英译

汉语否定句在英译时，通常采用以下几种方法：译成英语的否定句，译成英语的肯定句，将汉语的双重否定句译成英语的肯定句，将汉语的双重否定句译成英语的双重否定。

① 陈福田. 西南联大英文课[M]. 罗选民,等,译. 北京:中译出版,2019:005.
② 陈福田. 西南联大英文课[M]. 罗选民,等,译. 北京:中译出版,2019:013.
③ 陈福田. 西南联大英文课[M]. 罗选民,等,译. 北京:中译出版,2019:074.
④ 陈福田. 西南联大英文课[M]. 罗选民,等,译. 北京:中译出版社,2019:089.
⑤ BAKER M, SALANHA G. RoutledgeEncyclopedia of Translation Studies (2nd edition)[Z]. London and New York,NY:Routledge 2009: xiv.
⑥ BAKER M, SALANHA G. RoutledgeEncyclopedia of Translation Studies (2nd edition)[Z]. London and New York,NY:Routledge 2009: xvii.
⑦ BAKER M, SALANHA G. RoutledgeEncyclopedia of Translation Studies (2nd edition)[Z]. London and New York,NY:Routledge 2009: 172.

### 1. 译成英语的否定句

鉴于语言之间存在共性,思维方式上存在许多共同之处,汉语否定句在翻译成英语时,多数情况下以否定形式表达。例如:

**例6.3.1** 乘务员在执行飞行任务前24小时内不得献血、饮用含酒精饮料(酒精浓度不得达到或超过0.04克/210升)和服用会影响飞行能力药物。①

**译文:**Flight attendants are <u>not</u> allowed to donate blood, drink alcoholic beverages (alcohol concentration shall not reach or exceed 0.04 g/210 liters) and take drugs that will affect the flight operation capability within 24 hours before performing the flight mission.②

**例6.3.2** 飞行中,机长因故不能履行职务的,由仅次于机长职务的驾驶员代理机长。③

**译文:**In case a pilot-in-command is <u>unable</u> to perform his duties in flight due to one reason or another, the pilot holding a post next only to him shall act on his behalf.④

**例6.3.3** 没有协定、协议的,参照国际航空运输市场价格制定运价,报国务院民用航空主管部门批准后执行。⑤

**译文:**In the <u>absence</u> of any agreement, the tariff shall be formulated with reference to the market prices of international air transport, and shall be implemented after being approved by the competent civil aviation authority under the State Council.⑥

**例6.3.4** 公共航空运输企业不得运输拒绝接受安全检查的旅客,不得违反国家规定运输未经安全检查的行李。⑦

**译文:**No public air transport enterprise shall carry passengers who refused to accept security inspection, <u>nor</u> shall it carry baggage which have

---

① 客舱安全生产规则[Z]. 北京:中国国际航空股份有限公司,2021:6.
② Safety Operations Guide[Z]. Beijing:Air China Limited,2021:9.
③ 中国民用航空局. 中华人民共和国民用航空法(第五章,第五十一条)[EB/OL]. (1995-10-30)[2022-07-18]. http://www.caac.gov.cn/XXGK/XXGK/JGGLL/XGFG/201603/P020160304418125592878.pdf.
④ 中国民用航空局. Civil Aviation Law of the People's Republic of China(ChapterV, Article 51)[EB/OL]. (1995-10-30) [2022-07-18]. http://www.caac.gov.cn/en/ZCFG/MHFL/201509/P020150901511659239730.pdf.
⑤ 中国民用航空局. 中华人民共和国民用航空法(第八章,第九十七条)[EB/OL]. (1995-10-30)[2022-07-18]. http://www.caac.gov.cn/XXGK/XX/XXGK/JGGLL/XGFG/201603/P020160304418125592878.pdf.
⑥ 中国民用航空局. Civil Aviation Law of the People's Republic of China(ChapterVIII, Article 97)[EB/OL]. (1995-10-30)[2022-07-18]. http://www.caac.gov.cn/en/ZCFG/MHFL/201509/P020150901511659239730.pdf.
⑦ 中国民用航空局. 中华人民共和国民用航空法(第八章,第一百零二条)[EB/OL]. (1995-10-30)[2022-07-18]. http://www.caac.gov.cn/XXGK/XXGK/JGGLL/XGFG/201603/P020160304418125592878.pdf.

not gone through security inspection against State regulation.①

译文后半句否定连词 nor 置于句首,应采用倒装语序。

**例 6.3.5**　对飞行中的民用航空器上的人员使用暴力,危及飞行安全,尚未造成严重后果的,依照刑法第一百零五条的规定追究刑事责任;造成严重后果的,依照刑法第一百零六条的规定追究刑事责任。②

**译文:**Where a person endangers flight safety by using violence against a person on board a civil aircraft in flight, but without resulting in serious consequences, his criminal responsibility shall be investigated in accordance with the provisions of Article 105 of the Criminal Law;if grave consequences result from such act, his criminal responsibility shall be investigated in accordance with the provisions of Article 106 of the Criminal Law.③

### 2. 译成英语的肯定句

汉语否定概念常用英语肯定句来表达。译成英语的肯定句通常有两种:一种是意义和形式都表肯定;另一种是形式上是肯定的,但意义是否定的,即译文中不带否定标记词。以上表示否定概念的词语的第三类中所列举出的具有否定意义的名词、动词、形容词、副词、介词(介词短语)、连词(复合连词),以及句法手段中列举的结构或句型,均属此类。

**例 6.3.6**　客舱 SMS 办公室将不定期进行《客舱安全生产规则》有效性检查。④

**译文:** The cabin SMS office will carry out the validity inspection of theCabin Safety Operation Guide from time to time.⑤

**例 6.3.7**　不安全事件报告:"滑梯展开、客舱失火、乘务员因受伤/患病而无法履行其职责"等不安全事件发生后,不管是在外站还是北京,乘务组应立即与客舱部值班经理室取得联系。⑥

**译文:**Safety Incident Report:if an accident, slide unwanted deployment or cabin fire, flight attendant fail to implement his/her job responsibility due to injury or illness etc., regardless happened at Beijing base or other station, crews should report to manager on duty of Cabin Service

① 中国民用航空局. Civil Aviation Law of the People's Republic of China(Chapter VIII, Article 102)[EB/OL]. (1995-10-30)[2022-07-18]. http://www.caac.gov.cn/en/ZCFG/MHFL/201509/P020150901511659239730.pdf.
② 中国民用航空局. 中华人民共和国民用航空法(第十五章,第一百九十二条)[EB/OL]. (1995-10-30)[2022-07-18]. http://www.caac.gov.cn/XXGK/XXGK/JGGLL/XGFG/201603/P020160304418125592878.pdf.
③ 中国民用航空局. Civil Aviation Law of the People's Republic of China(Chapter XV, Article 192)[EB/OL]. (1995-10-30)[2022-07-18]. http://www.caac.gov.cn/en/ZCFG/MHFL/201509/P020150901511659239730.pdf.
④ 客舱安全生产规则[Z]. 北京:中国国际航空股份有限公司, 2021:前言.
⑤ Safety Operations Guide[Z]. Beijng:Air China Limited, 2021:Preamble.
⑥ 客舱安全生产规则[Z]. 北京:中国国际航空股份有限公司, 2021:3.

Department immediately.①

**例 6.3.8** 灭火期间与驾驶舱保持不间断的联络。②

**译文：**Keep <u>constant</u> contact with the cockpit during fire extinguishing.③

constant 意为 happening all the time or repeatedly，与原文"不间断"语义相符。以上三例汉语均带有否定标记词，而译文的形式和意义都是肯定的。以上例子说明对相同的概念，汉语和英语表达的角度恰好相反。

**例 6.3.9** 乘务员必须在航班起飞前 48 小时至起飞前 12 小时之间完成不少于 30 分钟的"航前网上准备"，提前了解所执行航班的各种相关安全业务知识。④

**译文：**Flight attendants must conduct'Pre-flight Online Preparation' <u>over</u> 30 mins for each flight from 48 hours to 12 hours before departure.⑤

**例 6.3.10** 除承运人有欺诈行为外，旅客或者收货人未在本条第二款规定的期间内提出异议的，不能向承运人提出索赔诉讼。⑥

**译文：**<u>Failing</u> complaint within the periods provided in paragraph 2 of this Article, the passenger or consignee <u>shall be deprived of</u> the right to claim compensation from the carrier, save in the case of fraud on the part of the carrier.⑦

译文中使用具有否定意义的动词"fail"来表达第一层否定标记词"未"；第二层否定标记词在翻译过程中改变了句中的施受关系，"旅客或者收货人"由汉语原文中的施事（agent）转化为译文中的受事（recipient）。译文中旅客或者收货人被剥夺提出索赔的权利，即不能提出索赔，语义与汉语原文相符。

**例 6.3.11** 未注销外国国籍的民用航空器不得在中华人民共和国申请国籍登记。⑧

**译文：**Civil aircraft shall not apply for PRC nationality <u>before</u> their

---

① Safety Operations Guide[Z]. Beijing：Air China Limited，2021：5.

② 客舱安全生产规则[Z]. 北京：中国国际航空股份有限公司，2021：77.

③ Safety Operations Guide[Z]. Beijing：Air China Limited，2021：112.

④ 客舱安全生产规则[Z]. 北京：中国国际航空股份有限公司，2021：6.

⑤ Safety Operations Guide[Z]. Beijing：Air China Limited，2021：9.

⑥ 中国民用航空局. 中华人民共和国民用航空法（第九章，第一百三十四条）[EB/OL]. (1995-10-30)[2022-07-20]. http://www. caac. gov. cn/XXGK/XXGK/JGGLL/XGFG/201603/P020160304418125592878. pdf.

⑦ 中国民用航空局. Civil Aviation Law of the People's Republic of China(Chapter IX, Article 134)[EB/OL]. (1995-10-30)[2022-07-20]. http://www. caac. gov. cn/en/ZCFG/MHFL/201509/P020150901511659239730. pdf.

⑧ 中华人民共和国民用航空法（2018 修正）[EB/OL]. (2018-12-29)[2022-07-20]. http://www. lawinfochina. com/display. aspx？ id=29696&lib=law.

cancellation of their original nationality of other countries.①

译文中使用具有否定意义的连词"before",意为"在……之前",即"尚未"的意思,用来表达汉语原文中否定概念"未","未注销"可理解为"尚未注销",语义相符,表达适切。以上例句,汉语否定概念译成英文时,译文的形式是肯定的,但意义是否定的。

### 3. 将汉语的双重否定句译成英语双重否定句

汉语的双重否定句,句中先后连用两个表示否定的词语,即一个句子中同时使用两个否定词,或者使用一个否定词和一个表示否定意义的词或短语。双重否定句,句子形式上是否定的,但意义表示肯定。汉语里的否定之否定,其肯定语势往往更加强烈。双重否定句英译时,通常保留双重否定的形式,以期达到同等的表达效果,常见的句型如:no/not/never … without … ,no … but … 等。例如:

**例 6.3.12** 不符合依法制定的民用机场布局和建设规划的民用机场建设项目,不得批准。①

**译文:** A construction project of civil airport <u>not</u> conforming to the plan of civil airport distribution and construction formulated according to law <u>shall not</u> be approved.②

汉语例句为无主句,译文中第一层否定译为引导后置定语的现在分词的否定(not conforming to);第二层否定译为被动结构中谓语部分的否定。

**例 6.3.13** 数客人员原则上站在不妨碍旅客登机且不易被旅客打扰的位置上进行数客。③

**译文:** Principally, the head-counting personnel should stand at the position that would <u>neither</u> hinder passengers from boarding <u>nor</u> being disturbed by passengers for counting. ④

汉语原文"不妨碍"和"不易"为并列成分,译文中使用"neither … nor …"翻译原文并列结构,使得译文结构愈加紧凑,且充分体现两层否定的并列关系。

**例 6.3.14** 如应急医疗箱不在位,飞机不可放行。⑤

**译文:** If the emergency medical service kits are <u>not</u> in position, the plane

① 中国民用航空局. 中华人民共和国民用航空法(第六章,第五十六条)[EB/OL]. (2018-12-29)[2022-07-20]. http://www.caac.gov.cn/XXGK/XXGK/JGGLL/XGFG/201603/P020160304418125592878.pdf.

② 中国民用航空局. Civil Aviation Law of the People's Republic of China(Chapter VI, Article 56)[EB/OL]. (2018-12-29)[2022-07-20]. http://www.caac.gov.cn/en/ZCFG/MHFL/201509/P020150901511659239730.pdf.

③ 客舱安全生产规则[Z]. 北京:中国国际航空股份有限公司,2021:15.

④ Safety Operations Guide[Z]. Beijing:Air China Limited, 2021:22.

⑤ 客舱安全生产规则[Z]. 北京:中国国际航空股份有限公司,2021:12.

should not be allowed to take off. ①

译文中使用"should not"翻译"不可",充分体现出客舱安全规则的严肃性和强制性。

例 6.3.15　客票上未依照本法第一百一十条第(三)项的规定声明的,承运人无权援用本法第一百二十九条有关赔偿责任限制的规定。②

**译文**:If the ticket does not include the notice required by sub-paragraph (3) of Article 110 of this Law, the carrier shall not be entitled to avail himself of the provisions of Article 129 of this Law concerning the limit of liability. ③

以上译文均保留了汉语原文双重否定的形式,同时传达出双重否定的意义。以上各例句均出自民用航空法规或者客舱安全生产规则条例,使用双重否定句表达语势更强。

# 练　习

## 一、基础练习

请将下列汉语否定句译成英语。

(1)乘务员飞行时不得携带违反相关国家规定的其他物品。

(2)未取得经营许可证的,工商行政管理部门不得办理工商登记。

(3)地面期间,乘务组要对登机门进行监控,禁止持无效证件或无证件的人员进入客舱。

(4)本协定每条均冠以标题,只是为了查阅方便,而决非对本协定的范围或意图予以解释、限制或说明。

(5)不间断与机组保持联系,通报客舱情况,并听从机长指令。

(6)在国内航空运输中,承运人同意旅客不经其出票而乘坐民用航空器的,承运人无权援用本法第一百二十八条有关赔偿责任限制的规定。

## 二、拓展练习

请思考并采用恰当的翻译方法将下列否定句翻译成英语。

(1)极端主义、恐怖主义不断蔓延,网络安全、生物安全、海盗活动等非传统安全威胁日益凸显。

---

①　Safety Operations Guide[Z]. Beijing:Air China Limited,2021:18.

②　中国民用航空局. 中华人民共和国民用航空法(第九章,第一百一十一条)[EB/OL]. (2018-12-29)[2022-07-22].：http://www. caac. gov. cn/XXGK/XXGK/JGGLL/XGFG/201603/P020160304418125592878. pdf.

③　中国民用航空局. Civil Aviation Law of the People's Republic of China(ChapterⅨ, Article 111)[EB/OL]. (2018-12-29)[2022-07-22]. http://www. caac. gov. cn/en/ZCFG/MHFL/201509/P020150901511659239730. pdf.

（2）中国始终奉行在任何时候和任何情况下都不首先使用核武器、无条件不对无核武器国家和无核武器区使用或威胁使用核武器的核政策，主张最终全面禁止和彻底销毁核武器，不会与任何国家进行核军备竞赛，始终把自身核力量维持在国家安全需要的最低水平。

# 6.4　长句的英译

长句指"形体长、词语多、结构较复杂的句子。长句可以是单句也可以是复句，特点是周密、容量大，一句话可以表达丰富繁杂的内容，一般多用于书面语。适当运用长句，可以收到严密周详、精确细致、气势畅达的修辞效果。"[①]为了更好地表达一些复杂的概念，使之逻辑严密、结构紧凑，科技类文章中往往出现许多长句。[②]

## 一、汉语与英语对比

从语言的结构层面来看，语言是一套符号系统，不同民族都有自己特有的符号。汉语属汉藏语系（Sino-Tibetan），英语属于印欧语系（Indo-European）。汉语和英语是两种完全不同的语言，经过长期的历史演变形成各自鲜明的特征。

汉语属于主题显著（Subject-prominent）语言，意合（Paratactic）特征显著，造句主要采用意合法；汉语是典型的分析语，缺乏形态变化，语序相对固定；句子不受严谨的主谓结构的约束，少用或不用关联词语，语法呈隐性。语法意义和逻辑联系常隐含在字里行间，句子结构富于弹性、灵活多变、以意统形，通过语言环境和语言的内在关系联系在一起，用词注重功能、意义，对语境依赖较多（High-context）。汉语重人称，常用人称主语，因此多用主动式，并倾向于多用动词，因而叙述呈动态（Dynamic）。

英语属于主语显著（Topic-prominent）语言，形合（Hypotactic）特征明显，造句主要采用形合法；英语属综合-分析语，且是综合型为主的语言，有较丰富的形态和语法手段，语序比较灵活；句子受严谨的主谓结构协调一致和逻辑主语与逻辑谓语协调一致的制约，多用并常用关联词语，语法呈显性。语法关系和语义逻辑协调一致，句子结构完整、严谨规范，以形统意，用严密的形态变化来表现语法范畴和语意信息，用词强调性、数、格、时、体、态等的一致，对语境依赖较少（Low-context）。英语重物称，常用非人称主语，因此多用被动式，并倾向于多用名词，因而叙述呈静态（Static）。汉英

①　董绍克，闫俊杰. 汉语知识词典[M]. 北京：警官教育出版社，1996：44.
②　傅勇林，唐跃勤. 科技翻译[M]. 北京：外语教学与研究出版社，2012：85.

句式对比见表6.1。

表 6.1　汉英句式对比

| 汉　语 | 英　语 |
|---|---|
| 主题突出(Subject-prominent) | 主语显著(Topic-prominent) |
| 造句采用意合法 | 造句采用形合法 |
| 重人称,常用人称主语 | 重物称,常用非人称主语 |
| 少用或不同关联词 | 多用并常用关联词 |
| 多用主动式 | 多用被动式 |
| 以意统形 | 以形统意 |
| 多用动词,叙述呈动态(Dynamic) | 多用名词,叙述呈静态(Static) |
| 句式富于弹性、灵活多变 | 句式结构完整、严谨规范 |

例如:

**例 6.4.1**　句读之不知,惑之不解,或师焉,或不焉,小学而大遗,吾未见其明也。[①]

**例 6.4.2**　河身多的是曲折,上游是有名的拜伦潭——"Byron's Pool"——当年拜伦常在那里玩的;有一个老村子叫格兰赛斯德,有一个果子园,你可以躺在累累的桃李树荫下吃茶,花果会掉入你的茶杯,小雀子会到你桌上来啄食,那真是别有一番天地。[②]

**例 6.4.3**　檐溜,小小的河流,汪洋万顷的大海,莫不对于我有过极大的帮助,我学会用小小脑子去思索一切,全亏得是水,我对于宇宙认识得深一点,也亏得是水。[③]

**例 6.4.4**　Living thus, he came by chance one day to a clear fountain, and (being in the heat of noon) lay down by it; when beholding in the water his own image, he fell into such a study and into such a rapturous admiration of himself, that could not be drawn away from gazing at the shadowy picture, but remained rooted to the spot till sense left him; and at last he was changed into the flower that bears his name.

**译文**:朝夕如此,一日偶至清泉一泓,时值晌午,天气炎热,遂卧躺泉边;俯观水中

① 吴楚材,吴调侯. 古文观止:下[M]. 钟基,李先银,王身钢,译注.北京:中华书局,2011:555.
② 徐志摩.我所知道的康桥(节录)[M]//大一国文编撰委员会.西南联大国文课.南京:译林出版社,2015:129.
③ 沈从文.我的写作与水的关系[M]//大一国文编撰委员会.西南联大国文课.南京:译林出版社,2015:222.

倒影，始而不觉凝神观照，继而自我恋慕，如痴如狂，谛视自家面貌若隐若现，良久不去；出神入定，有如树木扎根，直至感觉消失；终于变作水仙，名曰那喀索斯。①

**例6.4.5** It rained in the morning, but the afternoon was clear and glorious and shining, with all the distances revealed far into the heart of Wales and to the high ridges of the Welsh mountains.

**译文:** 早晨下了雨，午后放晴，阳光明媚，逶迤伸展到远处威尔士腹地以及威尔士山脉巍峨群峰的精致，全部呈现在眼前。②

**例6.4.6** The pressure of the pole for long years, day after day, has made hard red scars, and sometimes even there are open sores, great sores without bandages or dressing that rub against the wood; but the strangest thing of all is that sometimes, as though nature sought to adapt man for these cruel uses to which he is put, an odd malformation seems to have arisen so that there is a sort of hump, like a camel's, against which the pole rests. ③

**译文:** 担子长年累月地压迫，留下深红的疤痕，有时甚至有溃口的疮疤，很大，没有绷带包扎，没有衣服隔挡，直接就在木扁担上摩擦。但最奇怪的是，就好像大自然力图让人适应他被交予的这些残酷用途，一种反常的畸形出现了，苦力们肩上会隆起一个包，就像驼峰一样，这样担子就可以顶在上面。④

通过以上列表及例句阐释的英汉两种语言的差异，可以看出汉英翻译不可停留在简单的对等层面，往往需要进行灵活的调整和转换，使得译文读起来更加符合英语表达习惯，以期英语读者阅读译文时能够获得同汉语读者阅读原文时相似乃至相同的阅读效果，从而实现语言的交际功能。

## 二、长句的英译

科技英语的句子通常较长，结构也较为复杂。虽然科技翻译比较注重直译，但意译仍是重要手段。意译要求摆脱原文表层结构的束缚，根据句子的深层结构，用译语恰当的表层结构再现原文的思想。⑤ 这就要求把握句间各部分的关系，力求用严密、准确、精练的语言再现原文。航空航天文本的翻译中，应表现出科技文体翻译的专业性、客观性和精确性。每一个句子的翻译，不应局限于一种方法，可综合运用多种翻

① Sir Francis Bacon. Narcissus;or Self-Love[M]//杨自伍. 英国散文名篇欣赏. 上海:上海外语教育出版社，2010:2-3.

② CLUTTON-BROCK A. Sunday Before the War[M]//杨自伍. 英国散文名篇欣赏. 上海:上海外语教育出版社，2010:244-245.

③ 陈福田. 西南联大英文课[M]. 罗选民，等，译. 北京:中译出版社，2019:14.

④ 陈福田. 西南联大英文课[M]. 罗选民，等，译. 北京:中译出版社，2019:21.

⑤ 郭著章. 汉英互译实用教程[M]. 武汉:武汉大学出版社，2010:271.

译方法,这在长句翻译中显得至关重要。

### 1. 顺(序)译法

顺译法是指当汉语原文的内容、叙述方式与逻辑关系和英语表达一致时,可以直接将其转换成相同语序关系的英语表达。顺译,顾名思义,就是顺着往下译,但并非是字字对译①,在必要时,可适当调整个别词序。顺译法多用于单一主语的长句,因汉语属于主题显著语言,最常见的句式是话题+评述,即主题-述题结构。汉语里能做话题的成分比较灵活,可以是词、短语或小句。在汉译英过程中,如果话题与主语一致,方可原序对译;如果出现话题和主语不一致的情况,需要确定符合英语表达习惯的主语+谓语结构再进行翻译。例如:

**例 6.4.7** 2016 年以来,中国航天进入创新发展"快车道",空间基础设施建设稳步推进,北斗全球卫星导航系统建成开通,高分辨率对地观测系统基本建成,卫星通信广播服务能力稳步增强,探月工程"三步走"圆满收官,中国空间站建设全面开启,"天问一号"实现从地月系到行星际探测的跨越,取得了举世瞩目的辉煌成就。

**译文:**Since 2016, China's space industry has made rapid and innovative progress, manifested by a steady improvement in space infrastructure, the completion and operation of the BeiDou Navigation Satellite System, the completion of the high-resolution earth observation system, steady improvement of the service ability of satellite communications and broadcasting, the conclusion of the last step of the three-step lunar exploration program ("orbit, land, and return"), the first stages in building the space station, and a smooth interplanetary voyage and landing beyond the earth-moon system by Tianwen-1, followed by the exploration of Mars. These achievements have attracted worldwide attention.②

英语的名词化往往导致表达的抽象化。抽象表达法在英语里使用得相当普遍,尤其常见于科学论著、官方文章、报刊评论、法律文书、商业信件等文体英语。译文极大地弱化了"进入'快车道'"的动态属性,使用 make rapid and innovative progress 这样抽象语义的词语来翻译具体形象性的表达,译文符合英语重抽象思维的表达习惯。此外,译文中还使用了阐释性增译法,在括号中列出了"探月工程'三步走'"具体指得是"绕、落、回"。

**例 6.4.8** 全面建成航天强国,持续提升科学认知太空能力、自由进出太空能力、高效利用太空能力、有效治理太空能力,成为国家安全的维护者、科技自立自强的

---

① 司显柱. 汉英科技翻译教程[M]. 上海:上海外语教育出版社,2020:137.

② 中华人民共和国国务院新闻办公室. 政府白皮书:2021 年中国的航天[R/OL]. (2022-01-28)[2022-08-05]. http://www.scio.gov.cn/zfbps/ndhf/47675/Document/1719949/1719949.html.

引领者、经济社会高质量发展的推动者、外空科学治理的倡导者和人类文明发展的开拓者,为建设社会主义现代化强国、推动人类和平与发展的崇高事业作出积极贡献。

**译文**:China aims to strengthen its space presence in an all-round manner: to enhance its capacity to better understand, freely access, efficiently use, and effectively manage space; to defend national security, lead self-reliance and self-improvement efforts in science and technology, and promote high-quality economic and social development; to advocate sound and efficient governance of outer space, and pioneer human progress; and to make a positive contribution to China's socialist modernization and to peace and progress for all humanity.①

汉语原句为无主句,翻译时常用的方法是补充主语,以形成英语句子主谓齐全的格局。译文在句首增添主语"China",并运用并列不定式结构使得译文结构紧凑、语义顺畅。

**例 6.4.9** 随着北斗系统建设和服务能力的发展,相关产品已广泛应用于交通运输、海洋渔业、水文监测、气象预报、测绘地理信息、森林防火、通信时统、电力调度、救灾减灾、应急搜救等领域,逐步渗透到人类社会生产和人们生活的方方面面,为全球经济和社会发展注入新的活力。②

**译文**:Along with the development of the BDS project and service ability, related products have been widely applied in communication and transportation, marine fisheries, hydrological monitoring, weather forecasting, surveying, mapping and geographic information, forest fire prevention, time synchronization for communication systems, power dispatching, disaster mitigation and relief, emergency search and rescue, and other fields. These products are gradually penetrating every aspect of social production and people's life, injecting new vitality into the global economy and social development.③

### 2. 逆序(倒序)译法

从形态学角度来看,语言有分析型和综合性。汉语属分析型语言,其主要特征为语序固定;英语是综合性为主的语言,其主要特征是语序灵活。④ 汉语和英语都遵循

---

① 中华人民共和国国务院新闻办公室. 政府白皮书:2021 年中国的航天(英文版)[R/OL]. (2022-01-28) [2022-08-05]. http://www.scio.gov.cn/zfbps/ndhf/47675/Document/1719948/1719948.html.

② 中华人民共和国国务院新闻办公室. 政府白皮书:中国北斗卫星导航系统[R/OL]. (2016-06-16) [2022-08-12]. http://www.scio.gov.cn/zfbps/ndhf/34120/Document/1480602/1480602.html.

③ 中华人民共和国国务院新闻办公室. 政府白皮书:China's BeiDou Navigation Satellite System[R/OL]. (2016-06-17)[2022-08-12]. http://www.scio.gov.cn/zfbps/ndhf/34120/Document/1480623/1480623.html.

④ 秦洪武,王克非. 英汉比较与翻译[M]. 北京:外语教学与研究出版社,2016:117.

"主语+谓语+宾语"的基本语序,但定语和状语的位置却相异。汉语状语和定语一般都置于被修饰成分之前,通常按照时序和事序组织句子成分的排列次序;而英语状语和定语均可置于被修饰成分之前或之后,可以不按时序或事序安排句子成分。此外,造句时信息重心位置也存在差异,汉语表达偏向娓娓道来,将重点置于句末,而英语则倾向于开门见山式地陈述,从而导致汉英长句中语义重点错位的感觉。因此,鉴于句法规则和语义的差异,尤其是修饰成分比较多时,翻译汉语长句通常需要改变语序,可根据不同的情况按意群进行部分逆序,甚至全部逆序,以符合英语表达习惯。例如:

**例6.4.10** 2014年,成立了全国北斗卫星导航标准化技术委员会,建立并完善北斗卫星导航标准体系,推动标准验证与实施,着力推进基础、共性、急需标准的制(修)订,全面提升卫星导航标准化发展的整体质量效益。①

**译文:**In 2014 the National Technical Committee on BeiDou Satellite Navigation of Standardization Administration of China was established, and the BeiDou Satellite Navigation Standard System was set up, which has been constantly improved. China promotes the standards verification and implementation, and expedites the formulation and revision of standards which are fundamental, generally applicable and in urgent need, so as to enhance the quality and benefits of the procedure-based development of satellite navigation.②

汉语原文为无主句,由"成立了……,建立并完善……,推动……,推进……,提升……"五个动宾结构组成。英译过程中将前两个动宾结构的宾语提前作为译文英语小句的主语,并使用被动语态;原文中第四个动宾结构在翻译过程中,将"标准的制(修)订"提前,把"基础、共性、急需"译为后置定语;最后一个动宾结构在英译时,将"质量效益"提前,其修饰词译为"of 结构"作为定语后置。

**例6.4.11** 建设航天战略科技力量,打造以科研院所为主体的原始创新策源地,建立健全产学研用深度融合的航天技术创新体系,构建关键领域航天科技创新联盟,形成上中下游协同、大中小企业融通的创新发展格局。③

**译文:**In order to create a new configuration in which the upper, middle and lower industrial chains are coordinated, and large, small and medium-sized enterprises advance in an integrated way, China is building a strategic

① 中华人民共和国国务院新闻办公室. 政府白皮书:2021年中国的航天(英文版)[R/OL]. (2022-01-28)[2022-08-05]. http://www.scio.gov.cn/zfbps/ndhf/47675/Document/1719948/1719948.html.

② 中华人民共和国国务院新闻办公室. 政府白皮书:中国北斗卫星导航系统[R/OL]. (2016-06-16)[2022-08-12]. http://www.scio.gov.cn/zfbps/ndhf/34120/Document/1480602/1480602.html.

③ 中华人民共和国国务院新闻办公室. 政府白皮书:2021年中国的航天[R/OL]. (2022-01-28)[2022-08-15]. http://www.scio.gov.cn/zfbps/ndhf/47675/Document/1719949/1719949.html.

force of space science and technology, encouraging original innovation by research institutes and bringing together enterprises, universities, research institutes and end-users in creating and applying new technologies. A technological innovation alliance is emerging in key areas of space science.①

译文将汉语原文最后一个分句"形成……创新发展格局"译为目的状语置于句首。

**例6.4.12** 2016年以来,中国与19个国家和地区、4个国际组织,签署46项空间合作协定或谅解备忘录;积极推动外空全球治理;利用双边、多边合作机制,开展空间科学、空间技术、空间应用等领域国际合作,取得丰硕成果。②

**译文:**Since 2016, China has signed 46 space cooperation agreements or memoranda of understanding with 19 countries and regions and four international organizations. It has actively promoted global governance of outer space, and carried out international cooperation in space science, technology and application through bilateral and multilateral mechanisms. These measures have yielded fruitful results.③

### 3. 合并译法

汉语习惯一个小句表达一层意思,而英语一个长句包含多层次意思。合并译法是把若干个小句合并成一个长句,一般用于汉译英。汉语重意合,句子似句似段、若断若连、形散神聚、流泻铺排、言简意赅、不用或少用关联词语、摆脱形式束缚,因此简单句或短句较多;英语重形合,句中有句、环扣镶嵌、以形显义、以法摄神、多用并常用关联词语、注重形式接应,因此长句较多。汉译英时为使译文结构紧凑、表达简练、避免程式化和呆板,根据需要使用连词、介词、分词、不定式、从句等把汉语短句连成长句。无论顺序翻译还是倒序翻译,汉译英都不可避免会使用合并法④。

**例6.4.13** 签署金砖国家遥感卫星星座合作协定。与欧洲空间局开展对地观测卫星数据交换合作。建设中国—东盟卫星信息(海上)服务平台和遥感卫星数据共享服务平台。⑤

**译文:**China has signed cooperation agreements for the BRICS Remote-

① 中华人民共和国国务院新闻办公室. 政府白皮书:2021年中国的航天(英文版)[R/OL]. (2022-01-28)[2022-08-15]. http://www.scio.gov.cn/zfbps/ndhf/47675/Document/1719948/1719948.html.
② 中华人民共和国国务院新闻办公室. 政府白皮书:2021年中国的航天[R/OL]. (2022-01-28)[2022-08-15]. http://www.scio.gov.cn/zfbps/ndhf/47675/Document/1719949/1719949.html.
③ 中华人民共和国国务院新闻办公室. 政府白皮书:2021年中国的航天(英文版)[R/OL]. (2022-01-28)[2022-08-15]. http://www.scio.gov.cn/zfbps/ndhf/47675/Document/1719948/1719948.html.
④ 司显柱. 汉英科技翻译教程[M]. 上海:上海外语教育出版社, 2020:141.
⑤ 中华人民共和国国务院新闻办公室. 政府白皮书:2021年中国的航天[R/OL]. (2022-01-28)[2022-08-15]. http://www.scio.gov.cn/zfbps/ndhf/47675/Document/1719949/1719949.html.

Sensing Satellite Constellation, cooperated with the European Space Agency on earth observation satellite data exchange, and built the China-ASEAN Satellite Information Offshore Service Platform and the Remote-Sensing Satellite Data-Sharing Service Platform.[1]

**例 6.4.14** 2019 年,中航集团完成飞行小时 279.88 万小时。完成运输总周转量 318.61 亿吨千米,比上年增长 1.9%;完成旅客运输量 1.43 亿人次,比上年增长 4.2%;完成货邮运输量 204.68 万吨,比上年下降 2.1%。[2]

**译文**:In 2019, China National Aviation Holding Group recorded 2.799 million flight hours. It registered a total transport turnover of 31.861 billion ton-km, up 1.9% year on year, and carried 143 million passengers, a y-o-y increase of 4.2%, and 2.047 million tons of cargo and mail, a 2.1% fall year on year.[3]

**例 6.4.15** "独立自主、相互理解、高瞻远瞩、互利共赢"是中法建交的初心。坚持多边主义,维护以联合国为核心的国际体系,维护以国际法为基础的国际秩序,是中法两国的重要共识。

**译文**:Calling "independence, mutual understanding, foresight, mutual benefit and win-win outcomes" as the original aspiration of the establishment of diplomatic relations between China and France, Xi noted that it is an important consensus of the two countries to uphold multilateralism, safeguard the international system with the United Nations at its core and maintain the international order based on international convention.[4]

### 4. 分译法

分译法就是合理断句。长句的英译大多需要将原句拆分成多个较短的句子,并适当增加词或短语,比如增补句子的主语。汉语分句独立成句,因此英译时需要透彻理解原文,分析句子内部关系,根据英文表达习惯进行分译。[5] 值得注意的是,分译的目的是化长为短、化繁为简。分译后的译文必须逻辑连贯、有整体感。例如:

**例 6.4.16** 目前,已发布 B1I、B2I 信号接口控制文件,定义了"北斗二号"系统卫星与用户终端之间的接口关系,规范了信号结构、基本特性、测距码、导航电文等内

① 中华人民共和国国务院新闻办公室. 政府白皮书:2021 年中国的航天(英文版)[R/OL]. (2022-01-28)[2022-08-15]. http://www. scio. gov. cn/zfbps/ndhf/47675/Document/1719948/1719948. html.

② 中国民用航空局. 2019 年民航行业发展统计公报[EB/OL]. (2020-06-05)[2022-08-20]. http://www. caac. gov. cn/XXGK/XXGK/TJSJ/202006/P020200605630677965649. pdf.

③ 中国民用航空局. Statistical Bulletin of Civil Aviation Industry Development in 2019[EB/OL]. (2020-11-23)[2022-08-20]. http://www. caac. gov. cn/en/HYYJ/NDBG/202011/W020201123499246549689. pdf.

④ 习近平同法国总统马克龙通电话,两国元首就下阶段中法合作达成重要共识[EB/OL]. (2020-12-10)[2022-08-20]. https://language. chinadaily. com. cn/a/202012/10/WS5fd17717a31024ad0ba9af5b. html.

⑤ 司显柱. 汉英科技翻译教程[M]. 上海:上海外语教育出版社,2020:142.

容;已发布公开服务性能规范,定义了"北斗二号"系统服务覆盖范围、精度、连续性、可用性等性能指标。①

**译文:** The Interface Control Document of B1I and B2I signals has been published, which defines the interface specifications between the BDS-2 satellites and user terminals. It specifies the signal structures, basic characteristics, ranging codes, NAV messages and other contents. The Open Service Performance Standard has been published, which defines the service coverage area, accuracy, continuity, availability, and other performance indexes of the BDS-2.②

译文第一句和第三句分别将"接口控制文件"和"公开服务性能规范"前置于句首作主语,并采用被动语态;汉语第三个短句分译为一个英语句子,增添"it"作该句主语,指代上文提及的"接口控制文件"。汉语原文为无主句,英语译文主谓齐备、语义通顺完整。

**例 6.4.17** 着力建立健全卫星导航产品质量保障公共服务平台,积极推进涉及安全领域的北斗基础产品及重点领域应用产品的第三方质量检测、定型及认证,规范卫星导航应用服务和运营,培育北斗品牌。③

**译文:** China is working to establish and improve a public service platform for satellite navigation product quality assurance. It also actively promotes third-party quality test, type approval and authentication efforts of BDS basic products used in the security sector and application products in key fields. It is regularizing satellite navigation application services and operations, and cultivating the BeiDou brand.④

译文将汉语原文长句拆分为三句进行翻译。第一句增添"China"作为句子主语;第二、三句分别增添"it"作为句子主语。

**例 6.4.18** 未来五年,围绕平安中国、健康中国、美丽中国、数字中国建设,强化卫星应用与行业区域发展深度融合,强化空间信息与大数据、物联网等新一代信息技术深度融合,深化陆地、海洋、气象遥感卫星数据综合应用,推进北斗导航+卫星通信+地面通信网络融合应用基础设施建设,加快提升精细化精准化业务化服务能力,更

① 中华人民共和国国务院新闻办公室. 政府白皮书:中国北斗卫星导航系统[R/OL]. (2016-06-16) [2022-08-20]. http://www.scio.gov.cn/zfbps/ndhf/34120/Document/1480602/1480602.html.

② 中华人民共和国国务院新闻办公室. 政府白皮书:China's BeiDou Navigation Satellite System[R/OL]. (2016-06-17)[2022-08-20]. http://www.scio.gov.cn/zfbps/ndhf/34120/Document/1480623/1480623.html.

③ 中华人民共和国国务院新闻办公室. 政府白皮书:中国北斗卫星导航系统[R/OL]. (2016-06-16) [2022-08-22]. http://www.scio.gov.cn/zfbps/ndhf/34120/Document/1480602/1480602.html.

④ 中华人民共和国国务院新闻办公室. 政府白皮书:China's BeiDou Navigation Satellite System[R/OL]. (2016-06-17)[2022-08-20]. http://www.scio.gov.cn/zfbps/ndhf/34120/Document/1480623/1480623.html.

好服务支撑碳达峰与碳中和、乡村振兴、新型城镇化、区域协调发展和生态文明建设。①

　　**译文**：In the next five years, under the overarching goal of building a safe, healthy, beautiful and digital China, we will intensify the integration of satellite application with the development of industries and regions, and space information with new-generation information technology such as big data and Internet of Things. We will also extend the integrated application of remote-sensing satellite data on land, ocean and meteorology, advance the construction of infrastructure for integrated application of the BeiDou Navigation Satellite System, satellite communications, and the ground communications network, and improve our capacity to tailor and refine professional services. All these efforts will help to achieve the goals of peaking carbon dioxide emissions and carbon neutrality, to revitalize rural areas, and to realize new-type urbanization, coordinated development between regions and eco-environmental progress. ②

　　译文将汉语原文长句拆分为三句进行翻译。原文为无主句,第一、二句分别增添"we"作为句子主语;第三句作为对"未来五年"采取各方举措所达到目的进行的陈述,因此为使译文语义连贯、通顺,增添"all these efforts"作为句子主语。

# 练　习

## 一、基础练习

请将下列汉语长句译成英语。

（1）中国积极培育北斗系统的应用开发,打造由基础产品、应用终端、应用系统和运营服务构成的北斗产业链,持续加强北斗产业保障、推进和创新体系,不断改善产业环境,扩大应用规模,实现融合发展,提升卫星导航产业的经济和社会效益。

（2）鼓励支持卫星导航应用技术重点实验室、工程（技术）研究中心、企业技术中心等创新载体的建设和发展,加强工程实验平台和成果转化平台能力建设,扶持企业发展,加大知识产权保护力度,形成以企业为主体、产学研用相结合的技术创新体系。

（3）2019 年,其他航空公司共完成飞行小时 222.43 万小时。完成运输总周转量 194.73 亿吨千米,比上年增长 19.1%;完成旅客运输量 1.22 亿人次,比上年增长

---

　　①　中华人民共和国国务院新闻办公室. 政府白皮书:2021 年中国的航天[R/OL]. (2022-01-28)[2022-08-22]. http://www.scio.gov.cn/zfbps/ndhf/47675/Document/1719949/1719949. html.

　　②　中华人民共和国国务院新闻办公室. 政府白皮书:2021 年中国的航天（英文版）[R/OL]. (2022-01-28)[2022-08-22]. http://www.scio.gov.cn/zfbps/ndhf/47675/Document/1719948/1719948. html.

15.8%；完成货邮运输量 141.00 万吨，比上年增长 12.4%。

（4）卫星应用业务服务能力显著增强，在资源环境与生态保护、防灾减灾与应急管理、气象预报与气候变化应对、社会管理与公共服务、城镇化建设与区域协调发展、脱贫攻坚等方面发挥重要作用，航天创造更加美好生活。

（5）"嫦娥五号"任务的圆满成功，标志着探月工程"绕、落、回"三步走规划圆满收官，是发挥新型举国体制优势攻坚克难取得的又一重大成就，是航天强国建设征程中的重要里程碑，对我国航天事业发展具有十分重要的意义。

### 二、拓展练习

请结合长句的各种翻译方法英译以下句子。

（1）把提高自主创新能力作为航天事业发展的战略基点，强化工业基础，完善创新体系，以实施航天重大科技工程为载体，集中力量，重点突破，实现航天科技跨越发展。

（2）在中国民用航空局的指导下，民航局信息中心作为民航政务信息化的核心单位，整合现有资源，联合行业内的技术单位，组织并实施了联网无人机监管项目的技术测试，对蜂窝网络在无人机监管的可行性、有效性做了深度研究和测试，并掌握了关键核心技术及相关知识产权，相关成果有助于引领无人机产业的快速健康发展，并推动低空数字化新产业，现予以发布。

# 第 7 章　篇章的翻译

在学习完前几章关于航空航天术语、词组和句子的翻译后,本章将集中探讨航空航天汉英篇章的翻译。相较于字、词、词组、句和段而言,篇章是一个范围更大的语言概念,因为它要传递的是一个完整的、连贯的语义整体。虽然汉英两种语言具有一定的相通性,但与此同时,汉英篇章在思维逻辑、结构承接和展开方式等诸多方面仍存在着较大的差别,这些也成为了航空航天汉英篇章翻译实践中的重点和难点。

广义而言,航空航天文本大都属于非文学文本,这是与文学文本相对而言的。具体来讲,也就是从文体形式的角度来看,航空航天文本属于科技文本。科技文本具有其独特的文体特征,即以准确传递信息、再现原文信息功能为主要目标,要求用词准确、行文规范、逻辑严密,注重客观性。因此,航空航天汉英篇章翻译也同样带有科技文本汉英篇章翻译的诸多特点。在英译航空航天篇章时,首先要熟知航空航天类专业术语,做到术语的表达准确无误,同时还要掌握一定的航空航天专业领域知识,译文要明确、通畅,没有歧义。在此基础之上,还须根据英语的表达习惯和特点,运用一定的翻译方法,确保词语之间、句与句之间、句段之间的衔接和连贯。最后,还应结合语境,在必要时对原文的信息、结构和逻辑等进行整合重构,以使译文篇章整体的表达规范流畅、简洁明了。关于航空航天术语、词组和句子的翻译,前文已有细致的讲解,本章将重点围绕航空航天汉英篇章翻译的相关问题予以详细介绍。

本章共分为 4 节。7.1 节为篇章的定义与特征。本节首先对国内外语言学界有关篇章的定义和特征作一简要的梳理。概念界定是研究工作的第一步,清晰的定义将有利于更好地认识研究对象,同时明确研究目的。7.2 节为汉英篇章对比与文体翻译。本节旨在从思维方式和组织结构两个相对宏观的方面对比汉英篇章的差异,并在此基础上,对不同文体之间汉英篇章翻译的特点和侧重进行比较和分析,借以突出科技文本汉英篇章翻译的特点以及应注意的方面。7.3 节为航空航天汉英篇章翻译的衔接与连贯。本节主要阐述英译航空航天篇章时涉及到的衔接与连贯两个问题,并结合具体实例详细介绍在翻译过程中可以运用的有关翻译方法。7.4 节为航空航天汉英篇章翻译的重构。本节对航空航天汉英篇章翻译的重构问题进行重点剖析,强调结合语境,通过对原文篇章在信息、结构和逻辑等方面的整合,进而对译文篇章的文本意义进行重构。本章各节内容从宏观到具体、从理论再到方法,力求较为全面、系统地介绍和阐释航空航天汉英篇章翻译的相关问题。

# 7.1 篇章的定义与特征

对于汉语和英语而言,篇章在表层形式上具有一定程度的共通性和相似性,但与此同时,两者在深层内涵上却存在着较大的差异,这突出地表现在汉英篇章翻译的具体实践之中。因此,在正式讨论汉英篇章翻译之前,首先就国内外语言学界中有关篇章的定义作简要的梳理,同时对篇章的特征加以分析和概括,以为后续深入、具体的讨论奠定基础。

## 一、篇章的定义

篇章(text),亦称"语篇",是表达整体概念的语义单位。它产生于一定的情景之中,提供作者想要传达的信息,各成分之间运用语言手段将其衔接在一起,成为语义连贯的整体,为交际的受者所接受。[①]

针对篇章的定义,国内外语言学界有着诸多的讨论。在西方,有的学者把篇章当做"句群"[②]使用,另有学者认为篇章未必是句群,一些公示语,如指示牌"Danger!""Green Channel",呼救语"Help!""Emergency!"以及警告语"Wet Floor""Road Work Ahead"等都可视为篇章。伦敦语言学派学者韩礼德(Halliday, M A K)[③]认为"语篇是一个语义单位","是一个不停的语义选择的过程",并试图解释和描写篇章层面的意义,另有其他学者随后尝试对篇章功能以及对各个功能内部的各个子系统进行描写。[④] 德·布格兰德(De Beaugrande)[⑤]等学者提出"语篇是传达信息的载体,是一种交际事例",同时还提出了语篇性的七项标准。夸克(Quirk)[⑥]等指出,"语篇是实际使用中的得当连贯的语言片段。"诺德(Nord)[⑦]则认为,语篇是"交际互动过程"的语言体现。与此同时,国内语言学界的一些学者也对语篇的定义提出了这样或那样的看法。黄国文[⑧]认为,"语篇通常指一系列连续的话段或句子构成的语言整体。……它可以是讲话,也可以是文章;短者一、二句可成篇,长者可洋洋万言以上……"。胡壮麟[⑨]曾指出"语篇指任何不完全受句子语法限制的在一定语境中表达

---

① 陈宏薇,李亚丹. 新编汉英翻译教程[M]. 上海:上海外语教育出版社,2004:54.

② WIDDOWSON H G. Explorations in Applied Linguistics[M]. Oxford Oxford University Press:,1979.

③ VAN DIJK T A, PETÖFI J S. Grammers and Descriptions[M],Berlin and New York:de Gruyter,1977.

④ 刘润清. 西方语言学流派[M]. 修订版. 北京:外语教学与研究出版社,2013:321-323.

⑤ DE BEAUGRANDE R, DRESSLER W. Introduction to Text Linguistics[M]. London:Longman, 1981.

⑥ QUIRK,et al. A Comprehensive Grammer of the English Language[M]. London:Longman, 1985.

⑦ NORD C. Text Analysis in Translation[M]. Amsterdam&Atlanta:Rodopi,1991.

⑧ 黄国文. 语篇分析概要[M]. 湖南:湖南教育出版社, 1988.

⑨ 胡壮麟. 语篇的衔接与连贯[M]. 上海:上海外语教育出版社,1994.

完整语义的自然语言。"王福祥①在其著作《话语语言学概论》中认为,将语篇译成"连贯性话语"更为合适,并给予如下定义:"连贯性话语是超句言语单位,既指书面的言语材料,也指口头的言语材料,是由各种言语单位:句子、句组、句群、片段组成的结构——意义统一体。"张德禄②认为,语篇不是一个超级句子,而是一个意义单位,是人们实际进行的语言交流的实例,是在一定的语境中讲的话或写的文章,并明确提出了语篇是一个"意义单位"的概念。总的来讲,汉语法学家一般认为篇章是表达一个完整思想的单位。它可以交代一件事情(或事情的一部分),可以描写一个人物或景物,也可以针对某一问题表示看法等等。③

综上所述,我们可以了解到,无论将篇章视为一个词,或是一个句子,抑或是数个句段的排列组合,篇章在形式、结构与表达上所承载的含义是确定的,即篇章是在一定的语境下,围绕一个主题来表达整体意义的单位。

## 二、篇章的特征

有人认为篇章是数个句子或句段的堆砌和罗列,这种看法是相对片面的,也是不够准确的。事实上,篇章并非一连串孤立的句子的简单组合,而是一个语义上的整体,④其功能主要表现在能构成连贯、完整的语篇(而不是词汇表或不相干的句串)。⑤韩礼德和哈桑(Hasan,R)⑥认为,语篇具有结构,结构是语篇的特点。结构包括三个组成部分:衔接、信息结构和篇章结构,其中衔接是实现结构的手段。此外,句子内部的语法结构、信息结构以及篇章的元结构也是实现篇章结构的途径。在语言形式上,篇内各句、段之间存在着粘连性,如连接、替代、省略、照应等;在语义逻辑上,全篇通常有首有尾,各句段所反映的概念或命题具有连贯性。⑦ 语篇中的每个句子都起着一定的承前启后的作用,句子与句子、句段之间的排列符合逻辑顺序。⑧

一般认为,语篇具有以下三个基本特征:①语篇是一个或几个语义连贯、结构衔接的句子或话语组合,用于表达一个完整的思想并实现一定的交际功能;②一个语篇一定有一个主题,语篇内的每个句子都是为了这个主题而联结在一起;也就是说,一个独立的语篇就是有着共同主题的句子的总和;③语篇是一种意义单位,而不是形式单位,可以从语流中切分出来。⑨ 以上定义主要阐释了篇章的功能、主题和意义方面

① 王福祥.话语语言学概论[M].北京:外语教学与研究出版社,1994.
② 张德禄.功能文体学[M].济南:山东教育出版社,1998.
③ 方梦之,范武邱.科技翻译教程[M].2版.上海:上海外语教育出版社,2015:59-60.
④ 袁锦翔.略谈篇章翻译与英汉篇章结构对比[J].中国翻译,1994(6):2.
⑤ 刘润清.西方语言学流派[M].修订版.北京:外语教学与研究出版社,2013:320.
⑥ HALLIDAY M A K, HASAN R. Cohesion in English[M]. London:Longman,1976.
⑦ LYONS J. Semantics[M]. Cambridge:Cambridge University Press, 1977.
⑧ 黄国文.语篇分析该概要[M].湖南:湖南教育出版社,1988:9.
⑨ 方梦之.中国译学大词典[M].上海:上海外语教育出版社,2011:184.

所具备的特征。此外，功能语言学家德·布格兰德和德莱斯勒(Dressler，W)在《篇章语言学导论》(Introduction to Text Linguistics)①一书中还提出了语篇性的七项标准，即衔接性(cohesion)、连贯性(coherence)、意图性(intentionality)、可接受性(acceptability)、信息性(informativity)、语境性(situationality)和互文性(intertextuality)。其中，衔接性指的是文本表层结构以一定顺序相互连接的方式，而表层结构又根据语法形式及规则互相依靠。连贯性关注的是语篇的各组成部分是否彼此关联，如在表层结构下涉及的各种概念及其关系。意图性是指文本制造者的态度，即文本制造者试图制造出在形式和意义上衔接连贯的文本来实现其意图。可接受性关注的是文本接受者的态度，这一系列衔接连贯的文本应该对文本使用者有用或有些关联。信息性关注文本传递的信息。语境性指把文本与某一个情景中发生的事件联系起来的所有因素的总称。互文性强调任何一个单独的文本都是不能自足的，其意义是在与其他文本交互参照、交互指涉的过程中产生的。② 他们把语篇作为一种交际活动。如果其中任何一项标准没有达到，语篇就失去了交际性。③

总而言之，篇章是语言交际过程中一系列连续的语段或句子所构成的语言整体，在形式上具有衔接性，在语义上具有连贯性，这些为汉语和英语篇章所共同具备的特征。与此同时，受思维逻辑、语言结构和表达习惯等诸多因素的影响，汉英篇章在具体运用上存在着较大的差异，这就要求我们须对汉英篇章各自的特征有着正确的认识和清楚的了解，以便在汉英篇章翻译实践时对出现的问题以及解决思路有着较好的把握，进而目标明确、有的放矢。

# 练 习

### 一、基础练习

请思考并尝试回答如下问题。

(1) 如何定义"篇章"？

(2) 国内外语言学界对于篇章的定义都有哪些观点？有什么区别？

(3) 篇章的特征都有哪些？

(4) 德·布格兰德和德莱斯勒提出的语篇性的七项标准是什么？

(5) 语篇性的七项标准分别关注的是哪些方面？

---

① DE BEAUGRANDE R, DRESSLER W. Introduction to Text Linguistics[M]. London: Longman, 1981.

② 方梦之. 翻译学辞典[M]. 北京: 商务印书馆, 2019: 650.

③ DE BEAUGRANDE R, DRESSLER W. Introduction to Text Linguistics[M]. London: Longman, 1981: 3-13.

## 二、拓展练习

请思考如下问题。

（1）汉英篇章各有何特点？

（2）进行汉英篇章翻译实践时应注意哪些问题？

# 7.2 汉英篇章对比与文体翻译

谈及汉英篇章对比与文体翻译是一个庞大而又复杂的话题，因为汉英篇章之间的对比可从词语、句法、类型、修辞、语义、思维以及文化等不同角度和不同层次进行考察（相关内容可详见本书第1章），与此同时，文体所包含的不同类型的文本也相当细致、繁多。限于篇幅，本节不对汉英篇章之间的差异进行逐一介绍，也不对各类文体的翻译进行全面的罗列，事实上，这也超出了本节的研究范围。本节聚焦的内容包括如下两个方面：一是从思维方式和组织结构两个相对宏观的方面简要介绍和对比汉英篇章之间的差异。二是在此基础之上，选取文学、旅游和科技三类不同文本的汉英篇章翻译进行描述和比较，分析各自的不同以及侧重，进而使大家对科技文本汉英篇章的翻译形成一个初步的、总体的认识。

## 一、汉英篇章对比

总体而言，汉英两种语言在思维逻辑以及组织结构等方面存在较大的不同，这些差异体现在篇章层面亦然。具体来讲，两者在篇章方面的差异主要反映在归纳与演绎、意合与形合两个方面。

### 1. 归纳与演绎

从思维方式或是文化传统来看，中国人善归纳，西方人擅演绎。[①] 不同的思维方式反映到篇章上便呈现出各自不同的特点：汉语表达习惯先铺陈后总结，而英语表达重视逻辑推理。因此，汉语篇章的表达是先陈述在怎样的背景下，因什么原因，采取了什么措施，最后结果如何，在许多铺设之后才呈现出核心信息。英语篇章的展开则开门见山，随后层层推进，即先提出问题，然后再展开对这一问题的讨论和评述。[②] 汉语表达往往借助动词，按时间顺序或逻辑顺序，逐步交代，层层铺开。从主语的条件来看，成为汉语主语的不一定是名词性词语，也可以是动词性、形容词性词语。[③]

---

① 潘文国.汉英语对比纲要[M].北京：北京语言大学出版社，1997：367.

② 司显柱.汉英科技翻译教程[M].上海：上海外语教育出版社，2000：151.

③ 潘文国.汉英语对比纲要[M].北京：北京语言大学出版社，1997：213.

与汉语不同的是,英语把主语放在突出的位置,通常是"主语+谓语"结构。每个句子须有主语,句中只能有一个谓语动词。信息结构的扩展,准确意义的表达,往往通过介词来实现。

**例 7.2.1** (1)利用空间科学卫星、"神舟"系列飞船等,(2)积累空间环境主要参数及其效应数据,(3)为航天器安全运行提供空间环境监测与预报服务。[①]

**译文:**(1)China has (2)identified the space environment's major parameters and effects (3)using space science satellites and the Shenzhou spacecraft series (4)to provide space environmental monitoring and forecasting services (5)for the safe operation of spacecraft. [②]

本例原文为三个分句,分析后可发现其中包含着几组逻辑关系。首先,对于(1)、(2)句而言,(1)句是手段,(2)句是结果,(3)句中同样包含着隐含的递进关系。而总的来看,(1)、(2)句也可视为(3)句得以完成的条件。对比而言,译文的逻辑推进、信息排列与原文有所不同。首先,译文将原文的三个分句整合为一个完整的单句。其次,译文(1)句增补了主语"China",在句中的信息排列顺序上,(2)句在前、(3)句在后、(4)句在前、(5)句在后,即结果呈现在前,然后表明原因。在这一过程中,使用了介词"to""for"等来展现句与句之间的逻辑关系,使得三个分句之间的逻辑关系层层递进、结构严密。

**例 7.2.2** (1)长纤维增强热塑性复合材料部件的压模成型工艺:

(2)首先,根据压模制品的尺寸和质量,将长纤维增强粒料称重后直接加入预热的成型模具中,(3)继续加热模具直至聚合物基体完全熔融,(4)然后,闭合模具,向模具施加一定压力,使熔融的物料充满模具的模腔。[③]

**译文:**(1)The process of moulding long fiber reinforced thermoplastic (LFRT) composites:

(2)First, LFRT granules are weighted in proportion to the masses and dimensions of the products. (3)Then the weighted granules are fed directly to the pre-heated mould. (4)The heating continues until the polymer-matrix is completely melted. (5)Then the mould is closed and in order for its cavity to be filled with the melt, some pressure is exerted onto the mould. [④]

本例是对长纤维增强热塑性复合材料部件的压模成型工艺操作步骤的说明。原文中使用了"首先""然后"以及"根据……将……称重后直接加入……,继续加热……

① 中华人民共和国国务院新闻办公室.2016 中国的航天白皮书[R/OL](2016-12-27).http://www.scio.gov.cn/zfbps/ndhf/34120/Document/1537008/1537008.html.

② 中华人民共和国国务院新闻办公室.China's Space Activities in 2016[R/OL].(2016-12-27).http://www.scio.gov.cn/zfbps/ndhf/34120/Document/1537022/1537022.html.

③ 康志洪.科技翻译[M].北京:外语教学与研究出版社,2012:187.

④ 康志洪.科技翻译[M].北京:外语教学与研究出版社,2012:188.

直至……,然后……使……"等程序操作的指导性词语,显示了动作的先后顺序以及相关条件。相对原文而言,译文的表达更加直接,重点也更为突出。首先,在(1)句的句首增加了"The process of"这一显性的表达。其次,在(2)句中将"LFRT granules"提至句首作为主语,并在(3)、(4)、(5)句中分别使用"granules""the polymer-matrix"和"the mould"作为主语。在动作的表达上,通篇使用了六次被动语态:"are weighted""are fed""is completely melted""is closed""be filled""is exerted",充分展示了科技文本表达的客观性。此外,原文(2)、(3)、(4)句中使用的如"称重""加热""闭合"等均为动词,而在译文中,却转换成了"weighted""heating""closed"等形容词或名词。最后,在逻辑承接上,译文使用"First""Then"和"Then"来表示时间上的先后顺序,并在各分句中间使用"of""until""in order for … to"等表归属、目的和条件的介词和介词短语,准确地表达了句与句之间的逻辑关系,传达了篇章文本的意义。

### 2. 意合与形合

意合与形合是汉英两种语言最显著的区别之一,具体体现在词语、句法和语义的组织结构等方面。意合,指句子内部的连接或句子间的连接采用语义手段(semantic connection)。[①] 汉语篇章结构重意合,强调文章在意义上要前后照应,一脉相承,句与句之间的起承转合主要依靠语段内在的逻辑来实现,在形式上较少使用连词、副词、代词等手段,因此汉语篇章在整体上表现为一种"形散意合"的特点。[②] 形合,指句子内部的连接或句子间的连接采用句法手段(syntactic devices)或词汇手段(lexical equivalence)。[③] 英语篇章结构重形合,特别注重形式上的"衔接与连贯",句中各成分的相互结合常用适当的连接词语,以表示其结构关系。就宏观而言,广布于语音、语义、词汇、句法、社会符号等各个层面之上。就微观而言,则主要表现为语段严谨的行文逻辑以及句间缜密的承接关系,而这种微观意义上的"衔接与连贯"通常主要依靠各种句法结构以及使用连词、副词、代词等词汇手段来实现。[④]

**例7.2.3** (1)这种燃料电池车与汽油车和柴油车不同,不排放二氧化碳和氮氧化合物等有害物质,排出的仅仅是水。(2)它不仅环保,而且能源利用率高,被认为是21世纪的理想交通工具。[⑤]

**译文:** (1)Unlike its petrol or diesel counterparts, this fuel cell vehicle emits water instead of harmful substances like carbon dioxide and oxynitride. (1)For its eco-friendliness and fuel efficiency, the vehicle is

---

① 方梦之.翻译学辞典[M].北京:商务印书馆,2019:619.
② 王洪涛.文学翻译研究:从文本批评到理论思考[M].杭州:浙江大学出版社,2018:39.
③ 方梦之.翻译学辞典[M].北京:商务印书馆,2019:573.
④ 王洪涛.文学翻译研究:从文本批评到理论思考[M].杭州:浙江大学出版社,2018:40.
⑤ 康志洪.科技翻译[M].北京:外语教学与研究出版社,2012:165.

considered an ideal means of transport for the 21$^{st}$ century.[1]

本例原文中为两个句子,每个句子中各含三个分句,用逗号相隔,且句与句之间没有显性的关联词语。译文通过使用连接词以及调整语序等手段对原文进行调整。首先,译文(1)句句首使用"Unlike"来翻译原文(1)句的"与……不同",对于原文"不排放……,排出……"的表达,译文同时使用"emits…instead of…"结构予以对应。此外,译文(2)句句首使用"For"这一表因果关系的介词表原因,引导后面的主语结构。最后,对于原文中的"环保""能源利用率高"两个表达,译文使用了"eco-friendliness"和"efficiency"两个并列的名词性结构进行翻译。通过以上结构形式的对应以及连词和介词的运用,译文较好地梳理和传达了篇章的语义逻辑。

**例 7.2.4** 无人机不但轻巧,而且电池的持久性更好,但是受风或者马达的影响,容易产生振动的问题。[2]

**译文:** The drones are light with longer durability of battery but prone to vibrations due to wind or motor function.[2]

本例原文围绕无人机的特性展开,在语义逻辑上有递进关系,如"不但……,而且……",也有因果关系,如"受……的影响,容易……",在信息结构上由四个短句层层展开。与原文不同,译文则运用介词"with""of"等表伴随和所属,运用连词"but"表转折,运用介词短语"due to"表原因,通过这些有形的词汇手段将原文四个简短的信息片段整合为一个语义完整、逻辑紧密的整体。

**例 7.2.5** 2003 年 10 月 16 日,中国第一架载人宇宙飞船安全返回地面。这标志着中国成为继美国和苏联之后第三个成功将人类送上太空的国家。[3]

**译文:** The safe return of China's first manned spaceship on October 16, 2003 has made China the third country in the world that has successfully sent man into space following the United States and the Soviet Union.[4]

本例中,汉语原文为两个独立的句子,而英语译文将其处理为一个完整的长句,原因在于英语译文使用连词"that"将前后两个句子串联了起来,从而使得原文的短句被整合成译文的长句。而对于原文句子间的语义关系,译文同样使用了介词"of""on",连接词"that""into""following"等,准确、规范地表达了句与句之间的承接关系,使得篇章中句与句之间的意义融为一体。

## 二、不同文体的汉英篇章翻译

汉语和英语都有不同的文体类别,不同的类别具有不同的文体特点。译者必须

① 康志洪.科技翻译[M].北京:外语教学与研究出版社,2012:165.
② 张曦.科技英语翻译教程[M].上海:上海交通大学出版社,2016:117.
③ 张春柏.英语笔译实务三级:修订版[M].北京:外文出版社,2012:198.
④ 张春柏.英语笔译实务三级:修订版[M].北京:外文出版社,2012:200.

熟悉汉英各种文体类别的语言特征,才能在汉英语言转换中顺应原文的需要,做到量体裁衣,使译文的文体与原文的文体相适应,也包括与原文作者的个人风格相适应。① 根据不同的类别或形式,文体可分为实用文体和文学文体等。若再细化,实用文体又包括了记叙文、议论文、说明文和应用文等不同类型的文本;而文学文体又涵盖了散文、小说、诗歌、戏剧等不同体裁的文本。

　　限于篇幅,在此仅选取小说、旅游和科技三类不同的文本加以对比。三类文本的功能和语体特征各不相同,因此,在汉英转换时也呈现出各自不同的特点和不同的侧重。通过对比各自的篇章翻译特点,可以让我们对不同文本的汉英篇章翻译,尤其是科技文本的汉英篇章翻译有一个更加直观的感受和认识。

## 1. 小说文本的汉英篇章翻译

　　小说是文学一大类别,它以人物形象塑造为中心,通过完整的故事情节和具体环境描写广泛地反映社会生活。② 小说文本有其自身风格特征,其英译也别具一格。小说英译中再现原作文学风格和艺术美不仅涉及语言运用的艺术问题,还与语言之外的诸多文化现象有着密切关联。从总体上看,其英译标准应该是"传神达意",更具体地说是"传神地达意"。"达意"是出发点,译者在自己的译文中必须准确地体现自己对原文文本的理解和阐释。此外,单纯的"达意"还不够,必须是"传神地达意"。"传神"既包括传递外在的形式,也包括传递内在的意蕴,如语篇的背景、内涵、语气乃至关联和衔接等。③

　　**例 7.2.6**　(1)两弯似蹙非蹙罥烟眉,一双似喜非喜含情目。(2)态生两靥之愁,娇袭一身之病。(3)泪光点点,娇喘微微。(4)闲静时如姣花照水,行动处似弱柳扶风。④

　　**译文:**(1) Her mist-wreathed brows at first seemed to frown, yet were not frowning;

Her passionate eyes at first seemed to smile, yet were not merry; habit had given a melancholy cast to her tender face;

Nature had bestowed a sickly constitution on her delicate frame.

(2) Often the eyes swam with glistening tears;

Often the breath came in gentle gasps.

(3) In stillness she made one think of a graceful flower reflected in the water;

①　刘宓庆.文体与翻译[M].北京:中译出版社,2019:5.
②　汪榕培,王宏.中国典籍英译[M].上海:上海外语教育出版社,2009:208.
③　汪榕培,王宏.中国典籍英译[M].上海:上海外语教育出版社,2009:211.
④　汪榕培,王宏.中国典籍英译[M].上海:上海外语教育出版社,2009:225.

In motion she called to mind tender willow shoots caressed by the wind.[①]

本例为中国古典名著《红楼梦》中的一段,文中对林黛玉的外貌进行了形象的描述。原文(1)句连续两次用了"似"与"非"来描绘黛玉的眉目。译文(1)中前两句连用两次"at first seemed to…, yet…"的结构与原文的表达相呼应。原文(2)句用"愁"和"病"来形容黛玉身上一种与生俱来的体质虚弱的病态相,而非实指具体的生病。译文(1)中后两句巧妙地将原文中名词形式的"愁"和"病"转换为英语的"melancholy cast"和"sickly constitution",从而达到了描摹状态而非实指的虚写效果。对于原文(3)句中"泪光点点""娇喘微微"两个模糊的表达方式,译文(2)句使用两个"Often"的并列结构来渲染黛玉虚幻的、不定性的美,这点与黛玉人物特点和气质特征十分匹配。原文(4)"闲静时如姣花照水,行动处似弱柳扶风"一句中用"如"和"似"这两个同义词,译文(3)句中也用了两个近义的平行结构"made one think of"和"called to mind"避免了与原文一样单调的重复,较好地保持了原文风姿。总的来说,原文词句精炼、内涵丰富,虽然没有严格的押韵,但仍具有诗的形式美和音乐美。而译文无论在内容上还是形式上均力求与原文的节奏相吻合,且通顺流畅、传神达意,生动地再现了原文的神韵。

### 2. 旅游文本的汉英篇章翻译

旅游文本属于说明文。从内容来看,这类文本包括解释性、介绍性和实用性说明文,如科技论文、实验报告、说明书,此外,还包括介绍人物、书刊、名胜、建筑、文物古迹等的文章。旅游文本旨在向读者介绍自然、地理、文化以及风俗,使读者对所介绍的事物的基本情况产生充分的了解,因而其主要功能是传递信息。除此以外,旅游文本还兼具表达功能和呼唤功能。[②] 因为在自然风光和名胜古迹等介绍的文本中,读者往往被当成打动或劝说的对象。[③]

鉴于旅游文本以上的特点,在进行旅游文本的汉英篇章翻译时,我们应首先客观、真实地传递原文的信息;其次,应恰当处理原文中的文化信息,增强译文的可读性;最后,还应特别重视美感的渲染,以有效地影响读者的情感和行为,进而达到吸引游客的目的。

**例 7.2.7** (1)荣昌位于重庆市西部,地处渝西川东结合部,距重庆市区 88.5 千米,距成都市区 246 千米,成渝高速公路、成渝铁路穿境而过。

(2)荣昌历史悠久,唐肃宗乾元 2 年(公元 759 年)设县至今,已有 1300 多年。(3)荣昌地理环境优越,自然风光秀丽。(4)古人盛赞"山环绕而蜿蜒,地宽广而爽

---

① 汪榕培,王宏.中国典籍英译[M].上海:上海外语教育出版社,2009:225-226.

② 叶子南.高级英汉翻译理论与实践:第三版[M].北京:清华大学出版社,2013:169-170.

③ 陈宏薇,李亚丹.汉英翻译教程[M].上海:上海外语教育出版社,2018:227.

垱"，"群峰秀拔，二水纡回"，雅称"海棠香国"。①

　　**译文**：（1）Rongchang is a county situated in the west of Chongqing Municipality bordering eastern Sichuan province. （2）It is 88.5 km from the urban area of Chongqing, and 246 km from the city of Chengdu, capital of Sichuan. （3）The place is accessible by the Chongqing-Chengdu freeway and railway running through it.

　　（4）Rongchang has a history of 1,300 years, dating back to 759 when the country was first established in the Tang dynasty. （5）It is situated in a hilly area of striking natural beauty, described admiringly by the ancients as "an open country with pleasantly dry weather", with "two rivers winding between lofty peaks". （6）It is also known as the Land of Begonias.②

　　本文原文分为两段。第一段（1）句首先介绍了荣昌的地理位置，第二段（2）、（3）、（4）句则对其历史沿革和自然风光等进行了简要的介绍。从语言的表达来看，第一段较为朴实自然，而第二段则运用了并列结构、四字结构等进行表述，尤其是（3）、（4）句，语言表达较为工整，且具有韵律感。

　　相较于原文，译文在第（1）、（2）句添加了两处信息：一是在"Chongqing"后增加了"Municipality"，二是在"Chengdu"后增加了"capital of Sichuan"，此举旨在向译文读者更加清楚地介绍荣昌的地理位置信息。针对原文第（3）、（4）句，译文将其处理为一个整句，并且巧妙地将各部分信息串联了起来。另外，我们可以看到，对于原文（3）、（4）中出现的数个如诗句般的描绘以及文雅的"美称"，译文并未将这种外在的形式"再现"，而是选择用自然直白的语言传递，如用"a hilly area of striking natural beauty"来翻译"地理环境优越，自然风光秀丽"。由此，我们可以了解到旅游文本汉英篇章翻译的总体特点：汉语旅游文本讲究文字优美、句式对称，且常常引经据典，对所描写的景物进行极力地渲染。而这种表达不适用于英语旅游文本。相比较而言，英语旅游文本力求语言平实，在句式上较少使用对称的结构，在描写景物时，表形容的词汇和语句运用的程度较低，较少出现大量形容词和名词叠加在一起的情况。

### 3. 科技文本的汉英篇章翻译

　　科技文体是随着科学技术的发展而形成的一种独立的文体形式。有关自然科学和社会科学的学术著作、论文、研究报告、专利产品的说明书等均属此类。③ 除此之外，还包括科学报道、科技文献以及科普读物等等。科技文本种类繁杂，信息量丰富，此类文本的翻译以准确传递信息、再现原文信息功能为最终目标。汉英科技文本用

---

　　① 李长栓,施晓菁.理解与表达:汉英翻译案例讲评[M].北京:外文出版社,2012:166.
　　② 李长栓,施晓菁.理解与表达:汉英翻译案例讲评[M].北京:外文出版社,2012:167-168.
　　③ 冯志杰.汉英科技翻译指要[M].北京:中国对外翻译出版公司,1998:1.

词严谨,行文规范,而且描述平易,一般不带个人感情色彩,有准确、正式、逻辑严密等特点。①

科技文体具有自身独特的表述特征。在语义上,科技语言主要呈现出一种显性的(explicit)结构关系,即语义成分之间的关系条理清晰、层次分明、结构严谨、逻辑连贯,表达明晰畅达;此外科技文体还具有非主体性(impersonality)特征,语义上尽量突出"客观性",排除人的感情、好恶和个人见解等对事物认识的影响,具体表现是,施事者常以被动语态或非人称形式等语法手段被"隐蔽"起来。②

**例7.2.8** (1)为了减少由钢轨传递的载荷冲击力可造成的(对轨枕的)机械磨损,在轨枕与钢轨之间插入金属垫板,这些垫板把钢轨所承受的负担传递到宽阔的轨枕面积上,从而有助于保护轨枕不受轨底切割和磨损作用的影响。(2)车轮摩擦造成钢轨纵向爬行的趋势,特别是在多轨线路上,因此使用防爬器来防止这种移动。把防爬器安装到钢轨上,紧靠着轨枕的边缘。③

**译文:**(1)To reduce mechanical wear from impact of loads transmitted through the rail, metal tie plates are inserted between the rail and the tie. (2)These plates spread the rail burden over a wide tie area, and thus help to protect the tie from the cutting and wearing effect of the rail base. (3)Wheel friction causes a tendency for rails "to creep" longitudinally, especially on multiple tracks where the trains generally run in the same direction on each track. (4)Small anchors, or anticreepers, applied to the rail and bearing against the edge of the tie are used to check this movement.④

本例原文讲述的主题是"轨道"。针对原文中出现的相关专业词汇,包括"钢轨""载荷""轨枕"和"防爬器"等等,译文使用"rail""loads""tie""anticreepers"等英文中对应的专业术语,表现了原文专业术语性强的特点。原文(1)、(2)句中"插入""安装"等表达所使用的是主动语态,译文中将两者均转换为被动语态形式"are inserted""are used",这样的转换强调了原文所描述的操作步骤的客观性,并将读者的注意力集中在所描述的动作之上。此外,译文通篇采用的是一般现在时态,这体现了轨道介绍以及相关程序的规律性和科学性。最后,原文使用"为了""从而""因此"等一系列表示目的、因果和条件的介词和连词来表现逻辑层次。译文中对应"To""and thus""to"等衔接手段表明目的关系、因果关系和条件关系等,同样清楚地传达了原文信息,再现了原文的信息功能。

① 陈宏薇,李亚丹.新编汉英翻译教程[M].上海:上海外语教育出版社,2004:242.
② 张德禄.功能文体学[M].济南:山东教育出版社,1998:301-302.
③ 卢敏.英语笔译实务二级[M].修订版.北京:外文出版社,2005:142.
④ 卢敏.英语笔译实务二级[M].修订版.北京:外文出版社,2005:144.

通过以上三类不同文本篇章的英译，我们对不同文本篇章翻译的特点有了大致的了解。文学文本的翻译，归根结底在于文学语言具有文学性。文学语言的美，是追求对"神韵"的把握，这是文学文本翻译难以把握的重要原因之一。旅游文本重介绍和说明，除了客观传递原文的信息功能以外，其文本中所包含的表达功能以及呼唤功能也是不可或缺的。与以上两类文本不同，科技文本首先与专业知识紧密相关，词汇以及相关表达均须准确、专业。此外，科技文本主要描述科技活动的结果或自然规律，因此，此类文本较少使用人称句，大量使用被动语态，以便使读者的注意力集中在所描述的事物、现实或过程的客体上，从而突出科技文本侧重叙事和推理的特点。对于科技文本汉英篇章翻译以上特点的理解和把握，有利于接下来两节对航空航天汉英篇章翻译更加深入的学习。

## 练 习

### 一、基础练习

请根据本节所学内容尝试翻译以下篇章，并分析和归纳不同类型文本篇章英译的特点。

（1）峰回路转，有亭翼然临于泉上者，醉翁亭也。

（2）最妙的是下点小雪呀。看吧，山上的矮松越发青黑，树尖上顶着一髻儿白花，好像日本看护妇。山尖全白了，给蓝天镶上一层银边。山坡上，有的地方雪厚点，有的地方草色还露着；这样，一道儿白，一道儿暗黄，给山们穿上一件带水纹的花衣；看着看着，这件花衣好像被风儿吹动，叫你希望看见一点更美的山的肌肤。等到快日落的时候，微黄的阳光斜照在山腰上，那点薄雪好像忽然害了羞，微微露出点粉色。就是下小雪吧，济南是受不住大雪的，那些小山太秀气！

（3）十三陵地处东、西、北三面环山的小盆地之中，陵区周围群山环抱，中部为平原，陵前有小河曲折蜿蜒，山明水秀，景色宜人。

（4）西藏历史文化悠久。考古发掘遗迹表明 4000 至两万年前就有人栖息于此。勤劳勇敢的西藏人民创造了充满活力、丰富多彩的文化习俗，是一个富于独特的传统文化、能歌善舞的民族。西藏天文学、历算先进，医学发达，拥有大量经典和文学作品。西藏的艺术瑰宝有绘画、建筑、雕刻、音乐、舞蹈、民间戏剧。西藏各地都有著名的古代艺术景点，其中最著名的景点有布达拉宫、扎什伦布寺、大昭寺和小昭寺等。这里的观光旅游和民俗风情旅游，是世界上最为独特的。

（5）输入是一个过程，它包括用设备将数据编码或转换成计算机能够处理的数字码。例如，如果按下终端或个人计算机上的字母键 A，则激活了一个信息处理周期。该键是一个简单的开关，它感受手指的触压，并触发一个完成下列步骤的循环：（1）键盘编码，或转换成机器能识别的代码；（2）将已编码的数据储存在存储介质中以备处理；（3）在计算机的监视屏上显示字母 A。

## 二、拓展练习

请根据科技文本汉英篇章翻译的特点和方法尝试翻译以下航空航天文本。

（1）科学家目前正在研究等离子体发动机，无需补给燃料就可将人类带上火星。等离子体发动机目前用来保持卫星和太空探测器在正常轨道运行。

（2）远距离通讯由卫星转接。人造卫星在 36 000 千米上空，覆盖 18 000 平方千米地面。一个卫星通常有 10～20 个转接器，可以传输 800 信道。在赤道上空等距离放置 3 颗卫星作为中继站，就能基本实现全球通信。卫星通信特别适用于海上船舶及向许多接收单位同时播送节目。

# 7.3　航空航天汉英篇章翻译的衔接与连贯

在对篇章的定义、特征，以及汉英篇章对比与不同文体的汉英篇章翻译有了充分的了解后，接下来将正式讨论航空航天汉英篇章的翻译。本节主要讲述航空航天汉英篇章翻译的衔接与连贯问题。作为篇章最重要的两大特征，[①]衔接性与连贯性对航空航天汉英篇章翻译的重要性不言而喻。它们不仅是确保航空航天汉英篇章转换时文本内部各成分之间有效承接的必要手段，也是译文篇章整体准确通顺、语义连贯的基本保证。

## 一、航空航天汉英篇章翻译的衔接

衔接（cohesion）是一个语义（semantic）概念，指的是语篇中所存在的语义关系（semantic relations）。韩礼德和哈桑曾在《英语的衔接》（Cohesion in English）一书中提出了衔接理论，描写了英语语篇中词汇语法系统如何体现"衔接"。[②] 当语篇中的某一成分的解释依赖于另一成分时，便产生了衔接。[③] 衔接是通过衔接手段来完成的。衔接关系只表示句子之间，有时包括小句之间所建立起来的意义关系。然而，句子之间的关系是从一个句子到另一个句子的线性运动。虽然，这种衔接也可以从语篇的一个部分延续到另一个部分，甚至整个语篇中，但其表达方式是线性的，所以，衔接有时也被认为是句子层次的衔接。[④]

科技文本使用大量术语，叙述准确，推理严谨，逻辑性突出。受汉语句法结构和表达习惯的影响，汉语科技文本多呈流散形，出现大量零散句，形成了形散神聚的效

① 陈宏薇，李亚丹.新编汉英翻译教程[M].上海：上海外语教育出版社，2004：54.
② 刘润清.西方语言学流派：修订版[M].北京：外语教学与研究出版社，2013：321.
③ HALLIDAY M A K，HASAN R. Cohesion in English[M]. London：Longman，1976：4.
④ 张德禄.语篇衔接中的形式与意义[J].外国语（上海外国语大学学报），2005（5）：34.

果。相比之下,英语科技文本从篇章的组织结构来看,衔接性强,重视叙事的逻辑性、层次感和论证手段。[1] 同理,英语航空航天文本使用大量表达各种逻辑关系的句法手段,多长句、复合句,而且语句间平衡匀密、连接紧密。因此,在英译航空航天篇章时,应特别注意运用必要的衔接手段以保证篇章语义的通顺和连贯,这些衔接手段包括语法手段和词汇手段等。

**1. 语法手段**

语法手段是加强英语篇章衔接性的手段之一,具体包括照应、替代、省略和连接等。[2]

**(1) 照应**

篇章的基本构成单位是词,词与所指对象之间的语义关系清楚与否是篇章的意义能否为读者理解的重要因素。词与所指对象之间的语义关系称为指称衔接,也称为照应(co-reference/anaphora)。[3] 在篇章中,当一个成分作为另一个成分的参照点,并用代词等语法手段来表示语义关系时,便构成了照应。篇章分析论述中一般把照应分为:人称照应、指示照应、比较照应和分句照应。这里,我们主要分析人称照应。人称照应即用代词复指上文或预指下文出现的名词的一种衔接手段。它的作用是在代词与上下文中的名词间建立起语义联系,从而为读者提供一种连贯的认知参照框架。[4]

**例7.3.1** 中国高度重视北斗系统建设,将北斗系统列为国家科技重大专项,支撑国家创新发展战略。[5]

**译文:**China lays store by the construction of the BDS, ranking it one of its national key technical projects that supports its innovative development strategy.[6]

本例中,通过对比原文和译文可以看到,相较于原文中两次出现的"北斗系统"和"国家"的表达,译文均使用代词予以替代:使用"it"指代原文中的"北斗系统",并与"BDS"构成照应关系,两次使用"its"代指原文中隐含的"中国(的)",复指上文的对应词,从而有效地建立起了语义的关联。

**例7.3.2** 假如飞机航线上有障碍物,由于不能识别,无人机就会与之相撞。[7]

① 陈宏薇,李亚丹.新编汉英翻译教程[M].上海:上海外语教育出版社,2004:213.

② 方梦之.中国译学大词典[M].上海:上海外语教育出版社,2011:192.

③ 陈宏薇,李亚丹.汉英翻译教程[M].上海:上海外语教育出版社,2018:48.

④ 李运兴.语篇分析引论[M].北京:中国对外翻译出版公司,2000:142.

⑤ 中华人民共和国国务院新闻办公室.中国北斗卫星导航系统白皮书[R/OL].(2016-06-16).http://www.scio.gov.cn/zfbps/ndhf/34120/Document/1480602/1480602.html.

⑥ 中华人民共和国国务院新闻办公室.China's BeiDou Navigation Satellite System[R/OL].(2016-06-17).http://www.scio.gov.cn/zfbps/ndhf/34120/Document/1480623/1480623.html.

⑦ 李美.汉英翻译高级教程[M].上海:华东理工大学出版社,2016:118.

**译文**：If there is any obstacle along the flight route, the drone, unable to identify it, is susceptible to collision.①

本例中，译文首先用"there is"作形式主语置于由"If"引导的条件句中。在句子的后半部分，主语"the drone"提前，并将无动词分句"unable to identify it"置于主语之后，对主句的信息起到了补充说明的作用，最后，无动词分句中"it"指代前文的"obstacle"，形成了语义照应的关系。

**例7.3.3** （1）北斗卫星导航系统是中国自行研制的卫星导航定位系统，具有导航、定位和授时的功能。（2）这一系统已成功应用于测绘、电信、水利、渔业、交通运输、森林防火、减灾救灾和国家安全等诸多领域，产生了显著的经济效益和社会效益。（3）特别是在2008年南方雨雪冰冻灾害、汶川大地震抗震救灾和北京奥运会中发挥了非常重要的作用。②

**译文**：(1)The BeiDou system, also known as COMPASS, is independently developed and built by China. (2)It provides navigation, positioning and timing services, and has already been successfully used in mapping, telecommunications, water management, fishing, transportation, forest fire prevention, disaster reduction and relief, and for public security. (3) The result has been substantial economic and social benefits. (4)In 2008, it played a particularly important role during the Beijing Olympic Games, and in relief and rescue work after the Wenchuan earthquake and the snow-storms in South China.③

汉语是主题显著的语言，常常出现省略主语的情况，这一情况在汉语航空航天文本中也经常出现，但英语中主语却是不可或缺的。鉴于汉英两种语言在主语使用方面的差异，在英译航空航天篇章时需要适当增补主语或其他人称代词以明朗照应关系。针对原文（2）句中的"这一系统"，译文（2）句用"It"进行指代。原文（3）句缺少主语，或者说，其主语为原文（1）句中的"北斗卫星导航系统"，只不过隐含在上下文的语义之中。这种表达为汉语所特有，也是以汉语为母语的我们所能接受和习惯的。但在英语篇章行文中，尤其是在上下文距离间隔较远时，没有主语便会造成指代不清，进而影响译文表达的准确性。因此，译文（4）句中，增补了形式主语"it"与（1）句中的"The BeiDou system"遥相呼应，形成了语义完整连贯的表达。

**(2) 替代**

替代（substitution）指用替代词（pro-form）去替代上下文出现过的词语。英文中的替代是为了避免重复，也是连接上下文的手段之一。④ 替代只是形式，它的语义要

---

① 李美.汉英翻译高级教程[M].上海:华东理工大学出版社，2016:118.

② 李长栓,施晓菁.理解与表达:汉英翻译案例讲评[M].北京:外文出版社，2012:119.

③ 李长栓,施晓菁.理解与表达:汉英翻译案例讲评[M].北京:外文出版社，2012:122.

④ 方梦之.翻译学辞典[M].北京:商务印书馆，2019:471.

从所替代的成分索引。替代可分为名词替代、动词替代、小句替代。名词替代是用替代词取代名词词组或词组中心词的现象。最常见的英语名词替代词为 one(s)，可以替代一个名词词组，而且是可数名词词组。除此以外，具有替代功能的词还有 those 以及其他表达等。

**例 7.3.4** 1999 年 11 月 20 日，中国第一艘试验飞船"神舟一号"顺利起飞，随后四年，又发射了三艘不载人的飞船。①

**译文**：On November 20, 1999, China successfully blasted off its first test spaceship Shenzhou-I, launching another three unmanned ones in the subsequent 4 years.①

本例中，译文后半句中的"ones"替代前面出现的"spaceship"一词，避免了该词的重复使用。

**例 7.3.5** 本法所称民用航空器，是指除用于执行军事、海关、警察飞行任务外的航空器。②

**译文**：Civil aircraft mentioned in this law refer to aircraft other than those used for flying mission of military, customs and police operations.③

本例译文中的"those"显然指代文中前面的"aircraft"。

**例 7.3.5** 北斗系统的建设实践，实现了在区域快速形成服务能力、逐步扩展为全球服务的发展路径，丰富了世界卫星导航事业的发展模式。④

**译文**：(1) The BDS development follows a model of developing regional service capacities, then gradually extending the service globally. (2) This practice has enriched the development models for navigation satellite systems worldwide.⑤

本例中，译文(2)句"This practice"的表达与(1)句中"The BDS development follows a model of developing regional service capacities, then gradually extending the service globally"相关，为前指。因此，"This practice"可视为代替了名词化的"regional service capacities development and global service extension"。

**(3) 省略**

省略指原文有些词不必译出，因为译文中虽无其词已有其意；或者在译文中是不

① 唐义均. 汉英翻译技巧示例[M]. 北京：外文出版社，2011：220.
② 中国民用航空局. 中华人民共和国民用航空法[R/OL]. (2021-08-13). http://www. caac. gov. cn/XXGK/XXGK/FLFG/201510/P020210813581690541587. pdf.
③ Civil Aviation Administration of China. Civil Aviation Law of the People's Republic of China[R/OL]. (1996-01-03). http://www. caac. gov. cn/en/ZCFG/MHFL/201509/P020150901511659239730. pdf.
④ 中华人民共和国国务院新闻办公室. 中国北斗卫星导航系统白皮书[R/OL]. (2016-06-16). http://www. scio. gov. cn/zfbps/ndhf/34120/Document/1480602/1480602. html.
⑤ 中华人民共和国国务院新闻办公室. China's BeiDou Navigation Satellite System[R/OL]. (2016-06-17). http://www. scio. gov. cn/zfbps/ndhf/34120/Document/1480623/1480623. html.

言而喻的。换言之，省略是删去一些可有可无的词，或者有了反嫌累赘或违背译文语言习惯的词。但省略并非把原文的思想内容删去。① 省略手段包括名词性省略、动词性省略和小句省略等。在英译航空航天篇章时，我们可以对原文某些不重要的或可有可无的信息进行简化或省略，进而使译文表达简洁、流畅。

**例 7.3.6** 电动飞机不借助于发动机，而是借助于电动机飞行。②

**译文**：The electric aircraft is not propelled by engine but by electomotor.②

本例中，原文中有两个"（不）借助于"的表达。译文省略了重复的动词"propelled"，只保留了介词"by"，使得语义表达更为简练。

**例 7.3.7** (1)中国正在实施北斗卫星导航系统（COMPASS，中文音译名称为BeiDou）建设工作，规划相继发射5颗静止轨道卫星和30颗非静止轨道卫星，建成覆盖全球的北斗卫星导航系统。(2)2012年左右，北斗卫星导航系统将首先提供覆盖亚太地区的导航、授时和短报文通信服务能力。(3)2020年左右，建成覆盖全球的北斗卫星导航系统。③

**译文**：(1)China is continuing to expand its COMPASS satellite navigation system, also known as BeiDou system, and plans to launch 5 more geostationary and 30 non-geostationary satellites to provide complete global coverage. (2)Around 2012, the system will start to provide navigation, timing and short message services for the Asia-Pacific region. (3)By 2020 complete global coverage will be available.④

通过对比原文和译文，我们可以看到，本例中涉及到的省略手段有名词省略、动词省略以及范畴词省略三种。首先，名词省略。原文(1)、(2)、(3)句中相继出现了四次"北斗卫星导航系统"，分别在句中做宾语和主语等，大量重复的表达显然不符合英语的表达习惯。因此，译文(1)句中将"satellite navigation system"的全称译出，(2)句用"the system"简化，(3)句则将视角转变，用"global coverage"作为主语，这样一来，便巧妙地避免了"satellite navigation system"一词的重复使用。另外，原文中的"北斗"在译文中未出现对应的译名，这显然是基于上下文语境对已知信息所采取的省略手段。其次，动词省略。原文(3)句中含有动词"建成"，译文(3)中将原文的主语＋谓语的结构转换为主系表结构。最后，范畴词省略。在很多情况下，汉语表达中倾向于添加表示范畴的词语，如"问题""状态""情况""工作"，这类词有时本身没有实质的意义，英译时可以省去不译。原文(1)句中"中国正在实施……建设工作"中的"工作"便属于范畴词，对于这一表达，译文予以省略。

① 方梦之.翻译学辞典[M].北京：商务印书馆，2019：430.
② 张曦.科技英语翻译教程[M].上海：上海交通大学出版社，2016：124.
③ 李长栓，施晓菁.理解与表达：汉英翻译案例讲评[M].北京：外文出版社，2012：119.
④ 李长栓，施晓菁.理解与表达：汉英翻译案例讲评[M].北京：外文出版社，2012：122-123.

## (4) 连 接

连接是指通过连接成分体现篇章中各种逻辑关系的手段。这种联系可能存在于不同的句子之间,也可能存在于一个句子中的几个部分之间。连接是篇章的一个重要特性,并由此区别于一些互不连贯、杂乱无章的句子的堆砌。词语连接的优劣,关系到话语的题旨或信息是否被接受者所理解和接受。因此译文也要通过一定的连接手段,将句子的各部分或句子与句子之间有逻辑地组织起来,以构成一个相对完整的语义单位。① 连接成分往往是一些过渡性的词语,表示时间、因果、条件等逻辑上的联系。连接关系主要由连词、连接副词和介词短语体现。

**例7.3.8** 航空人员应当接受国务院民用航空主管部门定期或者不定期的检查和考核;经检查、考核合格的,方可继续担任其执照载明的工作。②

**译文**:Aviation personnel should accept regular or irregular checks and examination by CAA and can continue their work as specified in their licenses only after passing the checks and examination. ③

本例中,译文中使用"only after passing"的表达凸显句与句之间的逻辑关系,其中"only"一词表示条件,"after"一词表现出了时间上的先后顺序。译文运用这些连接词语,使得篇章整体的逻辑表达更加清晰。

**例7.3.9** 任何可能影响飞行安全的活动,应当依法获得批准,并采取确保飞行安全的必要措施,方可进行。④

**译文**:Any activity that may affect flight safety should get permission according to law and take the necessary measures to ensure flight safety before the activity can take place. ⑤

与上例一样,本例译文中使用"before"一词,明确地传递了篇章语义中的时间顺序和逻辑关系。

**例7.3.10** 中国航天面向世界科技前沿和国家重大战略需求,以航天重大工程为牵引,加快关键核心技术攻关和应用,大力发展空间技术与系统,全面提升进出、探索、利用和治理空间能力,推动航天可持续发展。⑥

---

① 方梦之. 翻译学辞典[M].北京:商务印书馆, 2019:114.

② 中国民用航空局. 中华人民共和国民用航空法[R/OL]. (2021-08-13). http://www. caac. gov. cn/XXGK/XXGK/FLFG/201510/P020210813581690541587. pdf.

③ Civil Aviation Administration of China. Civil Aviation Law of the People's Republic of China[R/OL]. (1996-01-03). http://www.caac. gov. cn/en/ZCFG/MHFL/201509/P020150901511659239730. pdf.

④ 中国民用航空局. 中华人民共和国民用航空法[R/OL]. (2021-08-13). http://www. caac. gov. cn/XXGK/XXGK/FLFG/201510/P020210813581690541587. pdf.

⑤ Civil Aviation Administration of China. Civil Aviation Law of the People's Republic of China[R/OL]. (1996-01-03). http://www. caac. gov. cn/en/ZCFG/MHFL/201509/P020150901511659239730. pdf.

⑥ 中华人民共和国国务院新闻办公室. 2021 中国的航天白皮书[R/OL]. (2022-01-28). http://www. scio. gov. cn/zfbps/32832/Document/1719689/1719689. html.

**译文**：China's space industry serves its major strategic needs, and targets cutting-edge technology that leads the world. Spearheaded by the major space projects, the country has accelerated research into core technologies, stepped up their application, and redoubled its efforts to develop space technology and systems. As a result, China's capacity to enter and return from space, and its ability to engage in space exploration, utilization and governance have grown markedly along a sustainable path.[①]

在本例中，原文为一个完整的单句，其中包含了数个分句，相互之间在语义上递进，在结构上并列，如"加快""发展""提升""推动"等，彼此之间无明显的连接词作为过渡。而译文将原文分为前后两个部分，并单独成句。前句主要为目标以及具体的措施。后句由"As a result"这一介词短语引出，表条件和结果。译文的表达明晰了上下文之间的逻辑关系，使得篇章构成了一个相对完整的语义单位。

### 2. 词汇手段

在英译航空航天篇章时，除了使用语法手段，还可运用词汇手段来加强篇章的有效衔接，词汇手段包括词汇重复、同义词或近义词等等。[②]

#### (1) 词汇重复

重复是词汇衔接中最简单、最直接的方式，在构建篇章中非常重要。从交际的角度来看，具有同一形式的词汇在同一篇章中反复出现，有些词语被重复使用来引出新信息，有些词语的重复使用可以突出主题，加深印象，或突出某个或某些信息。

**例 7.3.11** (1)中国首位航天员杨利伟乘"神舟五号"在太空飞行约 21 小时之后，于 10 月 16 日早晨返回地球，在内蒙古某地平安着陆。(2)航天员称自我感觉良好。(3)图为杨利伟在走出"神舟五号"返回舱后向回收队挥手致意。(4)"神舟五号"于 10 月 15 日上午 9 点在甘肃酒泉卫星基地点火升空。(5)控制中心的专家称飞行全程完全成功。(6)这使中国成为继美国和苏联之后，第三个实现载人航天飞行的国家。[③]

**译文**：(1)Yang Liwei, China's first spaceman, returned safely to the earth Thursday morning, October 16. (2)Yang spent about 21 hours in the outer space before capsule landed in the Inner Mongolia Autonomous Region. (3)Yang said he felt good. (4)The picture shows that he waves to the recovery teams after walking out of the return capsule of the Shenzhou V

---

① 中华人民共和国国务院新闻办公室. China's Space Program: A 2021 Perspective[R/OL]. (2022-01-28). http://www.scio.gov.cn/zfbps/ndhf/47675/Document/1719948/1719948.html.

② 方梦之. 翻译学辞典[M]. 北京：商务印书馆，2019：549.

③ 朱徽. 汉英翻译教程[M]. 重庆：重庆大学出版社，2004：183.

(Divine Vessel V) spaceship, China's first manned spaceship The spaceship blasts off into space at the Jiuquan Satellite Launch Center in Northwest China's Gansu Province at 9:00 a.m. Wednesday morning October 15. (5)The control center described China's first manned spaceflight as a "complete success", making China the third country in the world to send a person into orbit after the Soviet Union and the US.①

本例原文是对"神舟五号"载人航天飞船顺利返回地球的新闻报道。在原文(1)、(3)、(4)句中,"神舟五号"一词先后出现三次。在译文中,除了在(4)句中提及一次"Shenzhou V (Divine Vessel V)"外,另出现了三次"first"一词的表达,分别为(1)句中的"China's first spaceman"、(4)句中的"China's first manned spaceship"以及(5)句中的"China's first manned spaceflight",这一词语在原文中是未出现的,或者说是隐藏在上下文之中。因此,译文中"first"一词的反复使用,旨在突出篇章语义中"首位"航天员、"首个"载人航天飞船以及"首次"载人航天飞行这一系列重要的信息。

**例7.3.12** (1)在国际科技合作交流方面也得到了加强,(2)中国航空工业已先后与德国、瑞典、法国、俄罗斯以及意大利等国的航空科研机构、大学建立了合作关系,(3)推动了双方科学研究工作的开展。②

**译文:**(1) The Chinese aviation industry has also strengthened the international scientific and technical cooperation, (2) and has established cooperative relationships with many research institutes and universities of Germany, Sweden, France, USA, Russia and Italy, etc. (3) These cooperation activities have promoted the academic development of both sides.③

本例原文为一个完整的句子,包含三个分句。在语义上,(1)句表明总体情况,(2)句为具体内容的展开,(3)句为(1)、(2)句所共同促成的结果。在译文中,分句(1)结尾为"cooperation"一词,(3)句单独成句,句首使用"These cooperation activities"作为主语,其中重复分句(1)中的"cooperation"这一信息,强调了其作用和结果。

**(2) 同义词或近义词**

胡壮麟④指出,"同义性或近同义性指具有同样意义或相近意义的不同词项之间的接应关系,不管这个词的意义是指人、物、过程或性质"。词与词因表达同一逻辑概念而联系在一起,同义词或近义词意义相同或相近,但词义色彩以及用法存在细微差别。从修辞的角度来看,同义词或近义词的使用也是避免重复、单调的一种手段,可

① 朱徽.汉英翻译教程[M].重庆:重庆大学出版社,2004:184.
② 中国航空工业经济技术研究院.中国航空工业要览[M].北京:航空工业出版社,2008:4.
③ 中国航空工业经济技术研究院.中国航空工业要览[M].北京:航空工业出版社,2008:5.
④ 胡壮麟.语篇的衔接与连贯[M].上海:上海外语教育出版社,1994.

为篇章的表达增添色彩。在同一语境下,同义词或近义词与原词彼此呼应,对篇章连贯起到了促进的作用。

**例 7.3.13** (1)"嫦娥一号"的科学目标是绘制月球表面的三维图像,分析月球表面化学元素和矿物质分布,探索地月之间的空间环境,等。

(2)"嫦娥一号"的工程目标是发射中国第一个月球卫星,测试绕月飞行所需技术,建立探索月球的基本工程系统,等。①

**译文:** (1) The scientific objectives of the space flight are to map the three-dimensional images (acquire 3-D images) of the lunar surface, analyze the distribution of the elements on the lunar surface, explore the circumstance between the Earth and the Moon, and so on.

(2) Technologically, this space mission aims at launching China's first lunar orbiter, testing the technologies needed for lunar orbiting, building up the basic engineering system for lunar exploration, etc.①

本例中,原文(1)、(2)句句首"'嫦娥 1 号'的科学目标""'嫦娥 1 号'的工程目标"为相同的句子结构以及相近的语义表达。对于原文(2)句中的"目标"一词,译文(2)句中使用了"mission"一词来翻译。这里,译文中的"objectives""mission"构成了明显的词汇衔接上的同义关系。同样,对于两段末尾的"等"一词,译文中分别译为"and so on""etc.",避免了同一表达的重复使用。

**例 7.3.14** (1)载人飞船的各系统和设备均要进行可靠性设计,关键部件采用备份系统,飞船须在严格的环境条件下进行地面测试和模拟飞行试验,以排除隐患。(2)飞船的设计还要保证航天员能对有故障的设备进行必要的维修和置换。②

**译文:** (1)All the systems and equipment of the manned spaceship must undergo reliability design, and the key units must have backup systems. (2)The spaceship must pass ground test and simulated flight test under strict control of environments so as to avoid hidden perils. (3)The design of the spaceship must also allow the astronauts to carry out maintenance and replacement in case of equipment failure.③

本例原文中先后使用三次"进行"的表达,如(1)句中"进行可靠性设计""进行地面测试和模拟飞行试验"以及(2)句中"进行必要的维修和置换"。在译文中,该词根据上下文语境,在(1)、(2)和(3)句中分别运用"undergo""pass"和"carry out"与后面连接的具体内容进行搭配,形成了彼此之间的语义接应,加强了篇章各部分之间的衔接。

① 韩忠华.英语笔译实务三级[M].北京:外文出版社,2010:267.
② 张春柏.英语笔译实务三级[M].修订版.北京:外文出版社,2012:198.
③ 张春柏.英语笔译实务三级.[M].修订版.北京:外文出版社,2012:200.

## 二、航空航天汉英篇章翻译的连贯

凡·戴克(Van Dijk,T A)[1]认为,连贯指语篇内表示命题或交际行为之间的语义关系。布朗和尤尔(Brown,G&Yule,G)[2]则认为连贯是语篇与语篇接收者互动的结果,是在读者处理语篇的过程中产生的。篇章连贯相对独立于语境,主要表现为两个关联性:意义关联性和主题关联性,即篇章部分之间意义相互关联,并在整体上表现为主题一致性。李运兴[3]指出,"连贯是词语、小句、句群在概念、逻辑上合理、恰当地连为一体的语篇特征。连贯的语篇有一个内在的逻辑结构从头到尾贯通全篇,将所有概念有机地串接在一起,达到时空顺序明晰,逻辑推进层次分明的效果。连贯是将一个个词语、小句连成更大的语义结构的一种逻辑机制,连贯是交际成功的重要保证之一。"从结构性的角度讲,连贯的机制不是表示结构内部的关系,而是结构之间的关系。在结构内部是结构成分之间的关系,仍然是连贯的机制,从结构上包括宏观结构和微观结构。[4] 综合以上可知,篇章的连贯不仅仅取决于句子之间的"微观"结构关系,还在于决定整体连贯的总体"宏观"结构。[5]

在航空航天汉英篇章翻译实践中,连贯同样不仅体现在词、句与句段之间的衔接与串联,还体现在概念上、逻辑上融为一体,从而构成一个部分与部分之间、部分与整体之间逻辑紧密、语义连贯的整体。下面,将从意义和主题两方面来剖析航空航天汉英篇章翻译的连贯问题。

### 1. 意义连贯

从微观层面来看,意义连贯通常是以篇章的线性或序列性的局部连贯为基础的。它能使文本成为统一的逻辑单位,与文本的显性或隐性的关联因素密切相关,因而也被看作是线性文本固有的内在统一性。[6] 而从宏观层面来看,意义连贯是以信息发出者和接受者双方共同了解的语境为基础,通过逻辑推理来达到意义的连贯,这是篇章的无形网络。请看以下例句:

**例 7.3.15** (1)航天测控。(2)测控通信能力实现由地月空间向行星际空间跨越,天基测控能力持续增强,国家航天测控网布局进一步优化,形成安全可靠、响应迅速、接入灵活、运行高效、服务广泛的天地一体化航天测控体系,圆满完成"神舟""天舟"系列飞船、"天和"核心舱、"嫦娥"系列月球探测器、"天问一号"火星探测器等为代

① VAN DIJK T A. Text and Context:Explorations in the Semantics and Pragmatics of Discourse[M]. London:Longman,1977.

② BROWN G, YULE G. Discourse Analysis[M]. Cambridge:Cambridge University Press,1983.

③ 李运兴.语篇分析引论[M].北京:中国对外翻译出版公司,2000:160.

④ 张德禄.汉英语篇连贯机制对比研究[J].中国海洋大学学报(社会科学版),2008(4):34.

⑤ 姜望琪.篇章结构刍议[J].当代修辞学,2012(4):11.

⑥ 董剑桥.超文本结构与意义连贯性[J].南京师大学报(社会科学版),2003(1):150.

表的航天测控任务。①

**译文：**(1)Space TT&C. (2)China's leap from cislunar to interplanetary TT&C communications, with growing space-based TT&C capacity, represents a significant progress.(3)Its space TT&C network has improved to form an integrated space-ground TT&C network providing security, reliability, quick response, flexible access, efficient operation and diverse services. (4)TT&C missions of the Shenzhou and Tianzhou spacecraft series, Tianhe core module, Chang'e lunar probe series, and Tianwen-1 Mars probe have been completed successfully. ②

本例中，原文句群由两个单句构成，第一个单句"航天测控"在句首，属于主题。随后是对这一主题内容的伸展，它们之间的关系为总分结构。第二个单句中包含了五个分句，其中前三个分句，即"测控通信能力""天基测控能力"和"国家航天测控网"是并列结构，分别说明了三者各自的情况，第四个分句"形成……天地一体化航天测控体系"以及第五个分句"圆满完成……航天测控任务"为前面第三个分句以及总体所取得的成绩。译文则将原文分为四个完整的句子。(1)句与原文保持一致，为篇章的开头总起。(2)、(3)、(4)句为并列结构。(2)句句中插入"with …"，并将"represents a significant progress"一句置于句尾。(3)句开头添加物主代词"Its"作为全句的主语。(4)句将"TT&C missions of …"提至句首，形成了完整的主谓结构，这样一来，篇章中各部分之间的逻辑关系便清晰地展示了出来。译文通过对原文各部分之间语义的逻辑梳理，确保了局部表达的连贯和通顺，最终使译文篇章形成一个意义连贯的整体。

**例 7.3.16** (1)空军在国家安全和军事战略全局中具有举足轻重的地位和作用。(2)包括航空兵、空降兵、地面防空兵、雷达兵、电子对抗部队、信息通信部队等，下辖5个战区空军、1个空降兵军等。(3)战区空军下辖基地、航空兵旅(师)、地空导弹兵旅(师)、雷达兵旅等部队。(4)按照空天一体、攻防兼备的战略要求，加快实现国土防空型向攻防兼备型转变，提高战略预警、空中打击、防空反导、信息对抗、空降作战、战略投送和综合保障能力，努力建设一支强大的现代化空军。③

**译文：**(1)The PLAAF plays a crucial role in overall national security and military strategy. (2)It comprises aviation, airborne, ground-to-air missile, radar, ECM, and communications forces. (3)Under the PLAAF, there are 5

---

① 中华人民共和国国务院新闻办公室. 2021 中国的航天白皮书[R/OL]. (2022-01-28). http://www.scio. gov. cn/zfbps/32832/Document/1719689/1719689. html.

② 中华人民共和国国务院新闻办公室. China's Space Program：A 2021 Perspective[R/OL]. (2022-01-28). http://www. scio. gov. cn/zfbps/ndhf/47675/Document/1719948/1719948. html.

③ 中华人民共和国国务院新闻办公室. 新时代的中国国防白皮书[R/OL]. (2019-07-24). http://www.scio. gov. cn/zfbps/ndhf/39911/Document/1660529/1660529. html.

TC air force commands and one airborne corps. (4)Under the TC air forces, there are air bases, aviation brigades（divisions）, ground-to-air missile brigades（divisions）and radar brigades.（5）In line with the strategic requirements of integrating air and space capabilities as well as coordinating offensive and defensive operations, the PLAAF is accelerating the transition of its tasks from territorial air defense to both offensive and defensive operations, and improving its capabilities for strategic early warning, air strikes, air and missile defense, information countermeasures, airborne operations, strategic projection, and integrated support, so as to build a strong and modernized air force.[①]

本例中,原文围绕"空军"这一主题展开。(1)句说明了空军的地位和作用,(2)句说明了其包含的内容,(3)句对(2)句中的"战区空军"下设的部队予以说明,(4)句则为目标。译文则通过线性的逻辑排列将句与句之间进行连接。首先,(1)句主语为"The PLAAF",(2)句使用"It"作主语前指"The PLAAF",(3)句"Under the PLAAF…"同样是围绕主语进行的描述,而(4)句"Under the TC air forces…"是对(3)句内容进行的解释,(5)句再次将"the PLAAF"定为该句的主语。这样一来,译文通过显性的手段形成了一个连续的语义链,使得篇章各句之间的意义相互关联,进而从整体上保证了篇章的意义连贯。

### 2. 主题连贯

韩礼德[②]认为:"话语不是杂乱无章地从一个话题跳到另一个话题,它总是以给定话题的连贯性和话题展开的可能性有规律地、合理地向前展开。"换言之,人们在交际时总是围绕着一定的主题进行的。篇章在形成的过程中总是有一个中心主题,篇章即围绕这一中心主题展开。在表达叙述的过程中,篇章不可避免地要产生诸多的分主题,各个分主题无论如何展开,总是不能脱离篇章的总主题——都必须以总主题为依归。或者说,篇章的分主题之间必须关联,否则,所形成的篇章也是不连贯的。

**例 7.3.17** (1)2000 年 10 月和 12 月,中国分别发射了两颗"北斗一号"卫星,组建了导航定位系统。(2)2010 年 1 月成功发射了第三颗北斗导航卫星,为静止轨道卫星,它与前两颗"北斗一号"工作星组成了完整的卫星导航定位系统,确保全天候、全天时提供卫星导航信息,使中国成为继美国、俄罗斯之后世界上第三个拥有自主卫星导航系统的国家。[③]

① 中华人民共和国国务院新闻办公室. China's National Defense in the New Era[R/OL]. (2019-07-24). http://www.scio.gov.cn/zfbps/ndhf/39911/Document/1660528/1660528.html.

② HALLIDAY M A K, HASAN R. *Cohesion in English*[M]. London:Longman,1976.

③ 李长栓,施晓菁. 理解与表达:汉英翻译案例讲评[M]. 北京:外文出版社,2012:119.

**译文**：(1) In October and December 2000, China launched two BeiDou-1 satellites, thus creating its own navigation and positioning system. (2) On January 1, 2010, a third satellite was sent up. (3) This was a geostationary satellite, which together with the other two, has formed a constellation that provides all-weather, round-the-clock, real-time navigation information. (4) China has now become the third country after the US and Russia to have its own satellite navigation system.①

本例原文围绕"卫星导航定位系统"这一主题展开。原文(1)句阐述组建的"导航定位系统"，(2)句前半部分介绍组成的"完整的卫星导航定位系统"，末尾分句说明目前的状态，即"世界上第三个拥有自主卫星导航系统的国家"。从结构上看，原文的信息排列将语义间的逻辑暗含在句与句之间的表述之中。与原文不同，译文(1)句中使用连接词"thus"表明关系并引出"creating its own navigation and positioning system"，(2)句独立成句，(3)句主题围绕"constellation"进行说明，(4)句"have its own satellite navigation system"阐述最后的总主题。译文通过有形的连接，促成了各主题之间相互呼应，逻辑表达层次分明。

**例 7.3.18** "天舟一号"货运飞船成功发射并与"天宫二号"空间实验室成功交会对接，突破并掌握货物运输、推进剂在轨补加等关键技术，载人航天工程第二步圆满收官。"天和"核心舱成功发射，标志着中国空间站建造进入全面实施阶段。"天舟二号""天舟三号"货运飞船和"神舟十二号""神舟十三号"载人飞船成功发射，先后与"天和"核心舱快速对接，形成空间站组合体并稳定运行，6 名航天员先后进驻中国空间站，实施出舱活动、舱外操作、在轨维护、科学实验等任务。②

**译文**：(1) The Tianzhou-1 cargo spacecraft has docked with the earth-orbiting Tiangong-2 space laboratory. (2) With breakthroughs in key technologies for cargo transport and in-orbit propellant replenishment, China has successfully completed the second phase of its manned spaceflight project.

(3) The launch of the Tianhe core module marks a solid step in building China's space station. The Tianzhou-2 and Tianzhou-3 cargo spacecraft and the Shenzhou-12 and Shenzhou-13 manned spacecraft, together with the Tianhe core module to which they have docked, form an assembly in steady operation. (4) Six astronauts have worked in China's space station,

---

① 李长栓,施晓菁. 理解与表达:汉英翻译案例讲评[M]. 北京:外文出版社, 2012;121.
② 中华人民共和国国务院新闻办公室. 2021 中国的航天白皮书[R/OL]. (2022-01-28). http://www.scio. gov. cn/zfbps/32832/Document/1719689/1719689. html.

performing extravehicular activities, in-orbit maintenance, and scientific experiments.①

　　本例原文中包含了较多的航天飞船名称以及专业词汇的表达,如"'天舟一号'货运飞船""'天宫二号'空间实验室""'天和'核心舱""'神舟十二号''神舟十三号'载人飞船""中国空间站""对接"和"出舱"等。此外,原文各分句频繁地更换主语,这一方面加大了阅读和理解的难度,另一方面增加了信息重心的不确定性,从而可能导致在翻译时有偏离主题的倾向。而译文则通过一系列结构的调整以及叙述方式的转换,使得篇章整体的主题保持了连贯性。从总体结构上看,译文将原文拆分为两个段落。第一段采用条件加结果的叙述方式,即首先说明了"The Tianzhou-1 cargo spacecraft""the earth-orbiting Tiangong-2 space laboratory"成功对接以及"breakthroughs in key technologies for cargo transport and in-orbit propellant replenishment"的情况,这些促使"China has successfully completed the second phase of its manned spaceflight project"。第二段分为两个单句。(3)句主要围绕"China's space station"进行,随着数个货运飞船和载人飞船与"Tianhe core module"的成功对接,从而使得"form an assembly in steady operation"。(4)句则描述了"astronauts have worked in China's space station"的情况。总体而言,无论是"space laboratory""manned spaceflight project""China's space station""assembly""China's space station",这些概念均围绕着"China's space station"这一中心主题进行,构成了一个连贯的主题整体。

# 练 习

## 一、基本练习

请结合本章所学知识翻译以下内容。

(1)一旦无人机不按照预计方向飞行,就容易使下面的人们受伤或者物品损坏。

(2)在飞行的过程中,通过三轴陀螺仪和三轴加速度传感器检测飞行姿态的变化来进行自动控制。

(3)航天员生活和工作的舱段要求严格密封,并采取环境控制措施,其主要作用是调节舱内和太空服内的温度、湿度和压力,吸收人体新陈代谢产物,控制舱内有害物质,提供氧气、通风、用水并处理废物。

(4)卫星通信广播累计为国内农村及边远地区的1.4亿多户家庭提供直播卫星电视服务、500多个手机通信基站提供数据回传,在四川凉山特大森林火灾、河南郑州特大暴雨等灾害救援中提供高效应急通信服务。北斗导航为超过700万辆道路运

---

① 中华人民共和国国务院新闻办公室. China's Space Program: A 2021 Perspective[R/OL]. (2022-01-28). http://www. scio. gov. cn/zfbps/ndhf/47675/Document/1719948/1719948. html.

营车辆提供安全保障服务,为超过 4 万艘海洋渔船提供定位和短报文通信服务,为新冠肺炎疫情防控物资运输、人员流动管理、医院建设等提供精准位置服务。

(5)空军按照空天一体、攻防兼备的战略要求,实现国土防空型向攻防兼备型转变,构建适应信息化作战需要的空天防御力量体系,提高战略预警、空中打击、防空反导、信息对抗、空降作战、战略投送和综合保障能力。

**二、拓展练习**

请尝试翻译以下内容。

(1)研究所(中国直升机设计研究所)拥有配套齐全、能与国际先进水平接轨的直升机设计手段和试验设施。已建成包括国家重点实验室在内的覆盖直升机常规技术研究和型号设计及全过程的各种设计、试验设施。设有总体气动、结构强度、旋翼设计、航电火控、飞行控制、液压传动、环境控制、信息技术等 40 余个专业和系统设计试验研究室 16 个。设计研究手段先进,技术开发力量雄厚。通过重点工程研制保障条件建设,直升机设计和试验手段初步与国际接轨,具备了研制高新技术武器的基本保障条件和能力,具有覆盖 13 吨级以下军、民用直升机常规设计、试验的手段和设施,为自行设计、自主创新奠定了扎实的基础。

(2)鼓励开展国际卫星导航应用的政策、市场、法律、金融等领域的研究和咨询服务,提升国际化综合服务能力。服务"一带一路"建设,与全球有意愿的国家一起,共同建设卫星导航增强系统,提供高精度卫星导航、定位、授时服务,提升北斗系统海外服务性能,促进导航技术的国际化应用。通过构建高精度卫星导航、定位、授时服务运营服务平台,开展交通运输、大众旅游、海上应用、减灾救灾、精密农业等领域应用示范,带动大规模应用推广。

# 7.4 航空航天汉英篇章翻译的重构

上一节主要讲述了航空航天汉英篇章翻译的衔接和连贯问题。从总体上看,衔接和连贯问题关注的是译文篇章中词语、句子和句段的衔接和连贯规则,即篇章文本内部局部的、微观层面的连接机制。然而,篇章结构调整的决定因素不仅仅是在篇章内部(即思维模式),还存在于篇章外部,如翻译目的、译文功能、使用语境。篇章调整的实质是基于译文预期目的的互文结构调整行为。[1]

对于航空航天汉英篇章翻译而言,篇章的重构不仅要立足于文本内部结构的有效衔接和连贯,还须关照到篇章的外部结构,包括信息的有效传递、结构的整体安排以及逻辑视角的转换等。这些不仅影响着篇章内部结构各部分之间的承接,还决定

① 司显柱.汉英科技翻译教程[M].上海:上海外语教育出版社,2020:155.

着篇章的功能等重要方面。本节所介绍的篇章重构具体表现在以下三个方面：一是信息重构，指基于语境下不同信息的整合布局；二是结构重构，一方面是基于汉英语言特点而进行的必要调整，另一方面，也是更为重要的一方面，是针对叙事结构和叙述视角所进行的转换；三是逻辑重构，指思维方式以及表达思路在篇章层面的重构。

## 一、信息重构

篇章最主要的功能是信息功能，因而对篇章信息结构的剖析十分重要。绝大多数篇章是由句子组成的，所以句子信息结构是研究篇章信息结构的重要对象。一个句子里，某些词语要先说，某些词语要后说，先说的词语是主位（theme），后说的词语是述位（rheme），主位-述位（theme-rheme）结构便是句子的信息结构。[①]

篇章中相关信息可分为两类：一是具有描写、提供背景功能的信息；二是具有叙事功能的信息。这两类信息在汉英两种语言中常呈现不同的布局：汉语由于重意合，这两类信息常常分开处理，各自聚集在不同的句子中。英语由于重形合，这两类信息常混合在一个句子中。[②] 由此而来，便涉及不同信息的排列布局问题。一般而言，句子通常由已知信息和新信息构成，而句子的信息重心通常落在新的信息上，因为它是信息的发出者。英语句子的信息重心通常在句末或靠近句末的位置，而汉语中，信息重心的位置却相对比较灵活。因此，当原文篇章信息分布出现不平衡的时候，需要在译文篇章中予以调整，以突出篇章中的信息重心。

**例 7.4.1**　（1）星期二，安装在卫星上的传感器将开始采集有关地球和月球的信息。（2）当卫星进入月球轨道时，所采集的图像将被传送回地球。（3）根据迄今为止从各观察点发来的数据，卫星的所有系统都在正常工作。（4）预计"嫦娥一号"将在11 月 5 日到达月球轨道。[③]

**译文：**（1）Sensors installed on the satellite will begin to collect information on the earth and the moon on Tuesday. （2）The images it collects will be tansmitted/sent back to the earth when it enters the lunar orbit. （3）According to the data received/collected from various surveillance sources (observation stations) so far/to date, all systems of the satellite are working/functioning normally. （4）Chang'e 1 is scheduled to arrive in the lunar orbit on November 5th.[③]

本例原文为两个段落，每个段落均包含两个单句。从信息结构的视角来看，原文表达符合汉语的思维方式，即采用主题＋述题的方式，对所描述的信息一一介绍，层层拨开，即首先交待背景信息，随后围绕主要信息进行描述。在因果和条件关系上，原因在先、结果在后，或条件在先、结果在后。从篇章信息结构的布局角度来讲，这种

---

① 陈宏薇,李亚丹.新编汉英翻译教程[M].上海:上海外语教育出版社,2004:55.
② 李运兴.语篇分析引论[M].北京:中国对外翻译出版公司,2000:195.
③ 韩忠华.英语笔译实务三级[M].北京:外文出版社,2010:267.

表达没有将信息重心置于关键的位置,因而在英译时,应根据英语的逻辑特点和表达习惯,对篇章的主要信息和次要信息的位置进行重新调整。由此可以清楚地看到,译文在信息结构排列上一个重要的做法是将关键信息置于句首:译文(1)、(2)、(3)、(4)句中"Sensors""images""the data""all systems""Chang'e 1"这些关键信息均被置于句首或句子结构的前方担任主语,随后的相关信息也进行了重新排列。译文通过信息重心位置的前后调整,使得篇章中的关键信息更加突出。

**例 7.4.2** (1)客机继续向着大型化和高速方向发展。(2)目前运营的飞机飞得没有声速(马赫数为 1)快。(3)首批能作超声速飞行的喷气客机将可载运 100 多位乘客以每小时 2200 千米的速度(马赫数为 2.2)飞行,这是利用常规轻合金制造机体的飞机所能达到的最高速度。(4)超过马赫数 2.2 时,产生的热量很大,因此必须用钢。(5)利用钢制机体的客机现在正在设计之中。它们能够以马赫数 3 或高于马赫数 3 的速度飞行。①

**译文:**(1) The trend towards faster and larger airliners continues. (2)Airliners in service at present cannot fly faster than the speed of sound (Mach 1). (3)The first jet airliners capable of super-sonic speeds will carry more than 100 passengers at 2200 kilometers per hour (Mach 2.2), the maximum speed attainable by aircraft with airframes made of conventional light alloys. (4)Above Mach 2.2 the heat generated is so great that steel must be used. (5)Airliners with airframes made of steel, which will fly at Mach 3 or more, are being designed.①

在本例中可以看到,相较于原文信息重心灵活分散的表述方式,译文对原文的信息进行了调整,具体表现在译文(2)、(3)、(5)句中"Airliners""The first jet airliners"等均提至句首作为主语,以此凸显关键信息。

**例 7.4.3** (1)卫星导航系统。(2)"北斗三号"全球卫星导航系统全面建成开通,完成 30 颗卫星发射组网,北斗系统"三步走"战略圆满完成,正式进入服务全球新时代。(3)北斗系统具备定位导航授时、全球短报文通信、区域短报文通信、国际搜救、星基增强、地基增强、精密单点定位共七类服务能力,服务性能达到世界先进水平。②

**译文:**(1)Satellite navigation system. (2)The completion and operation of the 30-satellite BeiDou Navigation Satellite System (BDS-3) represents the successful conclusion of the system's three-step strategy and its capacity to serve the world. (3)BeiDou's world-leading services include positioning,

---

① 李美. 汉英翻译高级教程[M]. 上海:华东理工大学出版社,2016:153.
② 中华人民共和国国务院新闻办公室. 2021 中国的航天白皮书[R/OL]. (2022-01-28). http://www. scio. gov. cn/zfbps/32832/Document/1719689/1719689. html.

navigation, timing, regional and global short-message communication, global search and rescue, ground-based and satellite-based augmentation, and precise point positioning.①

在本例中，同样可以看到译文对原文的信息重构。不过，与以上例子不同的是，本例中的信息重构手段除了将信息重心的位置调整以外，还对相关信息进行了简化处理。原文为三个单句，译文同样为三个单句。但仔细观察，译文（2）、（3）句对于原文的信息进行了重构。首先，信息整合。原文（2）包含四个分句，均围绕着"'北斗三号'全球卫星导航系统"这一主题展开，译文（2）句将其融为一个完整的句子。原句中的动词"建成""开通""完成"等均处理为译文中的名词"completion""operation""conclusion"等，并运用"represents"一词连接前后的背景信息，使得信息的分布平衡均匀。其次，译文（3）句中包含了多个并列结构，句末还包含着一个短句，即"服务性能达到世界先进水平"，针对本句信息，译文除了改变了它的位置以外，还将其巧妙地变为"world-leading services"这一形容词加名词的形式担任该句的主题，不仅体现了信息位置的变换，还体现了信息在形式和意义上的重构。

## 二、结构重构

词语、句法与语义方面的衔接与连贯构成了篇章内部结构及其构成单元之间彼此的承接关系，这些内容已在上一章予以介绍和分析。因此，这里的"结构"主要是指篇章的叙事结构。叙事结构指叙述语篇呈现出的表层结构。② 相对于英语叙事语篇，汉语叙事语篇有如下几个突出的特点：①常用由主谓词组、动宾词组等带动词的词组以及其他词组组成的句法松散的长句，但形散而意不断；②对事件发展及人物的思维的临摹性（iconicity）较强；③使逻辑结构本来就不很突出的叙述语篇的逻辑层次更呈隐性状态。汉英叙事结构的这些总体区别使汉语语篇转换成英语语篇时呈现形式化趋势（formalization）：汉语流水式的松散结构会经历依主谓框架进行句法调整的过程。②

从以上可知，虽然叙事结构中也涉及到了篇章中词语、句法的衔接和连贯等相关内容，但与此同时，其关注的重点是将篇章作为一个整体的叙事机制。对于航空航天汉英篇章的翻译而言，两种语言的转换加之该文本的特殊性使其叙事结构呈现出了独有的特点，在英译时，应对原文结构进行必要的重构，以保证译文篇章整体在叙事结构方面的一致，这些手段包括叙事层次的处理以及视角的转换等。

例7.4.4 中国已成功地发射了第一颗试验通信卫星。这颗卫星是由三级火箭推动的，一直运转正常。它标志着我国在发展运载工具和电子技术方面进入了一个

① 中华人民共和国国务院新闻办公室. China's Space Program：A 2021 Perspective[R/OL]. (2022-01-28). http://www.scio.gov.cn/zfbps/ndhf/47675/Document/1719948/1719948.html.
② 李运兴.语篇分析引论[M].北京：中国对外翻译出版公司，2000：192.

新阶段。①

**译文:** The successful launching of China's first experimental communication satellite, which was propelled by a three-stage rocket and has been in operation ever since, indicates that our nation has entered a new stage in the development of carrier rockets and electronics. ②

本例中,译文将原文中"成功地发射""一直运转"和"进入了"三个动词的表达分别译成"successful launching""in operation"和"the development of"三个对应的名词化结构,这一调整有效地简化了译文中的叙事层次和结构,进而使译文更加简洁。

**例 7.4.5** (1)加快推进航天法立法,构建完善以航天法为核心的航天法制体系,促进法治航天建设。(2)研究制定卫星导航条例,规范和加强卫星导航活动管理。(3)修订空间物体登记管理办法,持续规范空间数据共享和使用管理、民用航天发射许可管理。(4)研究制定卫星频率轨道资源管理条例,加强卫星频率轨道资源申报、协调和登记,维护我国卫星频率轨道资源合法权益,助力航天事业发展。③

**译文:** (1)To promote law-based governance of the space industry, China will speed up the formulation of a national space law and establish a legal system with this law at the core. (2) This will include studying and formulating regulations on satellite navigation, strengthening the management of satellite navigation activities, revising measures for the registration of space objects, and regulating the sharing and use of space data and the licensing of civil space launches. (3) It will also include studying and formulating regulations on the management of satellite frequency and orbit resources, and strengthening the declaration, coordination and registration of these resources to safeguard the country's legitimate rights and interests in this regard. ④

本例中,原文包含三个单句,每个单句由数个短句构成。从总体来看,原文的主题呈"总分"模式:(1)句主题为"法制航天建设"、(2)句为"卫星导航活动管理"、(3)句为"空间物体登记管理"、(4)句为"卫星频率轨道资源管理条例"。但相对而言,这种表达呈流水句式排列,结构相对松散,因此叙事结构层次不够分明。对此,译文做了较大的调整。首先,(1)句句首由介词"To"引导,点明主题,这是原文所没有的。随后译文(2)将原文(2)、(3)句整合为一句,原文(4)句单独成句。在叙事层次上,先后

① 王秉钦. 科技汉语英译的主要技巧[J]. 上海科技翻译, 1987(1):21.

② 王秉钦. 科技汉语英译的主要技巧[J]. 上海科技翻译, 1987(1):21.

③ 中华人民共和国国务院新闻办公室. 2021 中国的航天白皮书[R/OL]. (2022-01-28). http://www.scio.gov.cn/zfbps/32832/Document/1719689/1719689.html.

④ 中华人民共和国国务院新闻办公室. China's Space Program: A 2021 Perspective[R/OL]. (2022-01-28). http://www.scio.gov.cn/zfbps/ndhf/47675/Document/1719948/1719948.html.

使用了"This will include…"和"It will also include…"两个相同的句式作为译文(2)、(3)句的开头,分别引出后面的内容。这种处理强化了篇章叙事结构的内容层次感,并使得篇章逻辑更加显性化。

**例 7.4.6** 利用若干颗导航定位从卫星组成卫星导航系统,综合了传统天文导航定位和地面无线电导航定位的优点,相当于一个设置在太空的无线电导航台,可在任何时间、任何地点为用户确定其所在的地理经纬度和海拔高度。[1]

**译文:** Using a group of navigation and positioning satellites, a satellite navigation system combines the advantages of traditional celestial and ground-based radio navigation systems, so that users can fix their latitude, longitude, and altitude at any time and from any place.[2]

在本例原文中"……为用户确定……"的表达中,"用户"一词原本为动作的接受者。译文"so that users can…"的表达将其转换为主语,使得"users"从接受者转变为了动作的主动发出者,这一叙述视角的转变,使其与事件融合的程度更加紧密。

**例 7.4.7** 空间地球科学。"张衡一号"电磁监测试验卫星获取了全球地磁场和电离层原位数据,构建了全球地磁场参考模型。全球二氧化碳监测科学实验卫星获取了全球高精度二氧化碳分布图,卫星数据向全球免费共享。[3]

**译文:** Space earth sciences. Zhangheng-1, also known as the China Seismo-Electromagnetic Satellite, helped to obtain data on and build models of the global geomagnetic field and the in situ data of ionosphere parameters. A high-precision global carbon flux map, developed by using the data from the Chinese Global Carbon Dioxide Monitoring Scientific Experimental Satellite, is shared globally free of any charge.[4]

本例中同样涉及叙述视角的转变。原文"'张衡一号'……获取了"的表达是作为观察者的我们对实施者动作的描述。译文中,"Zhangheng-1, … helped to obtain data…"使得主语从一个客观的描述对象变成了一个主动的参与者。这一处理使得篇章的叙事结构也同样发生了微妙的转变,进而加强了篇章的叙事结构。

## 三、逻辑重构

逻辑重构即逻辑关系的重新建构过程。这从本质上说乃是思维转换过程:译者的思路要经历一个从原文连贯结构到译语连贯结构规范的转换。这种转换体现着两

[1] 李长栓,施晓菁.理解与表达:汉英翻译案例讲评[M].北京:外文出版社,2012:119.

[2] 李长栓,施晓菁.理解与表达:汉英翻译案例讲评[M].北京:外文出版社,2012:123.

[3] 中华人民共和国国务院新闻办公室. 2021 中国的航天白皮书[R/OL]. (2022-01-28). http://www.scio. gov. cn/zfbps/32832/Document/1719689/1719689. html.

[4] 中华人民共和国国务院新闻办公室. China's Space Program:A 2021 Perspective[R/OL]. (2022-01-28). http://www. scio. gov. cn/zfbps/ndhf/47675/Document/1719948/1719948. html.

种语言、两种文化的思维惯势的对应、对照、甚至冲突,需要译者在思维方式上进行调整、变通,并把这种调整在译语语篇的连贯结构中具体表现出来。①

篇章的逻辑重构涉及逻辑关系的重新确立以及线性顺序的重新排列问题。究其根本,仍在于汉语和英语之间逻辑思维的差异。汉语是逻辑性很强的语言,它的信息排列主要靠逻辑思维而定,通常根据一定的逻辑顺序按照由原因到结果,由事实到结论,由条件到结果的次序,叙述内容有先有后、有主有次。若行文中没有明显的连接词,则句中的语法关系需要通过信息的排列顺序方可辨认得出。而英语的信息排列比较灵活,通常开门见山,直奔主题,然后再做解释,在表达多层逻辑思维时,英语可借助形态变化丰富的连接词语等语法手段,根据句子的意思和结构的需要灵活地排列顺序,这一点与汉语有所不同。

基于不同的思维方式,在进行航空航天汉英篇章的翻译实践时,我们须尤其注意思维方式的转换以及表达思路的重构,进而使译文篇章逻辑承接连贯。

**例 7.4.8** (1)建设航天战略科技力量,(2)打造以科研院所为主体的原始创新策源地,(3)建立健全产学研用深度融合的航天技术创新体系,(4)构建关键领域航天科技创新联盟,(5)形成上中下游协同、大中小企业融通的创新发展格局。②

**译文:** (1) In order to create a new configuration in which the upper, middle and lower industrial chains are coordinated, (2) and large, small and medium-sized enterprises advance in an integrated way, (3) China is building a strategic force of space science and technology, (4) encouraging original innovation by research institutes and bringing together enterprises, universities, research institutes and end-users in creating and applying new technologies. (5) A technological innovation alliance is emerging in key areas of space science. ③

本例原文中包含五个分句,原文的篇章逻辑推进如下:(1)句为总起,表明主题,(2)、(3)句为具体的措施,(4)句从结构上可以视为(1)句的并列成分,与此同时,从内容上,同样可视为一个新的主题,(5)句为前面所有条件的结果,或者说是目标。总的来说,由于没有一条主线做牵引,也没有表因果关系和条件关系的关联词连接,原文的逻辑显得较为零散。而译文则通过一系列的有形手段从逻辑连接方面对原文进行了重新整合。首先,译文(1)句句首使用表目的的"In order to"这一介词短语连接原文(5)句,并将其置于篇章的开头。(2)句增补主语"China",连接原文的(1)、(2)、(3)句。译文(1)、(2)、(3)、(4)的顺序排列不仅从结构上黏合了不同的部分,而且从逻辑

① 李运兴.语篇分析引论[M].北京:中国对外翻译出版公司,2000:172.

② 中华人民共和国国务院新闻办公室. 2021 中国的航天白皮书[R/OL]. (2022-01-28). http://www. scio. gov. cn/zfbps/32832/Document/1719689/1719689. html.

③ 中华人民共和国国务院新闻办公室. China's Space Program:A 2021 Perspective[R/OL]. (2022-01-28). http://www. scio. gov. cn/zfbps/ndhf/47675/Document/1719948/1719948. html.

关系上呈现出了由原因到结果的意义链条。(5)句使用"A technological innovation alliance"作为主语,整个句子置于篇章的最后,与前面的表达形成了条件加结果的逻辑关系。

**例7.4.9** (1)空间碎片监测、预警、减缓及防护技术体系逐步完善,标准规范体系不断健全。(2)空间碎片监测预警实现业务化运行,为在轨航天器安全运行提供有力保障;防护设计技术取得突破,开展航天器空间碎片防护工程应用;全面实施"长征"系列运载火箭末级钝化,对废弃航天器采取有效离轨处置措施,切实保护空间环境。①

**译文**:(1)China has improved the monitoring and mitigation of and early warning and protection against space debris. (2)It has also enhanced standards and regulations in this regard. (3)The monitoring of and early warning against space debris have been put into regular operation, ensuring the safe operation of spacecraft in orbit. (4)China has also made breakthroughs in protection design technologies, applying them to the protection projects of spacecraft against space debris. (5)In addition, all Long March carrier rockets have upper stage passivation, and discarded spacecraft are moved out of orbit to protect the space environment. ②

本例原文分为两个单句,每个单句中又包含数个分句,尤其是第二个单句中短句较多,且较少使用逻辑关联词。针对这一点,译文进行了有效的逻辑调整。首先,译文将原文的(1)句一分为二,后半部分单独成句,并在开头使用代词"It"前指主语"China",结尾使用"in this regard"与上一句描述的内容形成照应。(4)句再次使用主语"China",构成了逻辑关系的照应。(5)句开头使用短语"In addition"作副词,后引导一个完整的句子,并与上一句形成并列关系。这一系列调整措施使得译文篇章逻辑清晰、表述连贯。

在以上的例子中,分别介绍了航空航天汉英篇章翻译的重构问题,包括信息重构、结构重构以及逻辑重构。需要特别注意的是,重构并非必需的步骤,而是必要时所采取的手段,对于这点,我们应有一个正确的认识。在英译航空航天汉英篇章时,我们需辩证地看待重构手段,对篇章的信息进行灵活处理,不能舍近求远,最后得不偿失。

**例7.4.9** 目前,中国已突破掌握载人天地往返、空间出舱、空间交会对接、组合

---

① 中华人民共和国国务院新闻办公室. 2016 中国的航天白皮书[R/OL]. (2016-12-27). http://www. scio. gov. cn/zfbps/ndhf/34120/Document/1537008/1537008. html.

② 中华人民共和国国务院新闻办公室. China's Space Activities in 2016[R/OL]. (2016-12-27). http:// www. scio. gov. cn/zfbps/ndhf/34120/Document/1537022/1537022. html.

体运行、航天员中期驻留等载人航天领域重大技术。①

**译文:**Currently, China has mastered major space technologies such as manned space transportation, space extravehicular activity, space docking, operating in assembly and astronauts' mid-term stay in orbit.②

本例中,原文围绕"中国掌握了(载人航天领域)重大技术"这一主题展开,其中包含了多个具体的内容,结构相对简单。译文除了将修饰成分置于句尾外,几乎保留了原文的结构形式。由此可以看到,如果原文表达相对简单,且句法结构和逻辑表达相对清晰,在英译时,保留原文结构即为较好的翻译策略。

**例7.4.10** 超声速客机的流线型头部在起飞和着陆过程中可以下倾,以便为驾驶员提供较好的视界。另一项创新是使用变几何形状分布,即机翼可有两个位置。前位可在接近地面飞行时提供最大的升力,后位则可提供最佳超声速飞行布局。③

**译文:** The streamlined nose section of supersonic airliners will be "dipped" during landing and take off to provide better visibility for the pilot. Another innovation will be the use of variable geometry—the wings will have two positions: the forward will give maximum lift close to the ground, while the rear will give the best configuration for supersonic flight.③

本例中,原文语义表述清晰,句式结构相对简单。英译时,可以基本按照原文的逻辑展开和句式结构进行信息的排列。

**例7.4.11** (1)北斗系统具有以下特点:(2)一是北斗系统空间段采用三种轨道卫星组成的混合星座,与其他卫星导航系统相比高轨卫星更多,抗遮挡能力强,尤其低纬度地区性能特点更为明显。(3)二是北斗系统提供多个频点的导航信号,能够通过多频信号组合使用等方式提高服务精度。(4)三是北斗系统创新融合了导航与通信能力,具有实时导航、快速定位、精确授时、位置报告和短报文通信服务五大功能。④

**译文:**The BDS possesses the following characteristics: First, its space segment is a hybrid constellation consisting of satellites in three kinds of orbits. In comparison with other navigation satellite systems, the BDS operates more satellites in high orbits to offer better anti-shielding capabilities, which is particularly observable in terms of performance in the

① 中华人民共和国国务院新闻办公室. 2016 中国的航天白皮书[R/OL]. (2016-12-27). http://www.scio. gov. cn/zfbps/ndhf/34120/Document/1537008/1537008. html.

② 中华人民共和国国务院新闻办公室. China's Space Activities in 2016[R/OL]. (2016-12-27). http://www. scio. gov. cn/zfbps/ndhf/34120/Document/1537022/1537022. html.

③ 李美. 汉英翻译高级教程[M]. 上海:华东理工大学出版社, 2016:153-154.

④ 中华人民共和国国务院新闻办公室. 中国北斗卫星导航系统白皮书[R/OL]. (2016-06-16). http://www. scio. gov. cn/zfbps/ndhf/34120/Document/1480602/1480602. html.

low-latitude areas. Second, the BDS provides navigation signals of multiple frequencies, and is able to improve service accuracy by using combined multi-frequency signals. Third, the BDS integrates navigation and communication capabilities for the first time, and has five major functions-real-time navigation, rapid positioning, precise timing, location reporting and short message communication services.[①]

本例原文是对北斗系统特点的相关介绍,语义表述清晰,结构层次分明。我们可以看到,译文除了将原文一些表达转换为从句以及对语序进行了小幅度的调整以外,在结构、信息排列以及逻辑转接等方面,都几乎与原文保持一致。

# 练 习

## 一、基本练习

请运用本章所学知识翻译以下内容。

(1)无人机的机头装有红灯,机尾装有绿灯,这样根据颜色的方位可以识别机身的朝向。

(2)航路上影响飞行安全的自然障碍物体,应当在航图上标明;航路上影响飞行安全的人工障碍物体,应当设置飞行障碍灯和标志,并使其保持正常状态。

(3)通过月球探测工程任务的实施,获取了高分辨率全月球影像图和虹湾区域高清晰影像,开展了月球形貌、月球结构构造、月面物质成分、月表环境和近月空间环境等研究以及月基天文观测等。

(4)近几年,中国航空工业的科研试验手段进一步得到充实,改造和新建了先进的飞行试验实时数据管理系统、全机疲劳协调加载系统、发动机部件试验测试系统,以及各种类型的仿真试验设备和大型计算机等,基本能够适应新机研制和开展科学研究的需要。

(5)引导大众应用。面向智能手机、车载终端、穿戴式设备等大众市场,实现北斗产品小型化、低功耗、高集成,重点推动北斗兼容其他卫星导航系统的定位功能成为车载导航、智能导航的标准配置,促进在社会服务、旅游出行、弱势群体关爱、智慧城市等方面的多元化应用。

## 二、拓展练习

请尝试翻译以下内容。

(1)中国航空工业外贸出口的发展,促进了技术引进和国际科技合作。中国航

---

① 中华人民共和国国务院新闻办公室. China's BeiDou Navigation Satellite System[R/OL]. (2016-06-17). http://www.scio.gov.cn/zfbps/ndhf/34120/Document/1480623/1480623.html.

空工业陆续从 10 余个国家引进了近 40 项重要的先进技术项目。例如,从英国罗罗公司引进了斯贝发动机制造技术;从法国宇航工业公司和透博梅卡公司引进了"海豚"直升机及其发动机制造技术;与美国麦道公司、波音公司合作生产 MD-82、MD-90 飞机;与法国、新加坡合作研制生产 EC120;与美国西科斯基公司等合作生产 S92 直升机;与其他一些国家的公司合作,开发新的民用飞机和对现有中国飞机的改型研制,还引进了一批机载电子设备和先进的导航设备等。

　　(2) 空军在国家安全和军事战略全局中具有举足轻重的地位和作用。包括航空兵、空降兵、地面防空兵、雷达兵、电子对抗部队、信息通信部队等,下辖 5 个战区空军、1 个空降兵军等。战区空军下辖基地、航空兵旅(师)、地空导弹兵旅(师)、雷达兵旅等部队。按照空天一体、攻防兼备的战略要求,加快实现国土防空型向攻防兼备型转变,提高战略预警、空中打击、防空反导、信息对抗、空降作战、战略投送和综合保障能力,努力建设一支强大的现代化空军。

# 第 8 章　航空航天英译实践

将下列语篇译为英语,注意综合运用前述七章的技巧与方法。

## 练习 1

中国始终把发展航天事业作为国家整体发展战略的重要组成部分,始终坚持为和平目的的探索和利用外层空间。

2016 年以来,中国航天进入创新发展"快车道",空间基础设施建设稳步推进,北斗全球卫星导航系统建成开通,高分辨率对地观测系统基本建成,卫星通信广播服务能力稳步增强,探月工程"三步走"圆满收官,中国空间站建设全面开启,"天问一号"实现从地月系到行星际探测的跨越,取得了举世瞩目的辉煌成就。

未来五年,中国航天将立足新发展阶段,贯彻新发展理念,构建新发展格局,按照高质量发展要求,推动空间科学、空间技术、空间应用全面发展,开启全面建设航天强国新征程,为服务国家发展大局、在外空领域推动构建人类命运共同体、促进人类文明进步作出更大贡献。(《2021 中国的航天》白皮书)

## 练习 2

中国发展航天事业服从和服务于国家整体发展战略,坚持创新引领、协同高效、和平发展、合作共享的原则,推动航天高质量发展。

——创新引领。坚持创新在航天事业发展中的核心地位,建强航天领域国家战略科技力量,实施航天重大科技工程,强化原创引领的科技创新,持续优化创新生态,加快产品化进程,不断提升航天自主发展能力和安全发展能力。

——协同高效。坚持系统观念,更好发挥新型举国体制优势,引导各方力量有序参与航天发展,科学统筹部署航天活动,强化空间技术对空间科学、空间应用的推动牵引作用,培育壮大新模式新业态,提升航天发展的质量效益和整体效能。

——和平发展。始终坚持和平利用外层空间,反对外空武器化、战场化和外空军备竞赛,合理开发和利用空间资源,切实保护空间环境,维护一个和平、清洁的外层空间,使航天活动造福全人类。

——合作共享。坚持独立自主与开放合作相结合,深化高水平国际交流与合作,拓展航天技术和产品全球公共服务,积极参与解决人类面临的重大挑战,助力联合国2030 年可持续发展议程目标实现,在外空领域推动构建人类命运共同体。(《2021 中国的航天》白皮书)

## 练习 3

"天舟一号"货运飞船成功发射并与"天宫二号"空间实验室成功交会对接,突破并掌握货物运输、推进剂在轨补加等关键技术,载人航天工程第二步圆满收官。"天和"核心舱成功发射,标志着中国空间站建造进入全面实施阶段。"天舟二号""天舟三号"货运飞船和"神舟十二号""神舟十三号"载人飞船成功发射,先后与"天和"核心舱快速对接,形成空间站组合体并稳定运行,6名航天员先后进驻中国空间站,实施出舱活动、舱外操作、在轨维护、科学实验等任务。

未来五年,中国将继续实施载人航天工程,发射"问天"实验舱、"梦天"实验舱、"巡天"空间望远镜以及"神舟"载人飞船和"天舟"货运飞船,全面建成并运营中国空间站,打造国家太空实验室,开展航天员长期驻留、大规模空间科学实验、空间站平台维护等工作。深化载人登月方案论证,组织开展关键技术攻关,研制新一代载人飞船,夯实载人探索开发地月空间基础。(《2021中国的航天》白皮书)

## 练习 4

卫星应用业务服务能力显著增强,在资源环境与生态保护、防灾减灾与应急管理、气象预报与气候变化应对、社会管理与公共服务、城镇化建设与区域协调发展、脱贫攻坚等方面发挥重要作用,航天创造更加美好生活。卫星遥感基本实现了国家和省级政府部门业务化应用,对100余次国内重特大自然灾害开展应急监测,为国内数万家各类用户和全球100多个国家提供服务,累计分发数据超亿景。卫星通信广播累计为国内农村及边远地区的1.4亿多户家庭提供直播卫星电视服务、500多个手机通信基站提供数据回传,在四川凉山特大森林火灾、河南郑州特大暴雨等灾害救援中提供高效应急通信服务。北斗导航为超过700万辆道路运营车辆提供安全保障服务,为超过4万艘海洋渔船提供定位和短报文通信服务,为新冠肺炎疫情防控物资运输、人员流动管理、医院建设等提供精准位置服务。

未来五年,围绕平安中国、健康中国、美丽中国、数字中国建设,强化卫星应用与行业区域发展深度融合,强化空间信息与大数据、物联网等新一代信息技术深度融合,深化陆地、海洋、气象遥感卫星数据综合应用,推进北斗导航＋卫星通信＋地面通信网络融合应用基础设施建设,加快提升精细化精准化业务化服务能力,更好服务支撑碳达峰与碳中和、乡村振兴、新型城镇化、区域协调发展和生态文明建设。(《2021中国的航天》白皮书)

## 练习 5

卫星应用商业化发展方兴未艾,面向政府、企业和个人的应用市场持续扩大,涌现出一批具有较强竞争力的商业航天企业,产业化规模化发展格局初步形成。卫星遥感高精地图、全维影像、数据加工、应用软件等产品和服务更好满足了不同用户特色需求,广泛应用于大众出行、电子商务、农产品交易、灾害损失评估与保险理赔、不动产登记等领域。卫星通信广播商业服务能力进一步提升,实现国内 4 个 4K 超高清频道上星和 100 多套节目高清化,为远洋船舶、民航客机提供互联网接入服务,"天通一号"卫星移动通信系统实现商业化运营。卫星导航产业快速发展,北斗兼容型芯片模块销量超过亿级规模,北斗应用广泛进入大众消费、共享经济和民生领域。航天技术成果加速赋能传统产业转型升级,助推新能源、新材料、绿色环保等新兴产业和智慧城市、智慧农业、无人驾驶等新业态发展,为建设科技强国、制造强国、网络强国、交通强国作出重要贡献。

　　未来五年,中国航天将紧紧抓住数字产业化、产业数字化发展机遇,面向经济社会发展和大众多样化需求,加大航天成果转化和技术转移,丰富应用场景,创新商业模式,推动空间应用与数字经济发展深度融合。拓展卫星遥感、卫星通信应用广度深度,实施北斗产业化工程,为国民经济各行业领域和大众消费提供更先进更经济的优质产品和便利服务。培育发展太空旅游、太空生物制药、空间碎片清除、空间试验服务等太空经济新业态,提升航天产业规模效益。(《2021 中国的航天》白皮书)

## 练习 6

### 实施"三步走"发展战略

　　——第一步,建设"北斗一号"系统(也称北斗卫星导航试验系统)。1994 年,启动"北斗一号"系统工程建设;2000 年,发射 2 颗地球静止轨道卫星,建成系统并投入使用,采用有源定位体制,为中国用户提供定位、授时、广域差分和短报文通信服务;2003 年,发射第三颗地球静止轨道卫星,进一步增强系统性能。

　　——第二步,建设"北斗二号"系统。2004 年,启动"北斗二号"系统工程建设;2012 年年底,完成 14 颗卫星(5 颗地球静止轨道卫星、5 颗倾斜地球同步轨道卫星和 4 颗中圆地球轨道卫星)发射组网。"北斗二号"系统在兼容"北斗一号"技术体制基础上,增加无源定位体制,为亚太地区用户提供定位、测速、授时、广域差分和短报文通信服务。

　　——第三步,建设北斗全球系统。2009 年,启动北斗全球系统建设,继承北斗有源服务和无源服务两种技术体制;计划 2018 年,面向"一带一路"沿线及周边国家提供基本服务;2020 年前后,完成 35 颗卫星发射组网,为全球用户提供服务。(《中国北斗卫星导航系统》白皮书)

## 练习 7

### 持续提升北斗系统性能

　　为满足日益增长的用户需求,北斗系统将加强卫星、原子钟、信号体制等方面的技术研发,探索发展新一代导航定位授时技术,持续提升服务性能。

　　——提供全球服务。发射新一代导航卫星,研制更高性能的星载原子钟,进一步提高卫星性能与寿命,构建稳定可靠的星间链路;增发更多的导航信号,加强与其他卫星导航系统的兼容与互操作,为全球用户提供更好的服务。

——增强服务能力。大力建设地面试验验证系统,实现星地设备全覆盖测试验证;持续建设完善星基和地基增强系统,大幅提高系统服务精度和可靠性;优化位置报告及短报文通信技术体制,扩大用户容量,拓展服务区域。

——保持时空基准。北斗系统时间基准(北斗时),溯源于协调世界时,时差信息在导航电文中发播;推动与其他卫星导航系统开展时差监测,提高兼容与互操作。发展基于北斗系统的全球位置标识体系,推动北斗系统坐标框架与其他卫星导航系统的互操作,并不断精化参考框架。(《中国北斗卫星导航系统》白皮书)

## 练习8

### 构建产业创新体系

——加强基础产品研发。突破核心关键技术,开发北斗兼容其他卫星导航系统的芯片、模块、天线等基础产品,培育自主的北斗产业链。

——鼓励创新体系建设。鼓励支持卫星导航应用技术重点实验室、工程(技术)研究中心、企业技术中心等创新载体的建设和发展,加强工程实验平台和成果转化平台能力建设,扶持企业发展,加大知识产权保护力度,形成以企业为主体、产学研用相结合的技术创新体系。

——促进产业融合发展。鼓励北斗与互联网＋、大数据、云计算等融合发展,支持卫星导航与移动通信、无线局域网、伪卫星、超宽带、自组织网络等信号的融合定位及创新应用,推进卫星导航与物联网、地理信息、卫星遥感/通信、移动互联网等新兴产业融合发展,推动大众创业、万众创新,大力提升产业创新能力。(《中国北斗卫星导航系统》白皮书)

## 练习9

### 第一条

为了维护国家的领空主权和民用航空权利,保障民用航空活动安全和有秩序地进行,保护民用航空活动当事人各方的合法权益,促进民用航空事业的发展,制定本法。

### 第二条

中华人民共和国的领陆和领水之上的空域为中华人民共和国领空。中华人民共和国对领空享有完全的、排他的主权。

### 第三条

国务院民用航空主管部门对全国民用航空活动实施统一监督管理;根据法律和国务院的决定,在本部门的权限内,发布有关民用航空活动的规定、决定。

国务院民用航空主管部门设立的地区民用航空管理机构依照国务院民用航空主

管部门的授权,监督管理该地区的民用航空活动。

**第四条**

国家扶持民用航空事业的发展,鼓励和支持发展民用航空的科学研究和教育事业,提高民用航空科学技术水平。

国家扶持民用航空器制造业的发展,为民用航空活动提供安全、先进、经济、适用的民用航空器。(《中华人民共和国民用航空法》(2018 修正))

## 练习 10

**第八十二条**

空中交通管制单位应当为飞行中的民用航空器提供空中交通服务,包括空中交通管制服务、飞行情报服务和告警服务。

提供空中交通管制服务,旨在防止民用航空器同航空器、民用航空器同障碍物体相撞,维持并加速空中交通的有秩序的活动。

提供飞行情报服务,旨在提供有助于安全和有效地实施飞行的情报和建议。

提供告警服务,旨在当民用航空器需要搜寻援救时,通知有关部门,并根据要求协助该有关部门进行搜寻援救。

**第八十三条**

空中交通管制单位发现民用航空器偏离指定航路、迷失航向时,应当迅速采取一切必要措施,使其回归航路。

**第八十四条**

航路上应当设置必要的导航、通信、气象和地面监视设备。

**第八十五条**

航路上影响飞行安全的自然障碍物体,应当在航图上标明;航路上影响飞行安全的人工障碍物体,应当设置飞行障碍灯和标志,并使其保持正常状态。

**第八十六条**

在距离航路边界三十公里以内的地带,禁止修建靶场和其他可能影响飞行安全的设施;但是,平射轻武器靶场除外。

在前款规定地带以外修建固定的或者临时性对空发射场,应当按照国家规定获得批准;对空发射场的发射方向,不得与航路交叉。(《中华人民共和国民用航空法》(2018 修正))

## 练习 11

因发生在民用航空器上或者在旅客上、下民用航空器过程中的事件,造成旅客随身携带物品毁灭、遗失或者损坏的,承运人应当承担责任。因发生在航空运输期间的事件,造成旅客的托运行李毁灭、遗失或者损坏的,承运人应当承担责任。

旅客随身携带物品或者托运行李的毁灭、遗失或者损坏完全是由于行李本身的自然属性、质量或者缺陷造成的,承运人不承担责任。

本章所称行李,包括托运行李和旅客随身携带的物品。

因发生在航空运输期间的事件,造成货物毁灭、遗失或者损坏的,承运人应当承担责任;但是,承运人证明货物的毁灭、遗失或者损坏完全是由于下列原因之一造成的,不承担责任:

(一)货物本身的自然属性、质量或者缺陷;

(二)承运人或者其受雇人、代理人以外的人包装货物的,货物包装不良;

(三)战争或者武装冲突;

(四)政府有关部门实施的与货物入境、出境或者过境有关的行为。

本条所称航空运输期间,是指在机场内、民用航空器上或者机场外降落的任何地点,托运行李、货物处于承运人掌管之下的全部期间。

航空运输期间,不包括机场外的任何陆路运输、海上运输、内河运输过程;但是,此种陆路运输、海上运输、内河运输是为了履行航空运输合同而装载、交付或者转运,在没有相反证据的情况下,所发生的损失视为在航空运输期间发生的损失。(《中华人民共和国民用航空法》(2018 修正))

## 练习 12

**第一百四十五条**

通用航空,是指使用民用航空器从事公共航空运输以外的民用航空活动,包括从事工业、农业、林业、渔业和建筑业的作业飞行以及医疗卫生、抢险救灾、气象探测、海洋监测、科学实验、教育训练、文化体育等方面的飞行活动。

**第一百四十六条**

从事通用航空活动,应当具备下列条件:

(一)有与所从事的通用航空活动相适应,符合保证飞行安全要求的民用航空器;

(二)有必需的依法取得执照的航空人员;

(三)符合法律、行政法规规定的其他条件。

从事经营性通用航空,限于企业法人。

**第一百四十七条**

从事非经营性通用航空的,应当向国务院民用航空主管部门办理登记。

从事经营性通用航空的,应当向国务院民用航空主管部门申请领取通用航空经营许可证。

**第一百四十八条**

通用航空企业从事经营性通用航空活动,应当与用户订立书面合同,但是紧急情况下的救护或者救灾飞行除外。

**第一百四十九条**

组织实施作业飞行时,应当采取有效措施,保证飞行安全,保护环境和生态平衡,防止对环境、居民、作物或者牲畜等造成损害。

**第一百五十条**

从事通用航空活动的,应当投保地面第三人责任险。(《中华人民共和国民用航空法》(2018 修正))

## 练习 13

一、委托事项

甲方接受乙方委托,承接乙方委托的空运出口运输业务。乙方指定甲方作为其代理人,代为安排提货、办理出口报关和出口商品检验检疫等事务。

二、乙方应在每票货物出运之前五个工作日以书面形式(包括信函、传真、电报、电传)向甲方提交《出口运输委托书》(简称委托书或托单)。

委托书应包括但不限于以下内容:

1. 托运人名称、姓名、地址、联系方式;
2. 收货人名称、姓名、地址、联系方式;
3. 通知方名称、姓名、地址、联系方式;
4. 航班号、日期、始发港、目的港;
5. 货物品名、件数、重量、体积、声明价值;
6. 运费及其他费用的标准和支付方式;
7. 托运人的签名、盖章、日期。

乙方提交的委托书没有签名盖章或缺乏上述部分或全部内容的,乙方应按照甲方要求进行补正,否则甲方有权拒绝接受委托。

三、乙方委托甲方代为办理货物出口报关和出口商品检验检疫等事务的,应及时向甲方提供办理上述事务所需的文件和单证。乙方应对其提供的文件和单证的真实性、合法性和完整性负责。

四、乙方在向甲方发出委托后要求撤销或变更委托事项、委托内容的,应采用书面形式并得到甲方的认可,乙方应补偿甲方由此付出的额外费用。(航空货物运输协议)

## 练习 14

定座:旅客在定妥座位后,凭该定妥座位的客票乘机。旅客可根据有关规定向承运人售票处或销售代理人售票处预定座位。已经定妥的座位,旅客应在承运人规定或预先约定的时限内购票。如未在购票时限内购票,所定座位不予以保留。

购票:中国旅客购票,须凭本人《居民身份证》或其他有效身份证件,并填定《旅客定座单》,外国旅客、华侨、港、澳、台胞购票,须凭有效护照、回乡证、居留证、台胞证、旅行证或公安机关出具的其他有效身份证件,并填写好《旅客定座单》。

座位再证实:旅客持有定妥座位的联程或来回程客票,如在该联程或回程地点停留 72 小时经上,须在该联程或回程航班飞机离站前两天中午 12 时经前,办理座位再证实手续。否则座位不予以保留。

客票:客票只限票上所列姓名的旅客本人使用,不得转让和涂改,否则客票无效,票款不退。

客票有效期:客票的有效期为一年,定期客票自旅客开始旅行之日起计算,不定期客票自填开客票之次日零时起计算。

儿童票:已满两周岁未满 12 周岁按成人全票价的 50% 购票。未满两周岁的婴儿按成人全票价的 10% 购票,不单独占一座位。每一成人旅客只能有一个婴儿享受这种票价。(《航空旅客须知(国内航线)》)

## 练习 15

**1. 中国南方航空股份有限公司**
世界三大联盟——天合联盟成员
客运输量世界排名:13
三星航空
客月运输总量 581.48(万人次)
代码:CZ
总部:广州
机队规模:约 400 架
主要机型:B777、B747、B757、B737/A330/A321/A320/A319/A300

**2. 中国东方航空股份有限公司**
中国四大航空之一
三星航空
月客运输总量 492.65(万人次)
代码:MU
总部:上海
机队规模:约 330 架
主要机型:B777、B767、B737/A330、A320、A319

**3. 中国国际航空股份有限公司**
世界最大联盟——星空联盟成员
中国唯一挂国旗航空公司
主要运营中国至世界各地主要航线
三星航空
客月运输总量 435.07(万人次)

代码:CA

总部:北京

机队规模:约 256 架

## 4. 海南航空股份有限公司

中国第四大航空公司

首家四星级航空公司,成为中国评级最高的航空公司

中国地区最佳航空

月客运输总量 171.18(万人次)

代码:HU

总部:海口

机队规模:约 200 架

主要机型:B767、B737/A340、A330

# 练习参考答案

## 第1章　汉英语言对比

### 1.1　语言类型对比

#### 一、基本练习

分析下列汉语句子,并翻译成英语。

(1) String theorists have scored some striking successes in the study of black holes, in which matter has been compressed to catastrophic densities similar to the Big Bang, but they have made little progress with the Big Bang itself[①].

(2) Subsequent to publication of the TLAT Report in April, 2001, the results of these measurements, compared with flight test measurements, led to the judgment that this receiver implemented a multi-sample technique that was not as effective at decoding 1090 ES messages as the multi-sampling technique incorporated in these MOPS.

(3) Researchers would also attempt to determine the potential benefits of various advanced aircraft configurations beyond the conventional tube-and-wing design that has been standard since the earliest days of commercial air transportation[②].

(4) In the first week of the surface search an analysis of Inmarsat satellite communication (SATCOM) data for MH370 indicated that the aircraft had flown for a further six hours after the final radar capture at the northern tip of Sumatra.

(5) At the same time, new research facilities have steadily been added since 2011, with capabilities to control and monitor experiments from the ground, thereby substantially expanding the numbers of investigations that can take place simultaneously. [③]

(6) The mean effective pressure of combustion in the engine at each engine operating point during operation at normal temperature is recorded at the

---

① 傅勇林,唐跃勤. 科技翻译[M]. 北京:外语教学与研究出版社,2012:63.

② Radio Technical Commission for Aeronautics. Minimum Operational Performance Standards (MOPS) for 1090 MHz Extended Squitter Automatic Dependent Surveillance-Broadcast (ADS-B) and Traffic Information Services-Broadcast (TIS-B)[R]. Washington DC: RTCA, 2009: 28, 34.

③ Australian Transport Safety Bureau. The Operational Search for MH370[R]. Austrilian Capital Territory: ATSB, 2017: 19,27.

corresponding address in the memory and establishes the mean effective pressure of combustion corresponding to the torque desired for that operating point during low temperature operation.

(7) Launched separately in August and September 1977, the two *Voyager* spacecraft were programmed only to explore the Jupiter and Saturn systems, but they had far exceeded that original mission specification. *Voyager 1*'s trajectory to Titan precluded its visit to any other worlds. But *Voyager 2*, after getting gravity assists provided by Jupiter and Saturn, became in January 1986 the first aircraft of the human species to reach the Uranus system. In August 1989, Neptune was the final port of call on Voyager's Grand Tour[1].

**二、拓展练习** 略。

1.2 语义对比

**一、基本练习**

将下列汉语词组和句子翻译成英语。

(1) approach nose compartment(航空机载术语)/cockpit(战斗机术语)

(2) cement mill machine rolling mill prime mover

(3) lodine-129 has a very short half-life of 17 million years, compared with the age of the earth.

(4) The position was completely reversed by Haber's development of the utilization of nitrogen from the air[2].

(5) Space debris is threatening the space activities of mankind. It casts a shadow over the exploration and peaceful use of outer space.

(6) With its mass of 265 solar masses, the star named R136al is currently the most massive star known in the universe. The diameter of R136al is more than 30times that of the Sun.

(7) Various types of standardized gear reducers can be produced in China now. Being produced on the national standards, they are reliable in quality and also inexpensive because of mass production[3].

(8) Since 2016, China's space industry has made rapid and innovative progress, manifested by a steady improvement in space infrastructure, the completion and operation of the BeiDou Navigation Satellite System, the completion of the high-resolution earth observation system, steady improvement of the service

---

[1] 傅勇林，唐跃勤. 科技翻译[M]. 北京：外语教学与研究出版社，2012：175-176.
[2] 张帅. 英汉科技翻译中语篇连贯不当与规避策略[J]. 海外英语. 2018,(17)：148.
[3] 陈宏薇. 高级汉英翻译[M]. 北京：外语教学与研究出版社，2009：211-212.

ability of satellite communications and broadcasting, the conclusion of the last step of the three-step lunar exploration program ("orbit, land, and return"), the first stages in building the space station, and a smooth interplanetary voyage and landing beyond the earth-moon system by Tianwen-1, followed by the exploration of Mars. These achievements have attracted worldwide attention[①].

**二、拓展练习　略。**

1.3　句法对比

**一、基本练习**

1. 以下被动句型该如何翻译?

必须承认……

人们认为……

不可否认……

由此可知……

必须认识到……

2. 翻译以下无主句时应如何选择英语主语? 为什么?

the system 因为原文分号前后两句中都提到了"系统",而且这也是信息的重点。

(The system was started in 1994, and was completed and put into operation in 2000 with the launching of two Geostationary Earth Orbit (GEO) satellites[②].)

3. 将下列汉语句子翻译成英语。

(1) Before using radar, huge margins are required to make sure certain aircraft are well clear of each other.

(2) The air traffic control tower is an airport's most recognizable structure. It is from here that air traffic controllers watch over airplanes, communicate with pilots, and manage emergencies when necessary[③].

(3) Radial bearings which carry a load acting at right angles to the shaft axis, and thrust bearings which take a load acting parallel to the direction of shaft axis— are two main bearings used in modern airplanes.

(4) PIC is responsible for organizing the whole crew to carry out pre-flight arrangement and direct preparations and sign the departure clearance with controller, and for necessary check on airplane. If not checked, the airplane can not obtain permission to take off. Once PIC finds that airplane, airport, meteorological

---

① China National Space Administration. China's Space Program: A 2021 Perspective[R/OL]. (2022-01-28). http://www.cnsa.gov.cn/english/n6465652/n6465653/c6813088/content.html

② 中华人民共和国国务院新闻办公室. 中国北斗卫星导航系统白皮书[R/OL]. (2016-06). http://www.scio.gov.cn/ztk/dtzt/34102/34674/34678/Document/1480451/1480451.html

③ 曾臻. 空管常识100问[M]. 北京:中国民航出版社, 2019:94.

condition can not be consistent with relevant regulation and can not guarantee flying safety，he has the right to refuse take-off①.

（5）The construction of such a satellite is now believed to be quite realizable，its realization being supported with all the achievements of contemporary science，which have brought into being not only materials capable of withstanding severe stresses involved and high temperatures developed，but new technological processes as well.

（6）The space telescope has already helped astronomers rewrite much of what they know about the universe proving the existence of super-massive black holes and showing that stars and galaxies formed much sooner after the Big bang than scientists had earlier believed②.

**二、拓展练习** 略。

## 第 2 章 航空航天英译概论

### 2.1 科技文本的特点

**一、基本练习** 略。

**二、拓展练习** 略。

### 2.2 航空航天文本的特点

**一、基本练习**

1. 请分析下列几段航空航天文本的文体风格。略。

2. 请尝试翻译下面这些航空航天术语及词汇。

（1）飞行事故记录器　aircraft accident recorder

（2）"嫦娥"六号　Chang'e-6

（3）"祝融号"火星车　the Zhurong Mars rover

（4）"长征五号"运载火箭　the Long March 5 carrier rocket

（5）轰炸机　bomber

（6）水上飞机　seaplane

（7）层流　laminar flow

（8）深空探测　deep space exploration

（9）"天和"核心舱　Tianhe core module

（10）空间碎片　space debris

**二、拓展练习**

思考题 略。

---

① 中国国际航空公司. 客舱乘务员手册(第 15 修订版)[Z]. 北京:中国国际航空股份有限公司,2019: 54，98.

② 余高峰. 科技英语长句翻译技巧探析[J]. 中国科技翻译. 2012,25(3)：2.

### 2.3 航空航天文本汉英翻译原则

**一、基本练习**

尝试翻译下列几段文本，并讨论翻译原则在每个译例中的体现。

(1) 登机门开放 gate open

(2) 请勿用手摸　hands off

(3) China became the third country in history to send a man into space today-four decades after the former Soviet Union and the United Sates.

(4) China's domestically developed C919 passenger jet has undergone all the test flights for obtaining an airworthiness certificate in the country, its manufacturer Commercial Aircraft Corp of China said on Monday. It is a sign the plane is getting closer to its commercial debut, industry experts said.

(5) My father was an astronaut serving in the space fleet's Low Earth Orbit Wing. He was on the job almost constantly and I rarely saw him at home. I remember that in the fifth year of the Earth's acceleration, our entire family visited the seaside as the planet reached its aphelion.

(6) In December 1988, China used its newly developed "Long March-4" rocket to launch an experimental weather satellite. The model, a three-stage rocket using conventional liquid fuel, has lift-off weight of 249 tons, a lift-off thrust of 300 tons, and a payload capacity in solar-synchronous orbit of 2500 kilograms.

(7) The acquisition, transference and disappearance of ownership of civil aircraft should be registered with CAA.

(8) The rights over civil aircraft stipulated in this chapter refer to rights over their airframes, engines, propellers, radio equipment and all other articles to be used on the aircraft whether they are installed on the aircrafts or being dismounted temporarily.

(9) Lin Baojun, a chief designer of Beidou's third-generation satellite, said at a news conference that once a satellite is launched, it is virtually impossible for its hardware to be modified, so designers and engineers need to optimize its operating system and inject new functions into the spacecraft on a regular basis.

(10) Depending on the two planets' orbits, Mars is 55 million km to 400 million km from Earth. It is estimated it will take the probe seven months to reach Mars.

**二、拓展练习**　略。

### 2.4 航空航天文本的翻译策略与方法

**一、基本练习**

1. 请分析讨论下述译例中分别使用了怎样的翻译策略和方法。　略。

2. 译文辨析,请判断所给出的译文哪个更适合,并讨论为什么。　略。

3. 请将下列句子翻译成英文。

1. In the next five years, under the overarching goal of building a safe, healthy, beautiful and digital China, we will intensify the integration of satellite application with the development of industries and regions.

2. The Shenzhou-14 crew entered the Wentian lab module at 10：03 am, marking the first time that Chinese astronauts entered a lab module in-orbit.

3. Floating over Mount Qomolangma aboard a hot-air balloon may sound like a wild fantasy, something out of an adventure movie. Imagine riding over the 8848-meter-high (26544 feet) peak in an open rattan basket dangling from a balloon.

4. China launched its Wentian space laboratory on Sunday afternoon, sending the country's largest-ever spacecraft into Earth's orbit, according to the China Manned Space Agency.

5. In June 2016 the Wenchang Launch Site held its first launch, marking a new-generation launch site designed and built by China. The site is environmentally friendly and made breakthroughs in innovation.

6. With further improvements to the ground system of its remote-sensing satellites, China is now able to provide remote-sensing satellite data receiving and quick processing services across the world.

7. The successful text flight demonstrates that China's spacecraft and new carrier rocket are excellent in performance.

8. Eating on a plane used to be common practice. But in the age of COVID-19, many passengers are understandably less inclined to remove their masks to take a mid-flight bite-or to even have a snack at the airport.

9. Airlines still need to cover the costs for aircraft maintenance even when the planes are not in operation.

10. AviChina is the only manufacturer in China capable of developing and mass producing helicopters, a leading manufacturer of regional airplanes, trainers and general airplanes and a major mini-sized vehicle manufacturer in China. As to the developing direction of civil aviation products, it insists on the principles of improving the former generation while producing the current generation, and developing the next generation simultaneously. Facing with both domestic and international markets, AviChina pushes forward the improvement and upgrades of civil helicopter and airplane products and explores their markets through cooperating with international partners and independent research and development.

拓展练习　略。

### 第 3 章　术语的英译

3.1　术语

**一、基本练习**

1. 术语翻译的原则有哪些？

专业性、科学性、系统性、简洁性、单义性、理据性、确定性（准确性、正确性、规范性）、可读性、透明性、能产性、约定俗成性、可辨性。

2. 术语翻译的一般方法有哪些？

直译法、意译法、音译法、音意兼译、拆译、还原、象译、形译、释译、创造新词。

3. 术语翻译误译有哪些类型？

术语翻译的误译主要包括术语化不足、文采化不足、表义模糊型、语义偏差型、似是而非型与低级错误型。

4. 术语翻译的传播路径包括什么？

初译语言的自我演进、译名的优胜劣汰、专业领域学者的精心挑选、译者或使用者的不断修正、民众的逐渐理解、接受和使用、政府以文书形式的确定、术语内涵和外延的准确理解。

**二、拓展练习**

翻译下列术语：

卡门-钱公式 Karman – Tsien formula

IRIG – B 码接口终端设备 IRIG – B – code interface terminal equipment

模拟遥控 analog telecommand

切锥法 tangent – cone method

去极化 depolarization

阿伦方差 Allan variance

Ⅱ类进近着陆运行 category Ⅱ precision approach and landing operation

升致阻力 drag due to lift

自动终端情报服务 automatic terminal information service，ATIS

平台坐标系 platform coordinate system

3.2　航空、航天术语

**一、基本练习**

(1) 航空、航天术语的分类标准有几种？请具体展开论述。

按照不同的分类标准，可将航空、航天术语分为不同类别，其中依据研究领域，可划分为航空术语（aviation term）和航天术语（space term）；依据术语形式，可划分为单词术语（single-word term）和词组术语（multi-word term）；依据术语语义，可划分为单义术语（monosemous term）、多义术语（polysemous term）和同义术语（synonymous term）；依据术语翻译情况，可划分为对等术语（equivalent term）和非对等术语(non-equivalent term);依据术语词性,可划分为名词性术语(nominal term)和动词性术语(verbal term)。

(2)航空、航天术语的特点是什么?

航空、航天术语的特点包括:普通词汇专业化比例高、专业词汇数量多、名词词组型术语数量多。

**二、拓展练习**

翻译下列航空、航天术语。

侧滑角 angle of sideslip

主发动机 sustainer,main engine,main motor

残余气体分析仪 residual gas analyzer

彩色体 color body

喘振 surging

GPS 定轨 GPS orbit determination

非触发引信 noncontact fuze

高超声速流 hypersonic flow

飞行弹射试验 ejection test in flight

卡尔曼滤波器 Kalman filter

3.3节   航空航天术语英译方法

**一、基本练习**

1. 航空、航天术语英译方法有哪些?

航空、航天术语英译方法主要有九种:直译、意译、音意兼译、拆译、还原、形译、释译、缩写与特殊译法。

2. 尝试翻译以下术语,并说明使用的翻译方法是什么。

直译:机载雷达 airborne radar

意译:作业时间 up time

音意兼译:马赫数 Mach number、多普勒跟踪 Doppler tracking、麦科马克格式 MacCormack scheme、欧拉方程 Euler equation

拆译:超温试车 overtemperature testing、超速警告 overspeed warning、超塑性成形 superplastic forming、非对称飞行 unsymmetrical flight、非相似余度 dissimilar redundancy、单脉冲天线 monopulse antenna、单晶铸造 single crystal casting、自动导航仪 automatic navigator、过夜维护 overnight service、航空工效学 aviation ergonomics、点火器 igniter、压缩机 compressor

还原:PC 遥测站 personal computer telemetry station

形译:Π-定理 Π-theorem、热 X 射线 thermal X-ray

释译:运输类飞机 airplane in transportation category、导引头一体化引信

integrated fuze with homing head、航行测量 measurement during sailing

　　缩写:空中交通管制 air traffic control，ATC

　　特殊译法:角角系统 $\theta$-$\theta$ system

## 二、拓展练习

翻译下列航空、航天术语。

毕奥-萨伐尔公式 Biot-Savart formula

比例导引法 proportional navigation method

单晶高温合金 single crystal superalloy

多功能雷达 multifunction radar

悬停回转 turning in hover

I-G 仿真试验 I-G simulation test

CCD 相机 charge-coupled device camera 道面等级号 pavement classification number，PCN

前后轮距 wheel base

航向信标 localizer

## 第 4 章　数字、公式和图表的英译

### 4.1　数字的英译

#### 一、基本练习

请将下面的句子翻译成英语，注意数字的译法。

(1) One hundred and eighty-five people were killed in that air crash last week.[①]

(2) The time for bringing up an action concerning air transport is limited to two years，reckoned from the date of arrival of civil aircraft at the destination，or from the date on which the civil aircraft ought to have arrived，or from the date on which the transport stopped.[②]

(3) Over the past 60 years of remarkable development since its space industry was established in 1956，China has made great achievements in this sphere，including the development of atomic and hydrogen bombs，missiles，man-made satellites，manned spaceflight and lunar probe. It has opened up a path of self-reliance and independent innovation，and has created the spirit of China's space industry. To carry forward this spirit and stimulate enthusiasm for innovation，the

---

① 崔涛，周淼. 英文数词和阿拉伯数字用法点滴[J]. 英语知识，1998(5):26.

② 全国人民代表大会常务委员会法制工作委员会. Civil Aviation Law of the People's Republic of China [Z]. [2022-08-07]. http://www.caac.gov.cn/en/ZCFG/MHFL/201509/P020150901511659239730.pdf.

Chinese government set April 24 as China's Space Day in 2016. [1]

(4) The scientific and technological workers numbered 2. 814 million in 1998, including 1. 49 million scientists and engineers. That represents a 23. 1% and 12. 8% increase over the year of 1991. [2]

(5) In 1998, the fiscal allocation to this sector reached 46. 65 billion yuan, 8. 8 times that of 1978. [2]

**二、拓展练习**

下列句子的译文中,数字的翻译是否恰当? 如有不恰当的地方,请改正。

(1) 33 万倍应当翻译为 330 thousand times。

(2) 16 600 应写作 16,600.

**4.2 公式的英译**

**一、基本练习**

请将下列算式用英文表达出来。

(1) Eleven and four is fifteen. /Eleven plus four is fifteen. /Eleven added to four equals fifteen. /Eleven and four makes fifteen. /If you add eleven to four, you get fifteen.

(2) Thirty-three minus twelve is twenty-two. /Thirty-three minus twelve is equal to twenty-two. /Twelve taken from thirty-three leaves twenty-two. /Twelve subtracted from thirty-three leaves twenty-two. /Take twelve from thirty-three and the remainder is two.

(3) Multiply four by five is/gives twenty. /Four multiplied by five is twenty. / Multiply four by five, you get twenty. /Four times five is/makes/will be/equals twenty. /Four times five is equal to twenty.

(4) Twenty-eight divided by four makes/is/equals seven. /Twenty-eight divided by four is equal to seven. /Four into twenty-eight goes seven times. /Divided four into twenty-eight, and you get seven. /Dived twenty-eight by four, and you get seven.

(5) $2^5 + \sqrt[3]{27} = 35$ The fifth power of two and/plus the cube root of twenty-seven is thirty-five. /If you add the fifth power of two to the cube root of twenty-seven, you get thirty-five.

---

[1] 中华人民共和国国务院新闻办公室. China's Space Activities in 2016[R]. (2016-12-27)[2022-08-07]. http://www. scio. gov. cn/zfbps/ndhf/34120/Document/1537022/1537022. html.

[2] 翟立功. '99 今日中国:汉英对照[M]. 北京:中国统计出版社, 1999:51.

## 二、拓展练习

请将下列运算过程翻译成英文。

(1) **Solve** the inequality $3-2x \geqslant 4x-9$ and **sketch its solution set on a number line.**

**Solution**: $3-2x \geqslant 4x-9$

$3-6x \geqslant -9$ **Subtract 4x from both sides**

$-6x \geqslant -12$ **Subtract 3 from both sides**

$x \leqslant 2$ **Divide both sides by-6**(reverse the inequality) therefore, the solution set is $(-\infty, 2]$.[①]

(2) Let $\beta$ be the lead angle, i. e. , the angle whose tangent is equal to the lead divided by the mean circumference. Let $\phi$ be the angle of friction. The formulas for the two cases, where $r$ is the mean radius of the thread, are: a) $M=Wr\,\tan(\phi+\beta)$, b) $M=Wr\,\tan(\phi-\beta)$.[②]

4.3 图表的英译

### 一、基本练习

请将下列图表的描述语句翻译成英文。

(1) It can be drawn from the chart that the proportions of A and B are going down, though the falling level of the latter is a lot lower than that of the former.[③]

(2) Fig. 2-6 The relation between an old foundation and a new one[④]

(3) More important absorption band is E2 band which can be calculated by Scott rules (see Table 2.5).[⑤]

(4) Figure 9.4 shows an airfoil with individual element reference axes (IERA) and individual element local axes(IELA).[⑥]

(5) Graph 1 describes registered marriages in Scotland from 1996 to 2004.[⑦]

---

① 傅勇林,唐跃勤. 科技翻译[M]. 北京:外语教学与研究出版社,2011:138.
② 傅勇林,唐跃勤. 科技翻译[M]. 北京:外语教学与研究出版社,2011:140.
③ 傅勇林,唐跃勤. 科技翻译[M]. 北京:外语教学与研究出版社,2011:148.
④ 夏云,夏葵. 建筑科学基础[M]. 北京:中国建材工业出版社,2005:31.
⑤ 杜廷发,刘静宇,胡慎信. 汉英对照有机波谱分析纲要[M]. 长沙:国防科技大学出版社,2001:180.
⑥ 德雷尔. 直升机和倾转旋翼飞行器仿真引论:双语教学[M]. 孙传伟等,译. 北京:航空工业出版社, 2014:6.
⑦ 傅勇林,唐跃勤. 科技翻译[M]. 北京:外语教学与研究出版社,2011:149.

## 二、拓展练习

请将下图内容翻译成英文。

（1）

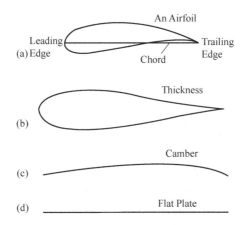

（图片出处①）

（2）

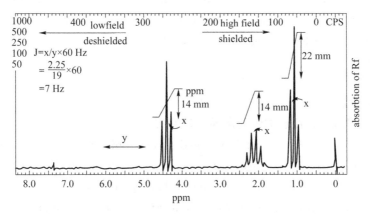

**Fig. 4. 2　Reproduced NMR spectrum.**

## 第 5 章　词组的英译

### 5.1　汉语词组研究

**一、基本练习**

请翻译以下词组。

（1）固定词组翻译

① 我为人人，人人为我

one for all，all for one②

---

① 德雷尔. 直升机和倾转旋翼飞行器仿真引论：双语教学［M］. 孙传伟等，译. 北京：航空工业出版社，2014：48.

② 张秀燕. 汉语四字词组的翻译［J］. 井冈山师范学院学报，2004（S1）：40-42.

② 与时俱进

keep up with the times[1]

（2）自由词组翻译

① 减灾救灾

disaster reduction and relief[2]

② 社会各界

organization and people in all walks of life[2]

③ 平等互利

equality and mutual benefit[2]

**二、拓展练习**

1. 请翻译以下语段，注意段落中词组的翻译。

（1）What an exciting scene of jubilance，with the fisherman's conches trumpeting and their songs ringing here and there，and red flags fluttering and white sails dotting the sea far and near![1]

（2）The Park of Sweet Osmanthus is noted for its profusion of osmanthus trees. Flowers from these trees in different colors are in full bloom，which pervade the whole garden with the fragrance of their blossoms.[1]

2. 思考题　略。

5.2　航空航天类汉语词组翻译准则

**一、基本练习**

请翻译下列短句，注意词组的翻译处理方式。

（1）China has developed and launched several Shijian（Practice）satellites and small and micro satellites，providing supporting platforms for space environment exploration，space scientific test and new technology demonstration.[3]

（2）China has implemented the Double Star Program to explore the Earth's magnetosphere in concert with the Cluster Program of the European Space Agency （ESA），obtaining much new data and making important progress in space physics.[3]

**二、拓展练习**

请翻译下列语段，注意翻译的整体效果。

（1）On October 1，2010，China successfully launched its second lunar probe，

---

① 张秀燕. 汉语四字词组的翻译[J].井冈山师范学院学报，2004(S1):40-42.

② 中华人民共和国国务院新闻办公室. 2011 年中国的航天（全文）（英文版）[EB/OL].（2011-12-29）. http://www. scio. gov. cn/ztk/dtzt/69/3/index. html.

③ 中华人民共和国国务院新闻办公室. 2011 年中国的航天（全文）（英文版）[EB/OL].（2011-12-29）. http://www. scio. gov. cn/ztk/dtzt/69/3/index. html.

Chang'e-2, created a full higher-resolution map of the moon, and a high-definition image of Sinus Iridium, and completed several extended tests, including circling the Lagrangian Point L2, which laid the foundation for future deep-space exploration tasks. [1]

(2) China has improved its TT&C ground stations and ships, and has established a very long baseline interferometry (VLBI) network comprising four observation stations and a data processing center, indicating that China has acquired space-based TT&C capabilities; it has also established a multi-functioning TT&C network featuring space and ground integration, complete sets of equipment and ability to complete various tasks. At present, China's TT&C network is expanding from the ground to space, and from geospace TT&C to deep-space TT&C. The network is able to not only satisfy satellite TT&C demands, but also support human spaceflight and deep-space exploration. [2]

5.3 汉语词组的翻译

一、基本练习

1. 请翻译下列词组:

(1) 机场大巴等候区

Airport Bus Waiting Area[3]

(2) 乘客止步

No Thoroughfare[3]

2. 请翻译下列短句,注意词组的翻译处理方式。

(1) China's space industry and adheres to the principles of scientific, independent, peaceful, innovative, and open development. [2]

(2) Applied technological cooperation, research and development of terminal equipment, reinforced facility building, specific industrial services and other areas of satellite navigation systems. [2]

二、拓展练习

请翻译下列语段,注意段落中词组的翻译。

(1) China has comprehensively advanced the construction of fixed, mobile and data relay satellite systems. The successful launch of communications satellites

① 中华人民共和国国务院新闻办公室. 2011 年中国的航天(全文)(英文版)[EB/OL]. (2011-12-29). http://www.scio.gov.cn/ztk/dtzt/69/3/index.html.

② 中华人民共和国国务院新闻办公室. 2011 年中国的航天(全文)(英文版)[EB/OL]. (2011-12-29). http://www.scio.gov.cn/ztk/dtzt/69/3/index.html.

③ 民航机场标识中英文对照. [EB/OL]. [2022-04-10]. https://www.docin.com/p-716646745.html.

such as Yatai and Zhongxing represented the completion of a fixed communications satellite support system whose communications services cover all of China's territory as well as major areas of the world. The Tiantong-1, China's first mobile communications satellite, has been successfully launched. The first-generation data relay satellite system composed of three Tianlian-1 satellites has been completed, and high-speed communication test of satellite-ground laser link has been crowned with success. In addition, the development of the DFH-5 super communications satellite platform is going smoothly. ①

(2) China has improved the monitoring and mitigation of and early warning and protection against space debris. It has also enhanced standards and regulations in this regard. The monitoring of and early warning against space debris have been put into regular operation, ensuring the safe operation of spacecraft in orbit. China has also made breakthroughs in protection design technologies, applying them to the protection projects of spacecraft against space debris. In addition, all Long March carrier rockets have upper stage passivation, and discarded spacecraft are moved out of orbit to protect the space environment.

## 第6章 句子的英译

### 6.1 无主句的英译

**一、基础练习**

请将下列汉语无主句翻译成英语。

(1) Keeping to the path of independence and self-reliance, China relies primarily on its own capabilities to develop its space industry to meet the needs of modernization, based upon its actual conditions and strength. ②

(2) Keep strict control on your own suitcase and bag on duty, so as not to be used by law breakers. ③

(3) It will set up a design and assess system of space debris mitigation, and take measures to reduce space debris left by post-task spacecraft and launch vehicles. ④

(4) It is necessary to optimize the functions and institutions of the CMC and

---

① 中华人民共和国国务院新闻办公室. 2016 年中国的航天(全文)(英文版)[EB/OL]. (2017-12-27). http://www. scio. gov. cn/ztk/dtzt/34102/35723/index. html.

② 中华人民共和国国务院新闻办公室. 政府白皮书:2011 年中国的航天(英文版)[R/OL]. (2011-12-29) [2022-06-19]. http://www. scio. gov. cn/zfbps/ndhf/2011/Document/1073720/1073720. html

③ Safety Operations Guide[Z]. Beijing:Air China Limited, 2021:5.

④ 中华人民共和国国务院新闻办公室. 政府白皮书:2011 年中国的航天(英文版)[R/OL]. (2011-12-29) [2022-06-20]. http://www. scio. gov. cn/zfbps/ndhf/2011/Document/1073720/1073720_4.

the general headquarters/departments, improve the leadership and management system of the services and arms, and adhere to demand-based planning and plan-based resource allocation. ①

（5）This law has been formulated to safeguard the national sovereign right over the territorial sky and the right of civil aviation, ensure the safe and orderly operation of civil aviation, protect the legitimate rights and interests of the parties involved in civil aviation, and promote the development of civil aviation. ②

**二、拓展练习**

请思考并采用恰当的翻译方法将下列无主句翻译成英语。

（1）Manufactures and maintenance operators of civil aircraft and the installations on civil aircraft including engines and propellers should apply to CAA for production and maintenance licenses related to the model concerned. Due licenses will be issued after qualification examination and approval. ③

（2）Guided by national security and development strategies, and required by the situation and their tasks in the new historical period, China's armed forces will continue to implement the military strategic guideline of active defense and enhance military strategic guidance as the times so require. They will further broaden strategic vision, update strategic thinking and make strategic guidance more forward-looking. A holistic approach will be taken to balance war preparation and war prevention, rights protection and stability maintenance, deterrence and warfighting, and operations in wartime and employment of military forces in peacetime. They will lay stress on farsighted planning and management to create a favorable posture, comprehensively manage crises, and resolutely deter and win wars. ④

## 6.2 存现句的英译

**一、基础练习**

请将下列汉语存现句翻译成英语。

① 中华人民共和国国务院新闻办公室. 政府白皮书：China's Military Strategy［R/OL］.（2015-05-26）［2022-06-20］. http://www. scio. gov. cn/zfbps/ndhf/2015/Document/1435159/1435159.

② 中华人民共和国民用航空法（2018 修正）［EB/OL］.（2018-12-29）［2022-06-20］. http://www. lawinfochina. com/display. aspx? id＝29696&lib＝law.

③ 中华人民共和国民用航空法（2018 修正）［EB/OL］.（2018-12-29）［2022-06-20］. http://www. lawinfochina. com/display. aspx? id＝29696&lib＝law.

④ 中华人民共和国国务院新闻办公室. 政府白皮书：China's Military Strategy［R/OL］.（2015-05-26）［2022-06-22］. http://www. scio. gov. cn/zfbps/ndhf/2015/Document/1435159/1435159. html.

(1) Was there life on Mars?①

(2) There will be drag when turning to 90 degrees, and PUS door will open only continue turning counterclockwise to 180 degrees.②

(3) After removing the cover plate of slide/life raft, there is the moving method and location instruction on each slide/life raft bag.③

(4) The spacious cabins contain the same bed Olympians are sleeping on in the Athletes' Village with the user able to adjust their position and with a remote control or mobile phone.④

(5) With more than 550m confirmed Covid-19 cases to date, it means there may be long-term smell deficiencies for 15 million people and taste problems for 12 million (with an unknown overlap of those suffering both) for at least six months after an infection.⑤

**二、拓展练习**

请思考并采用恰当的翻译方法将下列存现句翻译成英语。

(1) Plants actually grow in lunar stuff.⑥

(2) This museum in Japan showcases various uniquely shaped naturally formed rocks with faces on them.⑦

6.3 否定句的英译

**一、基础练习**

请将下列汉语否定句译成英语。

(1) Flight attendants are not allowed to carry other items that violate relevant national regulations when flying.⑧

① Was there life on Mars[EB/OL]. (2022-05-02)[2022-06-22]. https://language. chinadaily. com. cn/a/202206/18/WS62ad3869a310fd2b29e636d0. html.

② Flight Attendants Manual[Z]. Beijing:Air China Limited. 2019:4-43.

③ Flight Attendants Manual[Z]. Beijing:Air China Limited. 2019:4-101.

④ Beijing offers high-tech naps to Games reporters[EB/OL]. (2022-02-11)[2022-06-23]. https://language. chinadaily. com. cn/a/202202/10/WS62045587a310cdd39bc85b51. html.

⑤ Covid study finds millions have long-term smell or taste problems[EB/OL]. (2022-08-03)[2022-08-23]. https://language. chinadaily. com. cn/a/202208/03/WS62e9c188a310fd2b29e6fe93. html.

⑥ Scientists grow plants in moon soil[EB/OL]. (2022-05-23)[2022-08-23]. https://language. chinadaily. com. cn/a/202205/23/WS628b1728a310fd2b29e5e675. html.

⑦ People Were So Amazed By These Museum Exhibits, They Shared These Pics Online[EB/OL]. (2021-03-01)[2022-08-24]. https://language. chinadaily. com. cn/a/202103/01/WS603c4c9ca31024ad0baabbd9. html.

⑧ Safety Operations Guide[Z]. Beijing:Air China Limited. 2021:10.

（2）No registration shall be performed by the administrative department for industry and commerce for those that failed to obtain operating licence. ①

（3）Cabin crew should monitor cabin boarding gate, and forbid person with an invalid ID or without an ID entering the cabin. ②

（4）Titles are inserted in this Agreement at the head of each article for the purpose of reference and convenience and in no way to define, limit or describe the scope or intent of this Agreement. ③

（5）Keeping cockpit crew informed about cabin conditions and follow PIC instructions. ④

（6）In domestic air transport, if, with the consent of the carrier, the passenger embarks on a civil aircraft without a passenger ticket having been delivered, the carrier shall not be entitled to avail himself of the provisions of Article 128 of this Law concerning the limit of liability. ⑤

## 二、拓展练习

请思考并采用恰当的翻译方法将下列否定句翻译成英语。

（1）Extremism and terrorism keep spreading. Non-traditional security threats involving cyber security, bio-security and piracy are becoming more pronounced. ⑥

（2）China is always committed to a nuclear policy of no first use of nuclear weapons at any time and under any circumstances, and not using or threatening to use nuclear weapons against non-nuclear-weapon states or nuclear-weapon-free zones unconditionally. China advocates the ultimate complete prohibition and thorough destruction of nuclear weapons. China does not engage in any nuclear arms race with any other country and keeps its nuclear capabilities at the minimum level required for national security. ⑥

---

① 中国民用航空局. Civil Aviation Law of the People's Republic of China[EB/OL]. (1995-10-30)[2022-08-25]. http://www.caac.gov.cn/en/ZCFG/MHFL/201509/P020150901511659239730.pdf.

② Safety Operations Guide[Z]. Beijing:Air China Limited. 2021:6.

③ 中国民用航空局. http://www.caac.gov.cn/XXGK/XXGK/SBGX/YZDQ/YD/YSXD/201602/P020160203552314573617.pdf

④ Safety Operations Guide[Z]. Beijing:Air China Limited. 2021:78-79.

⑤ 中国民用航空局. Civil Aviation Law of the People's Republic of China[EB/OL]. (1995-10-30)[2022-08-25]. http://www.caac.gov.cn/en/ZCFG/MHFL/201509/P020150901511659239730.pdf.

⑥ 中华人民共和国国务院新闻办公室. 政府白皮书:China's National Defense in the New Era[R/OL]. (2019-07-24)[2022-08-25]. http://www.scio.gov.cn/zfbps/ndhf/39911/Document/1660528/1660528.html.

## 6.4　长句的英译

### 一、基础练习

请将下列汉语长句译成英语。

（1）China strives to enhance BDS application development，in an effort to build a BDS industrial chain which comprises the basic products，application terminals，application systems and operational services，keeps strengthening BDS-related industrial supporting，promotion and innovation systems，continuously improves the industrial environment，expands the application scale for integrated development，and increases the economic and social benefits of the satellite navigation industry.[1]

（2）China encourages and supports the construction and development of key laboratories for satellite navigation application technologies，research centers of engineering（technology），technology centers of enterprises，and other innovative bodies，enhances the capacity of engineering experiment platforms and achievement transformation platforms，supports relevant enterprises，and makes more efforts to protect intellectual property rights，so as to form a technology innovation system which relies on the enterprise as the main body and combines the efforts of universities，research institutes and application.[2]

（3）In 2019，all other airlines together recorded 2.224 million flight hours. They registered a total transport turnover of 19.473 billion ton-km，up 19.1% year on year，and carried 122 million passengers and 1.410 million tons of cargo and mail，a respective y-o-y increase of 15.8% and 12.4%.[3]

（4）The service capacity of satellite applications has markedly improved. The significant role of satellites is seen in the protection of resources and the eco-environment，disaster prevention and mitigation，management of emergencies，weather forecasting and climate change response，and also felt in social management and public services，urbanization，coordinated regional development，and poverty

---

① 中华人民共和国国务院新闻办公室. 政府白皮书：2021 年中国的航天（英文版）［R/OL］.（2022-01-28）［2022-08-25］. http://www.scio.gov.cn/zfbps/ndhf/47675/Document/1719948/1719948.html.

② 中华人民共和国国务院新闻办公室. 政府白皮书：China's BeiDou Navigation Satellite System［R/OL］.（2016-06-17）［2022-08-24］. http://www.scio.gov.cn/zfbps/ndhf/34120/Document/1480623/1480623.html.

③ 中国民用航空局. Statistical Bulletin of Civil Aviation Industry Development in 2019［EB/OL］.（2020-11-23）［2022-08-26］. http://www.caac.gov.cn/en/HYYJ/NDBG/202011/W020201123499246549689.pdf.

eradication. The space industry helps to improve people's lives. ①

（5）The success of the Chang'e-5 mission marked the conclusion of a three-step lunar exploration program which consisted of orbiting, landing on the moon, and returning with samples. It is another significant achievement in overcoming difficulties by employing the advantages of the new system of pooling national resources and strengths. It is a vital milestone in the development of China's space endeavor. ②

## 二、拓展练习

请结合长句的各翻译方法英译以下句子。

（1）China's strategy for the development of its space industry is to enhance its capabilities of independent innovation, consolidate its industrial foundation, and improve its innovation system. By implementing important space science and technology projects, the country concentrates its strength on making key breakthroughs for leap-frog development in this field. ③

（2）Under the guidance of the Civil Aviation Administration of China (CAAC), the CAAC Information Centre combined available resources, and teamed up with technology companies to carry out technological tests on the supervision of connected drones. These tests focused on the feasibility and effectiveness of cellular networks in drone supervision. Such efforts provided researchers with mastery over core technologies and related intellectual property rights. The test results will help spur the rapid and healthy development of the drone industry, while promoting the expansion of innovative low-altitude digital industries. ④

## 第 7 章　篇章的翻译

### 7.1　篇章的定义与特征

#### 一、基础练习

请思考并尝试回答如下问题：

（1）总体而言,篇章是指表达整体概念的语义单位。它产生于一定的情景之中,

---

①　中华人民共和国国务院新闻办公室. 政府白皮书：2021 年中国的航天（英文版）[R/OL]. (2022-01-28) [2022-08-26]. http://www. scio. gov. cn/zfbps/ndhf/47675/Document/1719948/1719948. html.

②　习近平：勇攀科技高峰,服务国家发展大局,为人类和平利用太空作出新的更大贡献[EB/OL]. (2021-02-23)［2022-08-26］. https://language. chinadaily. com. cn/a/202102/23/WS60345088a31024ad0baaa4e7. html.

③　中华人民共和国国务院新闻办公室. 政府白皮书：2011 年中国的航天（英文版）[R/OL]. (2011-12-29) [2022-08-26]. http://www. scio. gov. cn/zfbps/ndhf/2011/Document/1073720/1073720. html.

④　中国民用航空局. Low-Altitude Connected Drone Flight Safety Test Report[R/OL]. (2018-01-31) [2022-08-27]. http://www. caac. gov. cn/en/HYYJ/NDBG/201802/P020180227616856973062. pdf.

提供作者想要传达的信息,各成分之间运用语言手段将其衔接在一起,成为语义连贯的整体,为交际的受者所接受。[①]

(2)目前国内外语言学界对于篇章的定义仍不统一,对其意义范围的界定也存在着不同的看法。一些西方语言学家,如韩礼德(Halliday,M A K)、德·布格兰德(De Beaugrande,R)、夸克(Quirk)、诺德(Nord,C),以及一些中国学者,如胡壮麟、张德禄、黄国文等,均对篇章的定义提出了自己的看法(详见本章"篇章的定义"一节)。胡壮麟、张德禄、黄国文三位学者对篇章的定义基本是大同小异,但同韩礼德相比较,至少可以提出两个问题。其一,就定义篇章(text)的核心对应词而言(其他限定成分暂不讨论),韩礼德使用的是具体而明确的"passage"一词,而其他三人却分别使用了"自然语言""语言整体""意义单位"这样的词语。其二,韩礼德定义的篇章是作为书面作品(written work)或口头话语(speech)一部分的"passage",而其他三人列举的篇章却都是作为整体的"讲的话"或"写的文章"本身,像"两三小时的演讲""洋洋万言的文章"等等。从某种意义上可以说,一个指的是"部分",另一个指的却是"整体"。[②]

(3)一般认为,语篇具有以下三个基本特征:①语篇是一个或几个语义连贯、结构衔接的句子或话语组合,用于表达一个完整的思想并实现一定的交际功能;②一个语篇一定有一个主题,语篇内的每个句子都是为了这个主题而联结在一起;也就是说,一个独立的语篇就是有着共同主题的句子的总和;③语篇是一种意义单位,而不是形式单位,它可以从语流中切分出来。[③]

(4)衔接性(cohesion)、连贯性(coherence)、意图性(intentionality)、可接受性(acceptability)、信息性(informativity)、语境性(situationality)和互文性(intertextuality)。[④]

(5)衔接性指的是文本表层结构以及一定顺序相互连接的方式,而表层结构与语法形式及规则互相依靠。连贯性关注的是语篇的各组成部分是否彼此关联,如在表层结构下涉及的各种概念及其关系。意图性是指文本制造者的态度,即文本制造者试图制造出在形式和意义上衔接连贯的文本来实现其意图。可接受性关注的是文本接受者的态度,这一系列衔接连贯的文本应该对文本使用者有用或有些关联。信息性关注文本传递的信息。语境性指把文本与某一个情景中发生的事件联系起来的所有因素的总称。互文性强调任何一个单独的文本都是不能自足的,其意义是在与其他文本交互参照、交互指涉的过程中产生的。[⑤]

---

①　陈宏薇,李亚丹.新编汉英翻译教程[M].上海:上海外语教育出版社,2004:54.

②　王云桥.语篇概念的定义及其相对性[J].西安外国语学院学报,2001(3):17-20.

③　方梦之.中国译学大词典[M].上海:上海外语教育出版社,2011:184.

④　DE BEAUGRANDE R, DRESSLER W. Introduction to Text Linguistics[M]. London: Longman, 1981.

⑤　方梦之.翻译学辞典[M].北京:商务印书馆,2019:650.

## 二、拓展练习

请思考如下问题。

（1）汉英篇章在思维逻辑以及组织结构等方面存在较大的不同。在思维方式上，汉语表达习惯先铺陈后总结，而英语表达重视逻辑推理。因此，汉语篇章的表达是先陈述在怎样的背景下，因什么原因，采取了什么措施，最后结果如何，在许多铺设之后才呈现出核心信息。英语篇章的展开则开门见山，随后层层推进，即先提出问题，然后再展开对这一问题的讨论和评述。在组织结构上，汉语篇章结构重意合，强调文章在意义上要前后照应，一脉相承，句与句之间的起承转合主要依靠语段内在的逻辑来实现。而英语篇章结构重形合，特别注重形式上的"衔接与连贯"，句中各成分的相互结合常用适当的连接词语，以表示其结构关系。

（2）鉴于汉英两种语言在思维逻辑和组织结构等方面的差异，在汉英篇章翻译实践时，应根据英语的思维方式、表达习惯等有意识地对原文内容进行整合，如词语的转换、语序的调整以及信息的重新排列等。

### 7.2　汉英篇章对比与文体翻译

#### 一、基本练习

请根据本节所学内容尝试翻译以下篇章，并分析和归纳不同类型文本篇章英译的特点。

（1）The path turns and twists along the mountain ridge, and above the spring rests a pavilion perching aloft like a bird with wings outstretched. This is the Pavilion of the Drunken Old Man. [1]

（2）Wouldn't it be better to get a light snowfall? Look! The short pine woods on the hillsides have shaded into black, topped with buns of white flowers, just like a bevy of nurses. All the ridges have turned bright white, bordering the blue sky with a silver lace. On some parts of the hillsides the snow have piled up, while on others a grassy tone is still left uncovered, dressing the hills in brocade robes embroidered with wave design of white and dark yellow stripes. Gazing upon the blouses, you may perceive as if they were blown slightly open in a breeze and unveiled a bit bloom of the hills to feast your eyes. As the sun is going down and the slanting light yellow rays cast on the hillsides, the faces of those little snow piles have a pink tinge, as if they were blushing all at once. Let's just have the small amount of snow, for Ji'nan is unable to bear heavy snowfall——those hills are so delicate! [2]

（3）Located in a small basin with mountains in its east, west and north, the

---

[1]　汪榕培,王宏.中国典籍英译[M].上海:上海外语教育出版社,2009:24.

[2]　李长栓,施晓菁.理解与表达:汉英翻译案例讲评[M].北京:外文出版社,2012:248-249.

Ming Tombs are embraced by mountains, with a tiny plain in the middle, a clear winding brook and a pleasant view of green mountains in front. ①

(4) Tibet has a long history. Ancient remains show that human beings lived here from 4 thousand to 20 thousand years ago. Tibetans are so diligent and brave that they have created diverse cultural customs. This is a nation with special traditional culture and a nation keen on dancing and singing. Tibet is advanced in astronomy, ancient algorithm and medicine. Tibet is abounded of classics and literature works. Among Tibetan art treasures are painting, architecture, carving, music, dancing, folk opera. Of famous ancient art sites all around Tibet, the most well-known sites are the Potala Palace, Zhaxilhunbo Temple, Jokhang Temple, Ramoche Temple and etc. The tour of these places and the local customs are the most special in the world. ②

(5) Input is a process that involves the use of a device to encode or transform data into digital codes that the computer can process. For example, if you press the letter A on the keyboard of a terminal or personal computer, you activate an information processing cycle. The key is simply a switch that senses a finger touch and triggers a cycle to accomplish the following: (1) the keystroke is encoded, or converted into a machine-readable code, (2) the encoded piece of data is stored in a memory location for later processing, and (3) output is provided by displaying the letter A on the computer's monitor screen. ③

二、拓展练习

请根据科技文本汉英篇章翻译的特点和方法尝试翻译以下航空航天文本。

(1) Scientists are working on a plasma engine that could take humans to Mars without the need to refuel. The engine is currently being used to keep satellites and space probes in the right orbit. ④

(2) Long distance communications are relayed through satellites. At an altitude of 36,000 km. a satellite covers a surface of 18,000 sq. km. It has 10-20 relay transducers for 800 channels. If three satellite relay stations are placed at equal distance along the equator, global communications can be implemented. Satellite communication is best applied for communications with ships at sea and broadcasting programs to a large number of receivers. ⑤

---

① 唐义均.汉英翻译技巧示例[M].北京:外文出版社,2011:161.
② 张春柏.英语笔译实务三级[M].修订版.北京:外文出版社,2012:5.
③ 卢敏.英语笔译实务二级[M].修订版.北京:外文出版社,2005:141.
④ 张曦.科技英语翻译教程[M].上海:上海交通大学出版社,2016:123.
⑤ 方梦之,范武邱.科技翻译教程[M].2版.上海:上海外语教育出版社,2015:204.

## 7.3　航空航天汉英篇章翻译的衔接与连贯

### 一、基本练习

请结合本章所学知识翻译以下内容。

(1) If the drones don't fly in the designed direction, the people down will be injured and objects damaged. [1]

(2) During the flight, the triaxial gyroscope and the triaxial accelerometer are used to monitor the flight positions so as to achieve automatic control. [2]

(3) The modules where the astronauts work or live must be tightly sealed and implement an environmental control program to regulate the temperature, humidity and pressure in the modules and the spacesuits, absorb the end products of metabolism, handle harmful matters in the modules, and provide oxygen, ventilation and water while disposing of the waste. [3]

(4) The communications and broadcasting satellite network has made direct services available to over 140 million households in China's rural and remote areas, provided returned data for over 500 mobile phone base stations, and ensured efficient emergency communications during the responses to the forest fire in Liangshan, Sichuan province, to the heavy rainstorm in Zhengzhou, Henan province and to other major disaster relief work. The BeiDou Navigation Satellite System has guaranteed the safety of over seven million operating vehicles, provided positioning and short message communication services to over 40,000 seagoing fishing vessels, and offered precise positioning services for the freighting of supplies and tracking of individual movement for Covid-19 control, and for hospital construction. [4]

(5) In line with the strategic requirement of building air-space capabilities and conducting offensive and defensive operations, the PLA Air Force (PLAAF) will endeavor to shift its focus from territorial air defense to both defense and offense, and build an air-space defense force structure that can meet the requirements of informationized operations. The PLAAF will boost its capabilities for strategic early warning, air strike, air and missile defense, information countermeasures,

---

① 张曦.科技英语翻译教程[M].上海:上海交通大学出版社,2016:125.
② 张曦.科技英语翻译教程[M].上海:上海交通大学出版社,2016:86-87.
③ 张春柏.英语笔译实务三级[M].修订版.北京:外文出版社,2012:98.
④ 中华人民共和国国务院新闻办公室. China's Space Program:A 2021 Perspective[R/OL].(2022-01-28). http://www.scio.gov.cn/zfbps/ndhf/47675/Document/1719948/1719948.html.

airborne operations，strategic projection and comprehensive support. ①

**二、拓展练习**

请尝试翻译以下内容。

(1) CHRDI has a complete range of means for helicopter design and test. It has set up some testing labs (including a national key one)，covering all process of research and engineering development of helicopter. There are over 40 majors，such as research departments，related to the specialties of helicopter overall configuration，aerodynamics，strength analysis，structure design，rotor system design，design of avionics and weapon fire control systems，structural test，fight control，fluid diver，environmental control etc. and 16 test apartments of the system test. CHRDI owns the international technology of design and test of the helicopter，and is capable of R&D new technical weapons by same key national projects. CHRDI can also do the overall design and test of the civilian and military helicopter under 13 ton. All sets a solid basis of design independently and innovation. ②

(2) To advance and implement internationalization projects, China is promoting research and consultancy services regarding the policies，markets, laws and finance related to international satellite navigation applications，and improving comprehensive international service capabilities. In line with the Belt and Road Initiative，China will jointly build satellite navigation augmentation systems with relevant nations，provide highly accurate satellite navigation，positioning and timing services，improve the overseas BDS service performances，and promote international applications of navigation technologies. China will also carry out application demonstrations in the fields of transportation，tourism，maritime application，disaster reduction and relief，and agriculture，and boost application on a large scale，through establishing an operation and service platform for highly accurate satellite navigation，positioning and timing services. ③

7.4 航空航天汉英篇章翻译的重构

**一、基本练习**

请运用本章所学知识翻译以下内容。

(1) The drone is equipped with red light on the nose and green light on the tail

① 中华人民共和国国务院新闻办公室. China's Military Strategy[R/OL]. (2015-05-26). http://www. scio. gov. cn/zfbps/ndhf/2015/Document/1435159/1435159. html.

② 中国航空工业经济技术研究院. 中国航空工业要览[M]. 北京：航空工业出版社，2008：161.

③ 中华人民共和国国务院新闻办公室. China's BeiDou Navigation Satellite System[R/OL]. (2016-06-17). http://www. scio. gov. cn/zfbps/ndhf/34120/Document/1480623/1480623. html.

for the purpose of identifying its orientation according to the positions of colors. ①

(2) Natural objects on flight routes which obstruct and affect safe flying should be marked out on the flight chart and artificial obstacles should be installed with lights and signs which should be kept in normal condition to mark obstruction. ②

(3) The Lunar Exploration Program helped mankind to acquire a high-resolution map of the moon and a high-definition image of Sinus Iridum, and conducted research of lunar surface morphology, lunar structure, elemental composition of the lunar surface, lunar surface environment, lunar space environment and moon-based astronomical observation. ③

(4) In recent years, the test means have been improved, and some were updated or built, such as advanced flight test real-time data management system, coordinated loading system for fatigue test of complete aircraft, engine component test system, various simulation equipment, and mainframe computers, etc.; they have basically met the needs of new aircraft development and R&D. ④

(5) Mass market application. The goal is to produce miniaturized, low power-consuming and highly-integrated BDS-related products, oriented to the mass market in the sectors of smart phones, vehicle-borne terminals and wearable devices. The focus is on pushing forward the adoption of satellite navigation and positioning functions based on the BDS and other compatible systems as a standard configuration in the fields of vehicle-borne and intelligent navigation, and promoting diversified applications in social services, transportation, caring for vulnerable groups, and smart cities. ⑤

**二、拓展练习**

请尝试翻译以下内容。

(1) The development of foreign trade and export has promoted the introduction of foreign advanced technology and international technical cooperation. About 40 items of advanced technologies have been introduced to the Chinese aviation industry from a dozen of countries, such as the manufacturing technology of Spey

① 张曦. 科技英语翻译教程[M]. 上海：上海交通大学出版社，2016：90.

② Civil Aviation Administration of China. Civil Aviation Law of the People's Republic of China[R/OL]. (1996-01-03). http://www. caac. gov. cn/en/ZCFG/MHFL/201509/P020150901511659239730. pdf.

③ 中华人民共和国国务院新闻办公室. China's Space Activities in 2016[R/OL]. (2016-12-27). http://www. scio. gov. cn/zfbps/ndhf/34120/Document/1537022/1537022. html.

④ 中国航空工业经济技术研究院. 中国航空工业要览[M]. 北京：航空工业出版社，2008：3-5.

⑤ 中华人民共和国国务院新闻办公室. China's BeiDou Navigation Satellite System[R/OL]. (2016-06-17). http://www. scio. gov. cn/zfbps/ndhf/34120/Document/1480623/1480623. html.

engine from Rolls-Royce of UK，the manufacturing technology of Dauphin helicopter and its engine from Aerospatiale and Turbomeca of France，the co-production of MD-82 and MD-90 airplanes with McDonnell Douglas and Boeing of USA，the joint development and production of EC-120 helicopter with the partners from France and Singapore，and the joint production of S-92 helicopter with Sikorsky of USA. The Chinese aviation industry has also cooperated with some foreign companies for the joint development of so many new types of civil aircraft，and for the modification and further development of some types of existing Chinese made aircraft. At the same time，some foreign avionics and navigation equipment have also been introduced to China. [1]

(2) The PLAAF plays a crucial role in overall national security and military strategy. It comprises aviation，airborne，ground-to-air missile，radar，ECM，and communications forces. Under the PLAAF，there are 5 TC air force commands and one airborne corps. Under the TC air forces，there are air bases，aviation brigades （divisions），ground-to-air missile brigades （divisions） and radar brigades. In line with the strategic requirements of integrating air and space capabilities as well as coordinating offensive and defensive operations，the PLAAF is accelerating the transition of its tasks from territorial air defense to both offensive and defensive operations，and improving its capabilities for strategic early warning，air strikes，air and missile defense，information countermeasures，airborne operations，strategic projection，and integrated support，so as to build a strong and modernized air force. [2]

## 第8章　航空航天英译实践

练习1

The space industry is a critical element of the overall national strategy，and China upholds the principle of exploration and utilization of outer space for peaceful purposes.

Since 2016，China's space industry has made rapid and innovative progress，manifested by a steady improvement in space infrastructure，the completion and operation of the BeiDou Navigation Satellite System，the completion of the high-resolution earth observation system，steady improvement of the service ability of satellite communications and broadcasting，the conclusion of the last step of the

---

① 　中国航空工业经济技术研究院.中国航空工业要览[M].北京：航空工业出版社，2008：5.

② 　中华人民共和国国务院新闻办公室. China's National Defense in the New Era[R/OL]. (2019-07-24). http://www. scio. gov. cn/zfbps/ndhf/39911/Document/1660528/1660528. html.

three-step lunar exploration program ("orbit, land, and return"), the first stages in building the space station, and a smooth interplanetary voyage and landing beyond the earth-moon system by Tianwen-1, followed by the exploration of Mars. These achievements have attracted worldwide attention.

In the next five years, China will integrate space science, technology and applications while pursuing the new development philosophy, building a new development model and meeting the requirements for high-quality development. It will start a new journey towards a space power. The space industry will contribute more to China's growth as a whole, to global consensus and common effort with regard to outer space exploration and utilization, and to human progress. ("China's Space Program: A 2021 Perspective")

练习 2

China's space industry is subject to and serves the overall national strategy. China adheres to the principles of innovation-driven, coordinated, efficient, and peaceful progress based on cooperation and sharing to ensure a high-quality space industry.

**——Innovation-driven development**

China puts innovation at the core of its space industry. It boosts state strategic scientific and technological strength in the space industry, implements major space programs, strengthens original innovation, optimizes the environment for innovation, achieves industrial production as early as possible, and grows China's independent capacity to build a safe space industry.

**——Coordination and efficiency**

China adopts a holistic approach in building its space industry. It mobilizes and guides different sectors to take part in and contribute to this key industry, and coordinates all relevant activities under an overall plan. It ensures that technology plays a greater role in promoting and guiding space science and applications, and it facilitates the growth of new forms and models of business for the industry. These measures aim to raise the quality and overall performance of China's space industry.

**——For peaceful purposes**

China has always advocated the use of outer space for peaceful purposes, and opposes any attempt to turn outer space into a weapon or battlefield or launch an arms race in outer space. China develops and utilizes space resources in a prudent manner, takes effective measures to protect the space environment, ensures that space remains peaceful and clean, and guarantees that its space activities benefit humanity.

——**Cooperation and sharing**

China always combines independence and self-reliance with opening to the outside world. It actively engages in high-level international exchanges and cooperation, and expands global public services for space technology and products. It takes an active part in solving major challenges facing humanity, helps to realize the goals of the United Nations 2030 Agenda for Sustainable Development, and facilitates global consensus and common effort with regard to outer space exploration and utilization. ("China's Space Program: A 2021 Perspective")

练习 3

The Tianzhou-1 cargo spacecraft has docked with the earth-orbiting Tiangong-2 space laboratory. With breakthroughs in key technologies for cargo transport and in-orbit propellant replenishment, China has successfully completed the second phase of its manned spaceflight project.

The launch of the Tianhe core module marks a solid step in building China's space station. The Tianzhou-2 and Tianzhou-3 cargo spacecraft and the Shenzhou-12 and Shenzhou-13 manned spacecraft, together with the Tianhe core module to which they have docked, form an assembly in steady operation. Six astronauts have worked in China's space station, performing extravehicular activities, in-orbit maintenance, and scientific experiments.

In the next five years, China will continue to implement its manned spaceflight project. It plans to:

Launch the Wentian and Mengtian experimental modules, the Xuntian space telescope, the Shenzhou manned spacecraft, and the Tianzhou cargo spacecraft;

Complete China's space station and continue operations, build a space laboratory on board, and have astronauts on long-term assignments performing large-scale scientific experiments and maintenance.

Continue studies and research on the plan for a human lunar landing, develop new-generation manned spacecraft, and research key technologies to lay a foundation for exploring and developing cislunar space. ("China's Space Program: A 2021 Perspective")

练习 4

The service capacity of satellite applications has markedly improved. The significant role of satellites is seen in the protection of resources and the eco-environment, disaster prevention and mitigation, management of emergencies, weather forecasting and climate change response, and also felt in social management and public services, urbanization, coordinated regional development, and poverty eradication. The space industry helps to improve people's lives.

The satellite remote-sensing system has been used by almost all departments at national and provincial levels to conduct emergency monitoring of over 100 major and catastrophic natural disasters around the country. It provides services to tens of thousands of domestic users and over 100 countries, having distributed over 100 million scenes of data.

The communications and broadcasting satellite network has made direct services available to over 140 million households in China's rural and remote areas, provided returned data for over 500 mobile phone base stations, and ensured efficient emergency communications during the responses to the forest fire in Liangshan, Sichuan province, to the heavy rainstorm in Zhengzhou, Henan province and to other major disaster relief work.

The BeiDou Navigation Satellite System has guaranteed the safety of over seven million operating vehicles, provided positioning and short message communication services to over 40,000 seagoing fishing vessels, and offered precise positioning services for the freighting of supplies and tracking of individual movement for Covid-19 control, and for hospital construction.

In the next five years, under the overarching goal of building a safe, healthy, beautiful and digital China, we will intensify the integration of satellite application with the development of industries and regions, and space information with new-generation information technology such as big data and Internet of Things. We will also extend the integrated application of remote-sensing satellite data on land, ocean and meteorology, advance the construction of infrastructure for integrated application of the BeiDou Navigation Satellite System, satellite communications, and the ground communications network, and improve our capacity to tailor and refine professional services. All these efforts will help to achieve the goals of peaking carbon dioxide emissions and carbon neutrality, to revitalize rural areas, and to realize new-type urbanization, coordinated development between regions and eco-environmental progress. ("China's Space Program: A 2021 Perspective")

练习 5

The commercial use of satellite technology is thriving, which expands the applications market for governments, enterprises and individuals. A group of competitive commercial space enterprises are emerging and realizing industrialized large-scale operation. A variety of products and services such as high-accuracy maps using remote-sensing data, full dimensional images, data processing, and application software are improving the service to users in transport, e-commerce, trading of agricultural products, assessment of disaster losses and insurance claims, and the registration of real estate.

The ability to commercialize satellite communications and broadcasting services has further improved. Four 4K Ultra HD television channels in China were launched and TV viewers now have access to over 100 HD channels. Internet access is also available on board ocean vessels and passenger aircraft. Tiantong-1, a satellite mobile communication system, is in commercial operation.

The satellite navigation industry has witnessed rapid growth as evidenced by sales of over 100 million chips compatible with the BeiDou system. Its industrial applications have been widely introduced into mass consumption, the sharing economy, and daily life. Achievements in space technology have helped traditional industries transform and upgrade, supported emerging industries such as new energy, new materials and environmental protection, enabled new business models such as smart cities, smart agriculture and unmanned driving to grow, making a great contribution to building China's strengths in science and technology, manufacturing, cyberspace and transport.

In the next five years, China's space industry will seize the opportunities presented by the expanding digital industry and the digital transformation of traditional industries, to promote the application and transfer of space technology. Through innovative business models and the deep integration of space application with digital economy, more efforts will be made to expand and extend the scope for applying satellite remote-sensing and satellite communications technologies, and realizing the industrialized operation of the BeiDou Navigation Satellite System. This will provide more advanced, economical, high-quality products and convenient services for all industries and sectors and for mass consumption. New business models for upscaling the space economy such as travel, biomedicine, debris removal and experiment services will be developed to expand the industry. ("China's Space Program: A 2021 Perspective")

练习 6

**Three-Step Strategy of Development**

——The first step is to construct the BDS-1 (also known as BeiDou Navigation Satellite Demonstration System). The project was started in 1994, and the system was completed and put into operation in 2000 with the launching of two Geostationary Earth Orbit (GEO) satellites. With an active-positioning scheme, the system provided users in China with positioning, timing, wide-area differential and short message communication services. The third GEO satellite was launched in 2003, which further enhanced the system's performance.

——The second step is to construct the BDS-2. The project was started in 2004, and by the end of 2012 a total of 14 satellites-5 GEO satellites, 5 Inclined Geosynchronous Satellite Orbit (IGSO) satellites and 4 Medium Earth Orbit (MEO) satellites-had been launched to finish the space constellation deployment. Based on a technical scheme which was compatible with the BDS-1, the BDS-2 added the passive-positioning scheme, and provided users in the Asia-Pacific region with positioning, velocity measurement, timing, wide-area differential and short message communication services.

——The third step is to construct the BDS. The project was started in 2009 to inherit the technical schemes of both active and passive services. The goal is to provide basic services to the countries along the Belt and Road and in neighboring regions by 2018, and to complete the constellation deployment with the launching of 35 satellites by 2020 to provide services to global users. (China's BeiDou Navigation Satellite System)

练习 7

**Improvement of BDS Performance**

To meet the increasing user demand, BDS technical research and development in the areas of satellites, atomic clocks and signals will be strengthened, and a new generation of navigation, positioning and timing technologies will be explored to improve service performance.

——Providing global services. China will launch new-generation navigation satellites, develop airborne atomic clocks with enhanced performance, further improve the performance and lifetime of satellites, and build more stable and reliable inter-satellite links. It will broadcast additional navigation signals, and enhance the compatibility and interoperability with other navigation satellite systems, so as to provide better services for global users.

——Strengthening service capabilities. China will establish a grounded test and validation bed to accomplish the full coverage of tests and validation for space and ground equipment; continue to build and improve satellite based and ground based augmentation systems to substantially enhance BDS service accuracy and reliability; optimize the technical system of location reporting and short message communication to expand user volume and service coverage.

——Maintaining spatio-temporal reference. The BDT is related to the Coordinated Universal Time, and the time bias information is broadcast in the navigation message. China will push forward the clock bias monitoring with other navigation satellite systems, and improve their compatibility and interoperability. It will develop a BDS-based worldwide location identification system, increase the interoperability between BDS coordinate frame and that of other navigation satellite systems, and constantly refine the reference frame. (China's BeiDou Navigation Satellite System)

练习 8

**Establishing an Industrial Innovative System**

——Research and development of basic products. To make breakthroughs in key technologies, China is developing chips, modules, antennae and other basic products based on the BDS and other compatible systems, and fostering an independent BDS industrial chain.

——Establishment of an innovation system. China encourages and supports the construction and development of key laboratories for satellite navigation application technologies, research centers of engineering (technology), technology centers of enterprises, and other innovative bodies, enhances the capacity of engineering experiment platforms and achievement transformation platforms, supports relevant enterprises, and makes more efforts to protect intellectual property rights, so as to form a technology innovation system which relies on the enterprise as the main body and combines the efforts of universities, research institutes and application.

——Integrated industrial development. China encourages the integrated development of the BDS and Internet+, big data, and cloud computing, supports the integrated positioning and innovative utilization of satellite navigation together with mobile communications, WLAN, pseudo-satellites, ultra-wide band and Ad Hoc Network signals, promotes integrated development of satellite navigation and emerging industries such as the Internet of Things, geographic information, satellite remote sensing and communication, and mobile Internet, and encourages people to start their own businesses and make innovations, so as to vigorously upgrade the innovation capability of the industry. (China's BeiDou Navigation Satellite System)

练习 9

**Article 1**

This law has been formulated to safeguard the national sovereign right over the territorial sky and the right of civil aviation, ensure the safe and orderly operation of civil aviation, protect the legitimate rights and interests of the parties involved in civil aviation, and promote the development of civil aviation.

**Article 2**

The air space above the territorial land and waters of the People's Republic of China (PRC) is the territorial sky of PRC, which enjoys complete and exclusive sovereignty over its airspace.

**Article 3**

The department in charge of civil aviation under the State Council (hereinafter referred to as civil aviation administration, or CAA in short) exercises overall surveillance and administration over civil aviation activities throughout the country. Acting by law and by decisions of the State Council and within the limits of its authority, CAA promulgates regulations and decisions concerning civil aviation activities.

Regional civil aviation administration offices set up by CAA, acting on the authorization of CAA, exercise surveillance and administration over the civil aviation activities in their own regions.

**Article 4**

The State supports the development of civil aviation and encourages and supports the scientific research and education in civil aviation to raise its scientific and technical level.

The State supports the development of the civil aircraft manufacturing industry to supply safe, technically advanced, economical and suitable flying apparatus. (Civil Aviation Law of the People's Republic of China(2018 Amendment))

练习 10

**Article 82**

Air traffic control units should render air traffic services to civil aircraft in flight, including air traffic control service, flight information service and alarm service.

Air traffic control service is offered to prevent collisions between aircraft and aircraft and objects of obstruction and enhance order and speed of air traffic.

The aim of supplying flight information is to offer the information and suggestions helpful for safety and effectiveness of flights.

The alarm service will notice and help the departments concerned for search and rescue of the aircraft in distress.

**Article 83**

The air traffic control unit, on discovering an aircraft having deviated from its designated route or lost its bearings, should immediately take all necessary measures to help put it back on its course.

### Article 84

Necessary navigational, communication, meteorological and ground monitoring equipment should be installed along flight routes.

### Article 85

Natural objects on flight routes which obstruct and affect safe flying should be marked out on the flight chart and artificial obstacles should be installed with lights and signs which should be kept in normal condition to mark obstruction.

### Article 86

Shooting ranges and other installations which could affect flight safety are not allowed to be built within 30 kilometers of the borders of an air route, flat trajectory light arm shooting ranges excepted.

The construction of antiair shooting ranges, as fixed or temporary installations, outside the borders of air routes should have the permission as required by State regulations and the direction of firing should not cross the flight route. (Civil Aviation Law of the People's Republic of China(2018 Amendment))

练习 11

The carrier should assume liability for the destruction, loss or damage of the carry-on articles of passengers owing to accidents on the aircraft or during their taking-off or landing. The carrier should assume liability for the destruction, loss or damage of the consigned baggage of passengers owing to accidents occurring during the air transport.

The carrier is not liable for the destruction, loss or damage of the carry-on articles or consigned baggage of passengers which has resulted entirely from the natural properties, quality or defects of the baggage itself.

Baggage mentioned in this chapter refers to the consigned baggage and carry-on articles of passengers.

The carrier should assume liability for the destruction of the cargoes owing to accidents occurring during the air transport. But the carrier is not liable for the destruction, loss or damage of the cargoes if the loss or damage can be proved as entirely resulted from one of the following factors:

(1) Natural properties, quality or defect of the cargoes.

(2) Poor packaging of the cargoes undertaken by people other than the carrier or the employees or agents of the carrier.

(3) War or armed conflicts.

(4) Government acts relating to the entry, exit or transit of the cargoes in and

out of the country.

"During the air transport" mentioned in this article refers to the entire period in which the consigned baggage and cargoes are in the control of the carrier in the airport, on the aircraft or at any place of landing outside the airport.

The air transport in this period does not include any land, sea or river transport outside the airport. But, in the case where land, sea and river transport is used for loading, delivery or transshipment in the implementation of the air transport contract, damages occurring in the process are regarded as damages occurring during the air transport in the absence of evidence to the contrary. (Civil Aviation Law of the People's Republic of China(2018 Amendment))

练习 12

### Article 145

General-purpose aviation refers to civil aviation by means of civil aircraft other than public air transportation. Such aviation includes professional flights for industrial, agricultural, forestry, fishery, architectural, medical, rescue, relief, meteorological, observation, ocean monitoring, scientific research and experiment, educational training and cultural and sports purposes.

### Article 146

The following conditions should be present for undertakings in general-purpose aviation:

(1) The civil aircraft suitable for operations to be undertaken in general-purpose aviation and qualified for ensuring flight safety.

(2) Necessary aviation personnel with legal licenses.

(3) Other conditions specified by law or administrative regulations.

Only enterprising legal persons are allowed to undertake general-purpose aviation for business.

### Article 147

Operators of nonbusiness general-purpose aviation should register with CAA.

Operators of general-purpose aviation for business should apply to CAA for general-purpose aviation licenses.

### Article 148

A general-purpose aviation enterprise should sign a contract with client concerned for general-purpose aviation operations, except for first-aid and disaster relief operations in emergency.

### Article 149

The organization and operation of business flights should take effective measures to ensure flight safety, environment protection and ecological equilibrium and avoid causing damage to the environment, the residents, crops or animals.

**Article 150**

Operators of general-purpose aviation should cover insurance on the third party on the ground. (Civil Aviation Law of the People's Republic of China (2018 Amendment))

练习 13

Ⅰ、COMMITMENT

Party A shall , accepting the commission of Party B, carry out the business of cargo export transportation by airliner, and act as Party B's assigned agency for the arrangement of goods delivery, handling application to customs for the exportation, inspection/quarantine of exported commodity and so on.

Ⅱ、Party B shall, within five working days prior to the shipment of cargo, submit Commission of Export Transport (referred to as Commission or document) in writing with its forms including letter, fax, telegram, telex.

The contents of Commission include but no limit follows:

1. Name of shipper or staff, address and contact means;

2. Name of consignee or staff, address and contact means;

3. Notifying party's name, staff's name, address and contact means.

4. Number of scheduled flight, date, airport of departure and destination.

5. Cargo name, number, weight, volume and the asserted value.

6. The standard of freight rates and other costs and the mode of payment.

7. Signature, steal of shipper and the date.

Where the commission submitted by Party B without its due signature and seal or deficiency of above part or complete content, Party B should carry on supplement and correct on the same by the requirement of Party A, otherwise Party A is entitling to refuse the commission.

Ⅲ、Party B should, while delegating Party A effect on party B's behalf the application to customs export of commodity inspection and quarantine services, provide party A with the necessary files and documents in time for transaction of affairs above. Party B shall take responsibility for the authenticity, legitimacy and completeness of its files and documents.

Ⅳ、Where Party B request the rescission or alteration of commission affairs following issuing its delegation, should be in written form and recognized by the party A, and Party B should effect the compensation for Party A's additional charges and fees. (AGREEMENT OF AIRLINE CARGO CONVEYANCE)

练习 14

Reservation: A passenger after having reserved a seat shall board the plane by his/her ticket in accordance with the reserved seat. A passenger can reserve a seat in advance at a carrier's booking office or its sales agent according to the relevant regulations. A passenger who has already reserved a seat should purchase a ticket within the time limits specified or agreed in advance by the carrier. If a passenger fails a purchase a ticket within the limits, the reservation the passenger has made will be cancelled accordingly.

Purchase of Ticket: When a Chinese passenger purchases a ticket, his/her own 'Inhabitant Identity Card' or other valid identity certificate must be presented and a 'Passenger Reservation Record' must be filled in. When a foreigner or an overseas Chinese or a Compatriot from Hong Kong、Macao、Taiwan purchases a ticket, his/her valid passport, 'Returning-home Card', 'Taiwan Compatriot Card', 'Residence Permit', 'Travel Certificate' or other valid identity card issued by the public security authority must be presented and a 'Passenger Reservation Card' must be filled in.

Reconfirmation of Reservation: A passenger after having reserved a seat on onward or return flights shall reconfirm his/her reservations at the onward or return point not later than 12 o'clock a. m. 2 days before the departure of the flight if the passenger stays there for more than 72 hours, otherwise the reservation originally made will be cancelled accordingly.

Ticket: The ticket can only be used by the passenger named on the ticket. A ticket is not transferable, mutilated or altered, otherwise the ticket is void and no refund will be made. Validity Period of Ticket: The validity period of a ticket is one year. The validity period of a confirmed date ticket is calculated from the date of commencement of travel. The validity period of an open date ticket is calculated from zero hour of the day following the date of issue.

Children Fare: A child who has reached 2 years of age and has not reached 12 years of age is charged at 50% of the adult fare and an infant under 2 years of age not occupying a separate seat is charged at 10% of the adult fare. One adult passenger is entitled to accompany one infant enjoying such infant fare. ("Passenger Information (Domestic Service)")

练习 15

**1. China Southern**

Member of SkyTeam Alliance——One of the three alliances

NO. 13 passenger transportation amount in the world

Three-star Airline in China

Passenger transportation amount is 5,814,800 people each month

Code: CZ

Headquarter is in Guangzhou

There are about 400 aircrafts

Primary type: B777、B747、B757、B737/A330/A321/A320/A319/A300

## 2. China Eastern

One of the four airlines in China

Three-star Airline in China

Passenger transportation amount is 4,926,500 people each month

Code: MU

Head office is in Shanghai

There are about 330 aircrafts

Primary type: B777、B767、B737/A330、A320、A319

## 3. Air China

Member of Start Alliance——The largest alliance in the world

The business mainly to international flight

Three-star Airline in China

Passenger transportation amount is 4,350,700 people each month

Code: CA

Headquarter is in Beijing

There are about 256 aircrafts

Primary type: B777、B767、B757、B747、B737/A340、A330、A321、A320、A319

## 4. Hainan Airlines

The fourth-largest airline in China

It is the first four-star and highest-rated Airline in China

The best airline in mainland China

Passenger transportation amount is 1,711,800 people each month

Code: HU

Headquarter is in Haikou

There are about 200 aircrafts

Primary type: B767、B737/A340、A330